U0348281

肉牛
健康养殖与疾病防治

● 汤喜林　施力光　陈秋菊　主编

中国农业科学技术出版社

图书在版编目（CIP）数据

肉牛健康养殖与疾病防治 / 汤喜林，施力光，陈秋菊主编 . --北京：中国农业科学技术出版社，2022.3

ISBN 978-7-5116-5626-1

Ⅰ.①肉… Ⅱ.①汤…②施…③陈… Ⅲ.①肉牛-饲养管理②肉牛-牛病-防治 Ⅳ.①S823.9②S858.23

中国版本图书馆 CIP 数据核字（2021）第 263313 号

责任编辑	张国锋
责任校对	贾海霞
责任印制	姜义伟　王思文

出 版 者	中国农业科学技术出版社
	北京市中关村南大街 12 号　邮编：100081
电　　话	（010）82106625（编辑室）　　（010）82109702（发行部）
	（010）82109709（读者服务部）
传　　真	（010）82106625
网　　址	http://www.CASTP.cn
经 销 者	各地新华书店
印 刷 者	北京富泰印刷有限责任公司
开　　本	170 mm×240 mm　1/16
印　　张	16.25
字　　数	302 千字
版　　次	2022 年 3 月第 1 版　2022 年 3 月第 1 次印刷
定　　价	58.00 元

《肉牛健康养殖与疾病防治》
编写人员名单

主　编	汤喜林	施力光	陈秋菊	
副主编	赵建华	张淑珍	王凤华	刘哲楠
	杨美荣	李生庆		
编　者	王　娟	王德新	张自良	郑学军
	刘　冰	宝志娜	孙富国	李文学
	王树利	广金钟		

前　言

改革开放以来，我国经济快速增长，城乡居民收入水平和生活水平不断提高，饮食文化和饮食结构逐步改善。无论是城镇居民还是农村居民，越来越多的人开始意识到，家庭饮食健康的关键在于猪肉产品已经不能满足广大社会消费者的需求。牛肉脂肪含量低，蛋白质含量高，富含亚油酸，镁、铁、锌等矿物质，肉碱、维生素等物质，对人体健康非常有益。根据国家统计局的统计数据，近年来，我国居民人均牛肉消费量呈现稳定增长态势。2018 年，中国人均牛肉消费量约为 2 千克；2019 年，中国居民人均牛肉消费量增至 2.11 千克。

同时，我国肉牛产业从小规模散养向适度规模化养殖过渡，牛肉产量不断攀升，肉牛产业结构不断调整和优化，产业竞争能力明显增强，已成为我国畜牧业的重要支柱产业之一，2019 年，我国肉牛存栏量 4 533.9 万头，比 2018 年同期增长 3.1%。

但是，我国肉牛产业仍然存在许多问题，如小规模养殖比例高、选址和布局不科学、饲养管理不规范、疫病防控能力不强、粪污处理不合理、生产效率不高等，今后一段时期内肉牛产业应向规模化、标准化的健康养殖方向转变，也是新形势下加快畜牧业转型升级的重大举措。

《肉牛健康养殖与疾病防治》共分 6 章，内容涵盖了肉牛品种与繁殖、营养需求与饲料加工调制、生物安全措施、各阶段饲养管理技术、常用饲料添加剂与药物的安全使用、常见病的防治等。注重通俗性，兼顾先进性和基础性；内容浅显易懂，突出实用性、针对性、可操作性，内容全面，注重细节，侧重于做，弱化理论和宏观性内容。可供规模化肉牛场员工、专业养牛户、饲料及兽药企业技术员及初养者等阅读和使用，也可供肉牛科技工作者、农业院校技术人员和师生阅读和参考。

由于编者水平和掌握资料有限，书中难免出现缺点、错误、不妥，诚请广大读者和同仁指正。

编　者
2021 年 8 月

目　　录

第一章 肉牛品种与繁殖

第一节 品种选择

一、国内肉牛品种

过去很长时间，我国一直没有自己的专用肉牛品种，生产牛肉多以黄牛为主。我国黄牛资源丰富、分布广泛，其中的秦川牛、晋南牛、南阳牛、鲁西牛和延边牛，属于五大地方良种黄牛。与国外品种相比，我国良种黄牛的肉品质上乘、风味浓郁、多汁细嫩，但其生长速度和饲料转化效率却不理想，需要引进国外良种进行适度杂交改良。即使如此，在肉牛生产中，这些优良品种仍然不可忽视。

（一）秦川牛

1. 产地与分布

秦川牛是我国著名的大型役肉兼用牛品种，因产于陕西省关中地区的"八百里秦川"而得名，主要产地在秦川 15 个县市，其中，以咸阳、兴平、乾县、武功、礼泉、扶风、渭南、宝鸡等地的秦川牛最为著名，量多质优。

2. 品种的形成

关中地区有种植苜蓿喂牛的习惯，主要农作物包括小麦、玉米、豌豆、棉花等。当地群众喜欢选择大牛作种用，饲养管理精细。在长期选择体格高大、役用力强、性情温驯的牛只作种用的条件下，加上历代广种苜蓿等饲料作物，逐步形成了秦川牛良好的基础种群。

3. 体型外貌

秦川牛被毛有紫红、红、黄 3 种，以紫红和红色居多；鼻镜多呈肉红色，亦有黑、灰和黑斑点等颜色。蹄壳分红、黑和红黑相间，以红色居多。头部方正，角短而钝，多向外下方或向后稍弯，角型非常一致。秦川牛体型大，各部位发育均衡，骨骼粗壮，肌肉丰满，体质强健，肩长而斜，前躯发育良好，胸部深宽，肋长而开张，背腰平直宽广，长短适中，荐骨部稍隆起，一般多是斜尻，四肢粗壮结实，前肢间距较宽，后肢飞节靠近，蹄呈圆形，蹄叉紧、蹄质硬。成年公牛平均体重 620.9 千克，体高 141.7 厘米；成年母牛平均体重 416 千克，体高 127.2 厘米。

4. 生产性能

在平原丘陵地区的自然环境和气候条件下，秦川牛能正常发育，但却不能很好地适应热带和亚热带地区以及山区的自然条件。秦川牛曾被输送到浙江、安徽等地，用以改良当地黄牛，改良的后代体格和使役力均超过当地牛。目前，该品种牛主要向肉用方向改良，但也向肉乳兼用型改良，同时可作为奶牛胚胎移植的优良受体。

在中等饲养水平下，18~24 月龄成年母牛平均胴体重为 227 千克，屠宰率为 53.2%，净肉率为 39.2%；25 月龄公牛平均胴体重 372 千克，屠宰率 63.1%，净肉率 52.9%。母牛产奶量 715.8 千克，乳脂率 4.7%。在良好的饲养条件下，6 月龄公犊达 250 千克，母犊达 210 千克，日增重可达 1 400 克。

（二）晋南牛

1. 产地与分布

晋南牛产于山西省晋南盆地，包括运城市的万荣、河津、临猗、永济、运城、夏县、闻喜、芮城、新绛，以及临汾市的侯马、曲沃、襄汾等县市，以万荣、河津和临猗 3 县的晋南牛数量最多、质量最好。其中，河津、万荣为晋南牛种源保护区。

2. 品种的形成

晋南盆地农业开发早，养牛是当地的传统。农作物以棉花、小麦为主，其次为豌豆、黑豆等豆科作物，当地传统习惯种植苜蓿、豌豆等豆科作物，与棉、麦倒茬轮作，使土壤肥力得以维持。分布在盆地周围的山区丘陵地和汾河、黄河河滩地带的天然草场，给草食家畜提供了大量优质饲料、饲草及放牧地。当地群众习惯将青苜蓿和小麦秸分层铺在场上碾压，晾干后作为枯草期黄牛的粗饲料。当地群众重视牛的体型、外貌、毛色一致。

3. 体型外貌

晋南牛属大型役肉兼用牛品种，体躯高大结实，胸部及背腰宽阔，成年牛前躯较后躯发达，具有役用牛的体型外貌特征。公牛头中等长，额宽，鼻镜粉红色，顺风角为主，角型较窄，颈较粗短，垂皮发达，肩峰不明显。蹄大而圆，质地致密。母牛头部清秀，乳头细小。毛色以枣红为主，也有红色和黄色。成年公牛平均体重 660 千克，体高 142 厘米；成年母牛平均体重 442.7 千克，体高 133.5 厘米。晋南牛的公牛和母牛臀部都较发达，具有一定的肉用牛外形特征。

4. 生产性能

在一般育肥条件下，成年牛日增重可达851克，最高日增重可达1.13千克。在营养丰富的条件下，12~24月龄公牛日增重达1千克，母牛日增重约0.8千克。育肥后屠宰率可达55%~60%，净肉率为45%~50%。母牛产乳量745千克，乳脂率为5.5%~6.1%。母牛9~10月龄开始发情，2岁配种；产犊间隔为14~18个月，终生产犊7~9头。公牛9月龄性成熟，成年公牛平均每次射精量为4.7毫升。

（三）南阳牛

1. 产地与分布

南阳黄牛产于河南南阳地区白河和唐河流域的广大平原地区，以南阳市郊区、南阳县、唐河、邓县、新野、镇平等县市为主要产区。除南阳盆地几个平原县市外，周口、许昌、驻马店、漯河等地区的南阳牛分布也较多。

2. 品种的形成

南阳地区农作物主要有小麦、玉米、甘薯、高粱、豌豆、蚕豆、黑豆、黄豆、水稻、谷子、大麦等，饲草料丰富，尤以豆类供应充足，群众有用豆类磨浆喂牛的习惯。长期选择体型高大、耕作力强的个体培育而成。可以说，南阳牛的育成，既得益于南阳盆地唐、白河流域特有的生态区位和自然资源的先天优势，也与南阳人民千百年来的辛勤培育密不可分。

3. 体型外貌

南阳黄牛属大型役肉兼用品种，体格高大，肌肉发达，结构紧凑，皮薄毛细，行动迅速，鼻镜宽，口大方正，肩部宽厚，胸骨突出，肋间紧密，背腰平直，荐尾略高，尾巴较细，四肢端正，筋腱明显，蹄质坚实。但部分牛也存在着胸部深度不够、尻部较斜和乳房发育较差的缺点。公牛角基较粗，以萝卜头角为主，母牛角较细。鬐甲较高，公牛肩峰8~9厘米。南阳牛有黄、红、草白3种毛色，以深浅不等的黄色为最多，一般牛的面部、腹下和四肢下部毛色较浅。鼻镜多为肉红色，其中部分带有黑点。蹄壳以黄蜡、琥珀色带血筋较多。成年公牛平均体重647千克，体高145厘米；成年母牛平均体重412千克，体高126厘米。

4. 生产性能

南阳牛善走，挽车与耕作迅速，有快牛之称，役用能力强，公牛最大挽力为398.6千克，占体重的74%，母牛最大挽力为275.1千克，占体重的65.3%。公牛育肥后，1.5岁牛的平均体重可达441.7千克，日增重813克，平均胴体重240千克，屠宰率55.3%，净肉率45.4%。3~5岁阉牛经强度育肥，屠宰率可达64.5%，净肉率达56.8%。母牛产乳量600~800千克，乳脂率为4.5%~7.5%。

在纯种选育和本身的改良上，南阳牛有向早熟肉用方向和兼用方向发展的趋势。

（四）鲁西黄牛

1. 产地与分布

鲁西黄牛也称为"山东牛"，是我国黄牛的优良地方品种。鲁西黄牛主要产于山东省西南部，以菏泽市的郓城、菏泽、巨野、梁山和济宁地区的嘉祥、金乡、济宁、汶上等县为中心产区。鲁西黄牛以优质育肥性能著称。

2. 品种的形成

鲁西地处平原，地势平坦，面积大而土质黏重，耕作费力，加之当地交通闭塞，其他役畜饲养甚少，耕作和运输基本都依靠役牛承担，且本地农具和车辆都极笨重，这些特点促进了群众饲养大型牛的积极性。汉代时的牛已具有现代鲁西牛的雏形，明、清两朝以该牛为宫廷用牛；之后，德国、日本先后选用该牛。由于肉牛以质论价，促进了群众养大型膘牛和选育大型牛的积极性。

3. 体型外貌

鲁西黄牛体躯高大，身稍短，骨骼细，肌肉发达，背腰宽平，侧望为长方形，体躯结构匀称，细致紧凑，具有较好的役肉兼用体型。鼻镜与皮肤多为淡肉红色，部分牛鼻镜有黑色或黑斑。角色蜡黄或琥珀色。骨骼细，肌肉发达。蹄质致密，但硬度较差，不适于山地使役。鲁西黄牛被毛从浅黄到棕红色都有，以黄色为最多。多数牛有完全或不完全的"三粉"特征（指眼圈、口轮、腹下与四肢内侧色淡）。公牛头大小适中，多平角或龙门角，垂皮较发达，肩峰高而宽厚，胸深而宽，但缺点是后躯发育较差，尻部肌肉不够丰满。母牛头狭长，角形多样，以龙门角较多，后躯发育较好，背腰较短而平直，尻部稍倾斜。成年公牛平均体重 644 千克，体高 146 厘米；成年母牛平均体重 366 千克，体高 123 厘米。

4. 生产性能

鲁西黄牛对高温适应能力较强，而对低温适应能力则较差，在冬季-10℃以下的条件下，要求有严密保暖的厩舍，否则易发生死牛现象。鲁西黄牛的抗病力较强，尤其是具有较强的抗焦虫病能力。鲁西黄牛主要生活在地势平坦的中原地区，不适于生活在山区。以青草和少量麦秸为粗料，每天补喂混合精料 2 千克，1~1.5 岁牛平均胴体重 284 千克，平均日增重 610 克，屠宰率 55.4%，净肉率 47.6%。鲁西黄牛产肉性能良好，肌纤维细，脂肪分布均匀，呈明显的大理石状花纹。

（五）延边牛

1. 产地与分布

延边牛是东北地区优良地方牛种之一。主要产于吉林省延边朝鲜族自治州的延吉、和龙、汪清、珲春及毗邻地区，分布于东北三省东部的狭长地带。

2. 品种的形成

延边朝鲜族自治州土地肥沃，农业生产较发达，农副产品丰富，天然草场广阔，草种繁多，并有大量的林间牧地，该地水草丰美，气候相宜，有利于养牛业的发展。朝鲜族素有养牛的习惯，人们特别喜爱牛，饲养管理细致周到，冬季采用"三暖"（住暖圈、饮暖水、喂暖料）饲养，夏季到野外放牧饲养。平时注意淘汰劣质种牛，严格进行选种选配。由于产区农业生产上的使役需要，对形成延边牛结实的体质、良好的役用性能等，都曾起过重要作用。清朝以来，随着朝鲜民族的迁入，将朝鲜牛带入我国东北地区，带入的朝鲜牛和本地牛长期进行杂交，经精心培育后，育成了延边牛。在延边牛育成过程中，还导入了一些蒙古牛和乳用牛品种的血液，可以说，延边牛是朝鲜牛与本地牛长期杂交的结果。

3. 体型外貌

延边牛胸部深宽，骨骼坚实，被毛长而密，皮厚而有弹力。公牛头方额宽，角基粗大，多向外后方伸展成一字形或倒"八"字角。母牛头大小适中，角细而长，多为龙门角。毛色多呈浓淡不同的黄色，鼻镜一般呈淡褐色或带有黑斑点。成年公牛平均体重 465 千克，体高 131 厘米；成年母牛平均体重 365 千克，体高 122 厘米。

4. 生产性能

延边牛体质结实，抗寒性能良好，耐寒、耐劳、耐粗饲，抗病力强，适应水田作业。公牛经 180 天育肥，屠宰率可达 57.7%，净肉率 47.23%，日增重 813 克。母牛产乳量 500~700 千克，乳脂率 5.8%~8.6%。母牛初情期为 8~9 月龄，性成熟期平均为 13 月龄。公牛性成熟平均为 14 月龄。

（六）郏县红牛

1. 产地与分布

郏县红牛原产于河南省郏县，毛色多呈红色，故而得名。郏县红牛是我国著名的役肉兼用型地方优良黄牛品种，现主要分布于郏县、宝丰、鲁山 3 个县和毗邻各县以及洛阳、开封等地区部分县境内。

2. 品种的形成

郏县红牛是在当地优越的生态环境条件下，经过劳动人民长期精心选育而形成的优良地方黄牛品种。1952 年参加全国第一届农产品展览会，1997 年发布了地方品种标准，2006 年被列入农业部《国家级畜禽遗传资源保护名录》。

3. 体型外貌

郏县红牛体格中等大小，结构匀称，体质强健，骨骼坚实，肌肉发达，后躯发育较好，侧观呈长方形，具有役肉兼用牛的体型。头方正，额宽，嘴齐，眼大有神，耳大且灵敏，鼻孔大，鼻镜肉红色，角短质细，角型不一。被毛细短，富有光泽，分紫红、红、浅红 3 种毛色。公牛颈稍短，背腰平直，结合良好，四肢粗壮，尻长稍斜，睾丸对称，发育良好。母牛头部清秀，体型偏低，腹大而不下垂，鬐甲较低且略薄，乳腺发育良好，肩长而斜。郏县红牛成年公牛体重 608 千克，体高 146 厘米；成年母牛体重 460 千克，体高 131 厘米。

4. 生产性能

郏县红牛体格高大，肌肉发达，骨骼粗壮，健壮有力，役用能力较强，是山区农业生产上的主要役力。郏县红牛早熟，肉质细嫩，肉的大理石纹明显，色泽鲜红。据对 10 头 20～23 月龄阉牛肥育后屠宰测定，平均胴体重为 176.75 千克，平均屠宰率为 57.57%，平均净肉重 136.6 千克，净肉率 44.82%。12 月龄公牛平均胴体重 292.4 千克，屠宰率 59.9%，净肉率 51%。

（七）渤海黑牛

1. 产地与分布

渤海黑牛原称"抓地虎牛""无棣黑牛"，是中国罕见的黑毛牛品种，原产于山东省滨州市，主要分布于无棣县、沾化县、阳信县和滨城区。在山东省的东营、德州、潍坊三市和河北省沧州市也有分布。

2. 品种的形成

历史上，蒙古草原游牧民族曾多次南迁至滨州地区，渤海黑牛极有可能是与蒙古牛杂交、经长期选育而成的品种。渤海黑牛属于黄牛科，是世界上三大黑毛黄牛品种之一，因为全身被毛黑色，传统上一直称其为渤海黑牛，是山东省环渤海地区经长期驯化和选育而成的优良品种，2011 年始受农产品地理标志保护。

3. 体型外貌

被毛呈黑色或黑褐色，有些腹下有少量白毛，蹄、角、鼻镜多为黑色。低身广躯，后躯发达，体质健壮，形似雄狮，当地称为"抓地虎"。头矩形，头颈长度基本相等，角多为龙门角。胸宽深，背腰长宽、平直，尻部较宽、略显方尻。四肢开阔，肢势端正。蹄质细致坚实。公牛额平直，眼大有神，颈短厚，肩峰明显；母牛清秀，面长额平，四肢坚实，乳房呈黑色。渤海黑牛成年公牛体重 487 千克，体高 130 厘米；母牛体重 376 千克，体高 120 厘米。

4. 生产性能

渤海黑牛肉质细嫩，呈大理石状，营养丰富，肉品蛋白质中，氨基酸总量达 95.11%。自 20 世纪 90 年代开始，渤海黑牛出口日本、中国香港等国家和地区，被誉为"黑金刚"。未经肥育时，渤海黑牛公牛和阉牛屠宰率为 53%，净肉率为 44.7%，胴体产肉率为 82.8%，肉骨比为 5.1∶1。在营养水平较好的情况下，公牛 24 月龄体重可达 350 千克。在中等营养水平下进行育肥，14～18 月龄公牛和阉牛平均日增重达 1 千克，平均胴体重 203 千克，屠宰率为 53.7%，净肉率为 44.4%。

（八）蒙古牛

1. 产地与分布

蒙古牛是我国古老的牛种，原产于内蒙古高原地区，以大兴安岭东西两麓为主。现广泛分布于内蒙古、东北、华北北部和西北各地，蒙古国和俄罗斯以及亚洲中部的一些国家也有饲养。蒙古牛是牧区乳、肉的主要来源，以产于锡林郭勒盟乌珠穆沁的类群最为著名。我国的三河牛和草原红牛都以蒙古母牛为基础群而育成。

2. 体型外貌

蒙古牛体格中等，头短、宽而粗重。眼大有神，角向上前方弯曲，平均角长，母牛 25 厘米，公牛 40 厘米，角间线短，角间中点向下的枕骨部凹陷有沟。颈短而薄，鬐甲低平，肉垂不发达。胸部狭窄，肋骨开张良好，腹大、圆而紧吊，后躯短窄，尻部尖斜。四肢粗短，多呈"X"状肢势，后肢肌肉发达，蹄质坚实。乳房发育良好，乳房基部宽大，结缔组织少，但乳头小。毛色以黄褐色及黑色居多，其次为红（黄）白花或黑白花。成年公牛体高 120.9 厘米，体重 450 千克，母牛体高 110.8 厘米，体重 370 千克。

3. 生产性能

蒙古牛具有肉、乳、役多种经济用途，但生产水平均不高。全身肌肉发育欠丰满，后腿发育更差。产肉量与屠宰率随季节不同而有较大差异。8 月下旬屠宰的上等膘情母牛，屠宰率为 51.5%。泌乳期 6 个月左右，平均产乳量 665 千克，乳脂率 5.2%。中等营养水平的阉牛平均宰前重 376.9 千克，屠宰率为 53%，净肉率 44.6%，骨肉比 1：5.2，眼肌面积 56 厘米^2。肌肉中粗脂肪含量高达 43%。蒙古牛役用性能良好，持久力强，吃苦耐劳。蒙古牛耐热、抗寒、耐粗饲，抗病，适应性强，容易育肥，肉的品质好，生产潜力大。

二、引进肉牛品种

（一）西门塔尔牛

1. 产地与分布

西门塔尔牛原产于瑞士阿尔卑斯山西部西门河谷。19 世纪初育成，是乳肉兼用牛，役用性能也很好。自 20 世纪 50 年代开始，我国从苏联引进西门塔尔牛；20 世纪 70—80 年代，先后从瑞士、德国、奥地利等国引进西门塔尔牛。该品种是目前群体最大的引进兼用品种。1981 年成立中国西门塔尔牛育种委员会。中国西门塔尔牛品种于 2006 年在内蒙古和山东省梁山县同时育成，由于培育地点的生态环境不同，分为平原、草原、山区 3 个类群。

2. 外貌特征

西门塔尔牛毛色多为黄白花或淡红白花，头、胸、腹下、四肢、尾帚多为白色。体格高大，成年母牛体重 550~800 千克，公牛 1 000~1 200 千克，犊牛初生重 30~45 千克；成年母牛体高 134~142 厘米，公牛 142~150 厘米。西门塔尔牛后躯较前躯发达，中躯呈圆筒形，额与颈上有卷曲毛，四肢强壮，大腿肌肉发达，蹄圆厚。乳房发育中等，乳头粗大，乳静脉发育良好。

3. 生产性能

西门塔尔牛肉用、乳用性能均佳，平均产乳量 4 700 千克以上，乳脂率 4%。初生至 1 周岁，平均日增重可达 1.32 千克，12~14 月龄活重可达 540 千克以上。较好条件下屠宰率为 55%~60%，育肥后屠宰率可达 65%。西门塔尔牛的牛肉等级明显高于普通牛肉，肉色鲜红，纹理细致，富有弹性，大理石花纹适中，脂肪色泽为白色或带淡黄色，脂肪质地有较高的硬度。西门塔尔牛胴体体表脂肪覆盖率为 100%，普通牛肉很难达到这个标准。西门塔尔牛耐粗饲，适应性强，有良好的放牧性能，四肢坚实，寿命长，繁殖力强。

4. 改良黄牛效果

在杂交利用或改良地方品种时，西门塔尔牛是优秀的父本。与我国北方黄牛杂交，所生后代体格增大，生长加快，杂种 2 代公架子牛育肥效果好，精料 50% 时，日增重达到 1 千克，受到群众欢迎。西杂 2 代牛，产奶量达到 2 800 千克，乳脂率 4.08%。

（二）夏洛来牛

1. 产地与分布

夏洛来牛是著名的大型肉牛品种，原产于法国中西部到东南部的夏洛来和涅夫勒地区。18 世纪开始进行系统选育，主要通过本品种严格选育，1920 年育成专门肉用品种。我国在 1964 年和 1974 年先后两次直接由法国引进夏洛莱牛，分布在东北、西北和南方部分地区。用该品种与我国本地牛杂交进行改良，取得了明显效果。

2. 外貌特征

夏洛来牛体躯高大强壮，全身毛色乳白或浅乳黄色。头小而短宽，嘴端宽方，角中等粗细，向两侧或前方伸展，角色蜡黄。颈短粗，胸宽深，肋骨弓圆，腰宽背厚，臀部丰满，肌肉极发达，使体躯呈圆筒形，后腿部肌肉尤其丰厚，常形成"双肌"特征，四肢粗壮结实。公牛常有双鬐甲和凹背。蹄色蜡黄，鼻镜、眼睑等为白色。成年夏洛来公牛体高 142 厘米，体长 180 厘米，胸围 244 厘米，管围 26.5 厘米，体重 1 140 千克；相应成年母牛体高、体长、胸围、管围、体重分别为 132 厘米、165 厘米、203 厘米、21 厘米、735 千克，初生公犊重 45 千克，初生母犊重 42 千克。

3. 生产性能

夏洛来牛以生长速度快、瘦肉产量高、体型大、饲料转化率高而著称。据法国的测定，在良好的饲养管理条件下，6 月龄公犊体重达 234 千克，母犊 210.5 千克，平均日增重公犊 1 000~1 200 克，母犊 1 000 克。12 月龄公犊重达 525 千克，母犊 360 千克。屠宰率为 65%~70%，胴体产肉率为 80%~85%。母牛平均产奶量为 1 700~1 800 千克，个别牛达到 2 700 千克，乳脂率为 4.0%~4.7%。青年母牛初次发情为 396 日龄，初配年龄为 17~20 月龄。但是，由于该品种存在难产率高（13.7%）的缺点，在一定程度上影响了品种推广。夏洛来牛生产性能上的主要缺点是肌肉纤维比较粗糙、肉质嫩度不够好。

（三）利木赞牛

1. 产地与分布

利木赞牛原产于法国中部利木赞高原，并因此而得名。利木赞牛在法国的分布仅次于夏洛来牛。利木赞牛源于当地大型役用牛，主要经本品种选育，于 1924 年育成，属于专门化的大型肉牛品种。1974 年和 1993 年，我国数次从法国引入利木赞牛，在河南、山东、内蒙古等地改良当地黄牛。

2. 外貌特征

利木赞牛毛色多以红黄为主，腹下、四肢内侧、眼睑、鼻周、会阴等部位毛色较浅，为白色或草白色。头短，额宽，口方，角细。蹄壳琥珀色。体躯冗长，肋骨弓圆，背腰壮实，荐部宽大，但略斜。肌肉丰满，前肢及后躯肌肉块尤其突出。在法国，较好的饲养条件下，成年公牛体重可达 1 200~1 500 千克，公牛体高 140 厘米，成年母牛 600~800 千克，母牛体高 131 厘米，公犊初生重 36 千克，母犊 35 千克。

3. 生产性能

利木赞牛肉用性能好，生长快，尤其是幼年期，8 月龄小牛就可以生产出具有大理石纹的牛肉。在良好的饲养条件下，公牛 10 月龄能长到 408 千克，12 月龄达 480 千克。牛肉品质好，肉嫩，瘦肉含量高，肉色鲜红，纹理细致，富有弹性，大理石花纹适中，脂肪色泽为白色或带淡黄色。利木赞牛具有较好的泌乳能力，成年母牛平均泌乳量 1 200 千克，个别可达 4 000 千克，乳脂率为 5%。

（四）安格斯牛

1. 产地与分布

安格斯牛产于英国苏格兰北部的阿伯丁、安格斯和金卡丁等郡，全称阿伯丁-安格斯牛。安格斯牛是英国最古老的肉牛品种之一，但在 1800 年以后才开始被单独识别出来，作为优种肉牛进行饲养。安格斯牛的有计划育种工作始于18世纪末，着重在早熟性、屠宰率、肉质、饲料转化率和犊牛成活率等方面进行选育。1862年育成。现在世界上主要的养牛国家，大多数都饲养安格斯牛。中国安格斯牛最近30年开始生产，生产基地在东北和内蒙古地区。

2. 外貌特征

安格斯牛无角，毛色以黑色居多，也有红色或褐色。体格低矮，体质紧凑、结实。头小而方，额宽，颈中等长且较厚，背线平直，腰荐丰满，体躯宽而深，呈圆筒形。四肢短而端正，全身肌肉丰满。皮肤松软，富弹性，被毛光泽而均匀，少数牛腹下、脐部和乳房部有白斑。成年公牛平均体重700~750千克，母牛500千克，犊牛初生重25~32千克。成年公牛体高130.8厘米，母牛118.9厘米。

3. 生产性能

安格斯牛具有良好的增重性能，日增重约为1 000克。早熟易肥，胴体品质和产肉性能均高。育肥牛屠宰率一般为60%~65%。安格斯牛母牛年平均泌乳量1 400~1 700千克，乳脂率3.8%~4%。安格斯牛12月龄性成熟，18~20月龄可以初配。产犊间隔短，一般为12个月左右。连产性好，初生重小，极少难产。安格斯牛对环境的适应性好，耐粗饲、耐寒，性情温和，抗某些红眼病，但有时神经质，不易管理，其耐粗性不如海福特。在国际肉牛杂交体系中，安格斯牛被认为是较好的母系。安格斯牛肉要在10℃以下冷藏10~14天时，食用的口感最好，这是牛肉中蛋白质纤维被自然分解的效果。没有经过冷藏的安格斯牛肉较韧，冷藏过度的则较老。

（五）海福特牛

1. 产地及育成经过

海福特牛也是英国最古老的肉用品种之一，原产于英国英格兰西部威尔士地区的海福特县、牛津县及邻近诸县，属中小型早熟肉牛品种。海福特牛是在威尔士地方土种牛的基础上选育而成的。在培育过程中，曾采用近亲繁殖和严格淘汰的方法，使牛群早熟性和肉用性能显著提高，于1790年育成海福特品种。海福特牛现在分布在世界许多国家，我国在1913年、1965年曾陆续从美国引进海福特牛，现已分布于我国东北、西北广大地区。

2. 外貌特征

海福特牛体躯的毛色为橙黄色、黄红色或暗红色，头、颈、腹下、四肢下部和尾帚为白色，即"六白"特征。头短宽，角呈蜡黄色或白色。公牛角向两侧伸展，向下方弯曲，母牛角尖向上挑起，鼻镜粉红。体型宽深，前躯饱满，颈短而厚，垂皮发达，中躯肥满，四肢短，背腰宽平，臀部宽厚，肌肉发达，皮薄毛细，整个体躯呈圆筒状。分有角和无角两种。

成年海福特公牛体高 134.4 厘米，体重 850~1 100 千克；成年母牛体高 126 厘米、体重 600~700 千克。初生公犊重 34 千克，初生母犊重 32 千克。

3. 生产性能

海福特牛增重快，出生到 12 月龄，平均日增重达 1 400 克，18 月龄体重 725 千克（英国）。据黑龙江省的资料，海福特牛哺乳期平均日增重，公犊 1 140 克，母犊 890 克。7~12 月龄的平均日增重，公牛 980 克，母牛 850 克。屠宰率为 60%~64%；经育肥后，屠宰率可达 67%~70%，净肉率达 60%。海福特牛肉质细嫩，味道鲜美，肌纤维间沉积丰富的脂肪，肌肉呈大理石状。年产乳量 1 200~1 800 千克，但常有泌乳量不能满足哺乳牛的情况出现。海福特牛性成熟早，小母牛 6 月龄开始发情，15~18 月龄、体重达 445 千克可以初次配种。海福特牛适应性好，在年气温变化为 -48~38℃ 的环境中，仍然表现出良好的生产性能。该品种耐粗饲，放牧时觅食性能好，不挑食，性情温顺，但反应迟钝。

（六）皮埃蒙特牛

1. 产地与分布

皮埃蒙特牛原产于意大利北部皮埃蒙特地区，包括都灵、米兰等地，属于欧洲原牛与短角瘤牛的混合型，是在役用牛基础上选育而成的专门化肉用品种。皮埃蒙特牛是目前国际上公认的终端父本，已被 20 多个国家引进，用于杂交改良。我国于 1987 年和 1992 年先后从意大利引进皮埃蒙特牛，并开展了皮埃蒙特牛对中国黄牛的杂交改良工作，现已在 10 余省市推广应用。

2. 外貌特征

皮埃蒙特牛体型较大，体躯呈圆筒状，肌肉发达。毛色为乳白色或浅灰色，鼻镜、眼圈、肛门、阴门、耳尖、尾帚为黑色，犊牛幼龄时毛色为乳黄色，后变为白色。成年公牛体重 800~1 000 千克，母牛 500~600 千克。公牛体高 140 厘米，体长 170 厘米；母牛体高 136 厘米，体长 146 厘米。公犊初生重 42 千克，母犊初生重 40 千克。

3. 生产性能

皮埃蒙特牛生长快，育肥期平均日增重 1 500 克。肉用性能好，屠宰率为 65%~70%；肉质细嫩，瘦肉含量高，胴体瘦肉率达 84.13%。皮埃蒙特牛的牛排肉中，脂肪以极细的碎点散布在肌肉纤维中，难以形成大理石状肉。皮埃蒙特牛有较好的泌乳性能，年泌乳量达 3 500 千克。

（七）德国黄牛

1. 产地与分布

德国黄牛原产于德国和奥地利，其中德国数量最多，是瑞士褐牛与当地黄牛杂交育成的品种，可能含有西门塔尔牛的基因。1970 年出版的良种登记册上记为肉乳兼用品种。德国黄牛主要分布在德符次堡和纽伦堡地区以及相邻的奥地利毗邻地区。1996—1997 年，我国先后从加拿大引进纯种德国黄牛，表现适应性强、生长发育良好，主要用于各地黄牛的改良。

2. 外貌特征

德国黄牛毛色为浅黄色、黄色或淡红色。体型外貌近似西门塔尔牛。体格大，体躯长，胸深，背直，四肢短而有力，肌肉强健。成年公牛体重 1 000～1 100 千克，母牛体重 700～800 千克；公牛体高 135～140 厘米，母牛体高 130～134 厘米。

3. 生产性能

德国黄牛母牛乳房大，附着结实，泌乳性能好，年产奶量达 4 164 千克，乳脂率为 4.15%。初产年龄为 28 个月，难产率低。公犊平均初生重 42 千克，断奶重 231 千克。育肥性能好，去势小牛育肥到 18 月龄，体重达 600～700 千克，平均日增重 985 克。平均屠宰率为 62.2%，净肉率为 56%。

（八）契安尼娜牛

1. 产地与分布

契安尼娜牛原产于意大利多斯加尼地区的契安尼娜山谷，由当地古老役用品种培育而成。1931 年建立良种登记簿，是目前世界上体型最大的肉牛品种。契安尼娜牛现主要分布于意大利中西部的广阔地域。

2. 外貌特征

契安尼娜牛被毛白色，尾帚黑色，除腹部外，皮肤均有黑色素；犊牛初生时，被毛为深褐色，在 60 日龄内逐渐变为白色。契安尼娜牛体躯长，四肢高，体格大，结构良好，但胸部深度不够。成年公牛体重 1 500 千克，最大可达 1 780 千克，母牛体重 800～900 千克；公牛体高 184 厘米，母牛体高 157～170 厘米。公犊初生重 47～55 千克，母犊初生重 42～48 千克。

3. 生产性能

契安尼娜牛生长强度大，日增重达 1 000 克以上，2 岁内最大日增重可达 2 000 克。牛肉量多而品质好，大理石纹明显。契安尼娜牛适应性好，繁殖力强，很少难产，抗晒耐热，宜于放牧。母牛泌乳量不高，但足够哺育犊牛。

（九）日 本 和 牛

1. 产地与分布

日本和牛原产于风景如画、环境优美的日本关西兵库县的但马地区。这里的山野中盛产各种草药，许多平时放牧的草场，绿草中都夹杂生长着一些不知名的草药，日本和牛就是在这种环境中吃着草药、喝着矿泉水慢慢长大的。日本和牛是在日本土种役用牛基础上经杂交培育成的肉用品种。1870 年起，日本和牛由役用逐渐向役肉兼用方向发展。1900 年以后，先后引入德温牛、瑞士褐牛、短角牛、西门塔尔牛、朝鲜牛、爱尔夏牛和荷斯坦牛等，与日本和牛进行杂交，目的是增大体格，提高肉、乳生产性能。但有计划的杂交却始于 1912 年。1948 年成立日本和牛登记协会，1957 年宣布育成肉用日本和牛。很长时间以来，日本禁止和牛品种出口到国外，但现在澳大利亚已有农场饲养和牛，我国一些养殖场也引进了日本和牛。日本和牛是我国十分珍贵的优质肉牛品种资源。

2. 外貌特征

日本和牛毛色多为黑色和褐色，少见条纹及花斑等杂色。体躯紧凑，腿细，前躯发育良好，后躯稍差。体型小，成熟晚。公牛成年体重 700 千克，母牛 400 千克。公牛体高 137 厘米，母牛 124 厘米。

3. 生产性能

日本和牛是全世界公认的最优秀的优良肉用牛品种，特点是生长快、成熟早、肉质好，第七、八肋间眼肌面积达 52 厘米^2。经过 1 年或 1 年多的育肥，日本和牛屠宰率可达 60% 以上，有 10% 可用作高级涮牛肉。日本和牛的产奶量低，约 1 100 千克。一般说来，日本和牛一生能产 15～16 胎，但为了保证母牛、仔牛的健康，一般产到 10 胎左右就停止配种，若母牛健康状况好，也可产 13～14 胎。

日本和牛是当今世界公认的品质最优秀的良种肉牛，其肉大理石花纹明显，又称"雪花肉"。由于日本和牛的肉多汁细嫩、肌肉脂肪中饱和脂肪酸含量很低，风味独特，肉用价值极高，在日本被视为"国宝"，在西欧市场也极其昂贵。高级的和牛肉每 100 克售价可高达数百港元。

日本饲养的和牛，对饲料和品质控制非常严谨，每只和牛在出生时便有证明书以证明其血统。自出生后，和牛便以牛奶、草及含蛋白质的饲料饲养，一些牧场更会聘请专人为牛只按摩及灌饮啤酒，令其肉质更鲜嫩。高质素的和牛，其油花较其他品种的牛肉多、密而平均。油花是肌肉的松软脂肪，其分布平均细致，肉质便会嫩而多汁，油花在 25℃ 便会融化，带来入口即溶的口感。肉质色泽以桃红色为最佳，脂肪色泽则以雪白色为佳，如油脂经氧化，颜色会变为带黄色或灰色，质素则较逊。澳大利亚饲养的和牛成本更高，因为农场主为了提高肉的质量和产量，会在和牛的饲料中加入优质红葡萄酒，这种酒也十分昂贵，在国际市场上一杯就要 16 美元。

三、品种选择技术

我国肉牛生产发展较晚，没有大群引进肉用品种牛，肉牛安全生产，应根据资源、市场和经济效益等自身具体条件决定，其中，合理选择养殖品种至关重要。同时，我国地域辽阔，地域差别很大，原生牛种数量多，各品种在生产性能和适应性方面呈高度差异，因此，肉牛安全生产还应根据自然资源状况、气候条件和地理特征，分区域统筹考虑。这里，为全国各地区推荐一些适宜当前肉牛业发展的国内外肉牛优良品种。

（一）育肥肉牛的品种选择

为发挥区域比较优势和资源优势，加快优势区域肉牛产业的发展和壮大，构筑现代肉牛生产体系，提高牛肉产品市场供应保障能力和国际市场竞争能力，农业部于2003年发布了《肉牛肉羊优势区域发展规划（2003—2007年）》，2009年又发布了《全国肉牛优势区域布局规划（2008—2015年）》，对各区域肉牛养殖产业的目标定位与主攻方向做了明确的规划。养殖户选择肉牛，应首先参照区域布局规划给出的指导意见，选择适宜区域目标定位的品种，保证产品能够推向区域大市场。

1. 按区域特点选择

（1）南方区域 指秦岭、淮河以南的部分省区，包括湖北、湖南、广西、广东、江西、浙江、福建、海南、重庆、贵州、云南及四川东南部等广大区域。该区域农作物副产品资源和青绿饲草资源丰富，但肉牛产业基础薄弱，地方品种个体小，生产能力相对较低。该区域内的养殖户建议使用婆罗门牛、西门塔尔牛、安格斯牛和婆墨云牛等品种的改良牛。

（2）中原区域 包括山西、河北、山东、河南等地。该区域农副产品资源和地方良种资源丰富，最早进行肉牛品种改良并取得显著成效。该区域内的养殖户，建议使用西门塔尔牛、安格斯牛、夏洛来牛、利木赞牛和皮埃蒙特牛等品种的改良牛。该区域的原生牛品种，如鲁西牛、南阳牛、晋南牛、郏县红牛、渤海黑牛等，经长期驯化形成，具有适应性强、产肉率高的特点，也是优先选择的肉牛品种。

（3）东北区域 包括黑龙江、吉林、辽宁和内蒙古东部地区。该区域具有丰富的饲料资源，饲料原料价格低，肉牛生产效率较高，平均胴体重高于其他地区。该区域内的养殖户，建议使用西门塔尔牛、安格斯牛、夏洛来牛、利木赞牛以及黑毛和牛等品种的改良牛。该区域内的地方品种，如延边牛、蒙古牛、三河牛和草原红牛等，具有繁殖性能好、耐寒耐粗饲等特点，也可考虑选择使用。

（4）西部区域 包括陕西、甘肃、宁夏、青海、西藏、新疆、内蒙古西部及四川西北部。该区域天然草原和草山草坡面积较大，引进美国褐牛、瑞士褐牛等国外优良肉牛品种后，在地方品种改良上取得了较好的效果。该区域内的养殖户，建议使用安格斯牛、西门塔尔牛、利木赞牛、夏洛来牛等品种的改良牛。适宜选择的国内品种主要有新疆褐牛、秦川牛。四川西北地区牦牛品种和数量相对较大，已形成优势产业，应重点推广大通牦牛等牦牛品种。

2. 按市场要求选择

（1）瘦肉市场　市场需求脂肪含量少的牛肉时，可选择使用皮埃蒙特牛、夏洛来牛、比利时蓝白花牛等引进品种的改良牛，或者选择荷斯坦牛的公犊。改良代数越高，其生产性状越接近引进品种，但只有饲养管理条件与该品种特性一致时，才能充分发挥该杂种牛的最优性状。上述品种主要在农区圈养育成，若改用放牧方式，饲养于牧草贫乏的山区、牧区则效果不好。不管在什么地区，日粮中蛋白质含量必须满足需要才行，否则，很难获得理想的日增重。

（2）肥肉市场　市场需要含脂肪较高的牛肉时，可选择地方优良品种，如晋南牛、秦川牛、南阳牛和鲁西牛等，这些品种耐粗饲，只要日粮能量水平高，即可获得含脂肪较多的胴体。除了地方品种，也可选择安格斯牛、海福特牛、短角牛等引进品种的改良牛。需要注意的是，除海福特牛以外，引进品种均不耐粗饲，需要有良好的饲料条件。

（3）花肉市场　花肉即五花肉。高品质的五花牛肉，脂肪沉积到肌肉纤维之间，形成红、白相间的大理石花纹，俗称"大理石状"牛肉或"雪花"牛肉。这种牛肉香、鲜、嫩，是中西餐均适用的高档产品。市场需求"雪花"牛肉时，需要选择地方优良品种以及安格斯牛、利木赞牛、西门塔尔牛、短角牛等引进品种的改良牛。在高营养条件下育肥这类牛，既能获得高日增重，也容易形成受市场欢迎的五花肉。

（4）白肉市场　白肉用犊牛育肥而成，肉色全白或稍带浅粉色，肉质细嫩，营养丰富，味道鲜美，市场价格比普通牛肉高出数倍。白肉可分为小白牛肉和小牛肉两种。用牛奶作日粮，养到 4~5 月龄、体重 150 千克左右屠宰的肉叫小白牛肉；用代乳料作日粮，养到 7~8 月龄、体重 250 千克左右屠宰的肉叫小牛肉。生产白肉的品种，以乳用公犊最佳，肉用公犊次之。市场需要白肉时，选择乳牛养殖业淘汰的公牛犊，低成本也可获得高效益。选择经夏洛来牛、利木赞牛、西门塔尔牛、皮埃蒙特牛等优良品种改良的公犊，也可培育出优质的犊牛肉。

3. 按经济效益选择

（1）考虑产销关系　生产"白肉"投入很大，必须按市场需求量有计划地进行，不能盲目扩大生产。"雪花牛肉"在餐饮行业市场较广，是肥牛火锅、铁板牛肉、西餐牛排等销售渠道优先选用的产品，但成本较高，市场风险相对较大。所以，牛肉生产应按市场需求，做到以销定产。最好建立自己的供销体系，或者纳入已有的供销体系中。没有稳妥可靠的销售渠道，无法很好地适应牛肉市场需求，只能选择生产普通牛肉的品种。

（2）考虑杂种优势　用引进国外优良品种培育的改良牛，具有明显的杂种优势，生长发育快，抗病力强，适应性好，可在一定程度上降低饲养成本。选择具有杂种优势的改良牛，养殖效益相对较好。有条件的地方，可建立优良多元杂交体系、轮回体系，进一步提高优势率；也可按照市场需求，利用不同杂交系改善牛肉质量，达到最高的经济效益。

（3）考虑性别特点　在确定肉牛品种的前提下，适度考虑肉牛个体的性别特点，对养殖效益也有一定的影响。公牛生长发育快，在日粮丰富时可获得高日增重和高瘦肉率，生产瘦牛肉时应优先选择。相反，如果生产高脂肪牛肉与五花牛肉，则以母牛为宜。但需要注意的是，母牛较公牛多消耗 10% 以上的精料。阉牛的特性处于公牛和母牛之间。如果使用去势的架子牛，应在 3~6 月龄时去势，这样可以减少应激，显著提高出肉率和肉的品质。

（4）考虑体质外貌　在选择架子牛时，应该注重外貌和体重。肉牛体型要求发育良好、骨架大、胸宽深、背腰长宽直等。一般情况下，1.5~2 岁牛的体重应在 300 千克以上，体高和胸围最好大于该月龄牛的平均值。另外还要看毛的颜色，角的状态，蹄、背、腰的强弱，肋骨的开张程度，肩胛的形状等。四肢与躯体较长的架子牛，有生长发育潜力；若幼牛体型已趋匀称，则将来发育不一定很好；十字部略高于体高和后肢飞节高的牛，发育能力强；皮肤松弛柔软、被毛柔软密致的牛，肉质良好；发育虽好但性情暴躁的牛，管理起来比较困难。体质健康、10 岁以上的老牛，采用高营养水平育肥 2~3 个月，也可获得丰厚的经济效益，但不能采用低营养水平延长育肥期的方法，否则，牛肉质量差，且会增加饲草消耗和人工费用。

4. 按资源条件选择

（1）农区　农区以种植业为主，作物秸秆多，可利用草田轮作饲养西门塔尔等品种的改良牛，主要目标是为产粮区提供架子牛，以取得最大经济效益。而在酿酒业与淀粉业发达的地区，充分利用酒糟、粉渣等农副产品，购进架子牛进行专业育肥，能大幅度降低生产成本，取得最好的经济收益。

（2）牧区　牧区饲草资源丰富，养殖业发达，肉牛产业应以饲养西门塔尔牛、安格斯牛、海福特牛等引进品种的改良牛为主，主要目标是为农区及城市郊区提供架子牛。山区也具有充足的饲草资源，但肉牛育肥相对困难，也可以借鉴牧区的养殖模式，专门培育西门塔尔牛、安格斯牛、海福特牛等改良牛的架子牛。

（3）乳业区　乳牛业发达的地区，以生产白肉最为有利，因为有大量乳公犊可以利用，并且通过利用异常奶、乳品加工副产品等搭配日粮，也能大幅度降低生产成本。乳业区可充分利用乳牛公犊和淘汰乳牛等肉牛资源。这类肉牛的特点是体型大、增重快，但肉质相对较差。

5. 按气候条件选择

牛是喜凉怕热的家畜，如果气温过高（30℃以上），气温就会成为育肥的限制因子，所以，养牛防暑很重要。若没有条件防暑降温，则应选择耐热品种，如圣格鲁迪、皮尔蒙特、抗旱王、婆罗福特、婆罗格斯、婆罗门等品种的改良牛为佳。

（二）育种肉牛的选择方法

1. 肉牛的外貌特征

肉用牛是通过人工选育形成的具有专门肉用性能的牛。其外貌特征，从牛的整体来看，四肢短直，体躯低垂，皮薄骨细，全身肌肉丰满，疏松而匀称。细致疏松型表现明显，整个体躯短、宽、深。前望、侧望、后望、俯望的轮廓，均呈矩形。

前望：由于胸宽而深，鬐甲平广，肋骨向两侧扩张而弯曲大，构成前望矩形。

侧望：由于颈短而宽，胸尻深厚，前胸突出，股后平直，构成侧望矩形。

后望：由于尻部平宽，两腿深厚，构成后望矩形。

俯望：由于鬐甲宽厚，背腰和尻部广阔，构成俯望矩形。

由于肉用牛的体型方整，在比例上，前躯和后躯都高度发达，显得中躯相对较短，以致全身粗短紧凑，皮肤细薄而松软，皮下脂肪发达，尤其是早熟的肉牛，被毛细密而富有光泽，呈现卷曲状态的，是优良肉用牛的特征。

从肉用牛的局部来看，与产肉性能最为重要的部位有鬐甲、背腰、前胸和尻部等部位。其中尻部最重要。

鬐甲要求宽厚多肉，与背腰平直，前胸饱满突出于两前肢之间，垂肉细软而不甚发达，肋骨弯曲度大，肋间隙较窄，两肩与胸部结合良好，无凹陷痕迹，丰满多肉。

背、腰要求宽广，与鬐甲及尾根在一条直线上，平坦而多肉。沿脊椎两侧和背腰非常发达，常形成"双背复腰"。腰宽欨小，腰线平直，宽广而丰圆。整个中躯呈现粗短圆筒状。

尻部对肉用牛来说特别重要，它应宽、长、平、直而富于肌肉，忌尖尻或斜尻。两腿宽而深厚，十分丰满。腰角丰圆，不可突出。两坐骨距离宽，厚实多肉，连接腰角、坐骨端与飞节三点，构成丰满多肉的肉三角形。

我国劳动人民总结肉牛的外貌特征为"五宽五厚"，即"额宽，颊厚；颈宽，垂厚；胸宽，肩厚；背宽，肋厚；尻宽，臀厚"。这种总结，对肉用牛体型外貌鉴定要点作出了精确的概括。

2. 肉牛的选择要求

牛的体型首先受躯干和骨骼大小的影响，如颈宽厚是肉用牛的特征，与乳用牛要求颈薄形成对照，肉用牛肩峰平整且向后延伸直到腰与后躯都保持宽厚，这是生产高比例优质肉的标志。

犊牛体型可分成不同类型，犊牛生长早期如果在后肋、阴囊等处就沉积脂肪，表明不可能长成大型肉用牛。体躯很丰满而肌肉发育不明显，也是早熟品种的特点，对生产高瘦肉率是不利的。大骨架的牛比较有利于肌肉着生，但在选择时往往被忽视。

青年阶段体格较大而肌肉较薄，表明其为晚熟的大型牛，将比体小而肌肉厚的牛更有生长潜力。因肌肉发达程度随年龄的增长而加强，并相对地超过骨骼生长，所以同龄的大型牛早期肌肉生长并不好，后期却能成为肌肉发达的肉牛。

体躯的骨骼以及肌肉、脂肪沉积程度，共同影响着外表的厚度、深度和平滑度。牛在生长期，肩胛、颈、前胸、后肋部以及尾根等部位如果形态清晰、宽而不丰满，会有发育前途，相反，外貌丰满而骨架很小的牛不会有很大的长势。

不同的牛种在体型上有各自的特点，因各部位都受品种的影响，所以肉牛各部位好坏的评价，不同品种之间的评分不同，但都要强调综合性状。

3. 育种肉牛的选择方法

肉牛的选择方法，主要包括单项选择（纵列选择或衔接选择）法、独立淘汰法和指数选择法等3种方法。

（1）单项选择法 是指按顺序逐一选择所要改良的性状，即当第一个性状经选择达到育种目标后，再选择第二个性状进行改良，以此类推地选择下去，直到全部性状都得到改良为止。这种方法简单易行，而且就某一性状而言，其选择效果很好。主要缺点是，当一次选择一个性状时，同时期别的性状较差的牛只仍会存在于群内，影响整个牛群质量。

（2）独立淘汰法 是指同时选择几个性状，分别规定最低标准，只要有一个性状不够标准，即可予以淘汰。此法简单易行，能收到全面提高选择效果的作用。但这种方法选择的结果，容易将一些只有个别性状没有达到标准、其他方面都优秀的个体淘汰掉，而选留下来的，往往是各个性状都表现中等的个体。此法的缺点，是对各个性状在经济上的重要性以及遗传力的高低都没有给予考虑。

（3）指数选择法 是根据综合选择指数进行选择。这个指数是运用数量遗传学原理，将要选择的若干性状的表型值，根据其遗传力、经济上的重要程度及性状间的表型相关和遗传相关，给予不同的适当权值，制订出一个可以使个体间相互比较的数值，然后，根据这个数值进行选择。

为了便于比较，把各性状都处于牛群平均值的个体选择指数值定为 100，其他个体都与 100 比较，超过 100 者为优良，给予保留，不足 100 者就需要淘汰。

指数选择法效果的好坏，主要取决于加权值制订得是否合理。制订每个性状的加权值，主要决定于性状的相对经济价值及每个性状的遗传力和性状之间的遗传相关。

另外，选择肉牛种牛的先进方法，还有最佳线性无偏预测法（BLUP 法）和新的动物模型法等方法。

4. 育种肉牛的选择途径

肉牛选择的一般原则是：选优去劣，优中选优。种公牛和种母牛的选择，是从品质优良的个体中精选出最优个体，即是"优中选优"。而对种母牛大面积的普查鉴定和等级评定等，则又是"选优去劣"的过程。在肉牛公母牛的选择中，种公牛的选择对牛群的改良起着关键作用。

种公牛的选择，首先是审查系谱，其次是审查该公牛外貌表现及发育情况，最后还要根据种公牛的后裔测定成绩，断定其遗传性能是否稳定。对种母牛的选择，则主要根据其本身的生产性能或与生产性能相关的一些性状进行考虑。此外，还要参考其系谱、后裔及旁系的表现情况做出决定。所以，选择肉牛的途径，主要包括系谱选择、本身选择、后裔选择和旁系选择 4 项。

（1）系谱选择　系谱记录资料是比较牛只优劣的重要依据。选择小牛时，考察其父母、祖父母及外祖父母的性能成绩，对提高选种的准确性有重要作用。资料表明，种公牛后裔测定的成绩与其父亲后裔测定成绩的相关系数为 0.43，与其外祖父后裔测定成绩的相关系数为 0.24，而与其母亲 1~5 个泌乳期产奶量之间的相关系数只有 0.21、0.16、0.16、0.28、0.08。由此可见，估计种公牛育种值时，对来自父亲的遗传信息和来自母亲的遗传信息不能等量齐观，而应有所侧重。

（2）本身选择（个体成绩选择）　本身选择，就是根据种牛个体本身一种或若干种性状的表型值，判断其种用价值，从而确定个体是否选留，该方法又称性能测定和成绩测验。具体做法，可以在环境一致并有准确记录的条件下，与所有牛群的其他个体进行比较，或与所在牛群的平均水平比较。有时也可以与鉴定标准进行比较。

当小牛长到 1 岁以上时，就可以直接测量其某些经济性状（如 1 岁活重、肥育期增重效率等）进行选择。而对于胴体性状，则只能借助先进设备（如超声波测定仪等）进行辅助测量，然后对不同个体做出比较。对遗传力高的性状，适宜采用这种选择途径。

肉用种公牛的体型外貌，主要看其体型大小、全身结构是否匀称、外型和毛色是否符合品种要求、雄性特征是否明显、有无明显的外貌缺陷等。无论从哪个方向看，体躯都应呈明显的长方形、圆筒状，才是典型肉用牛的基本特征。凡是肢势不正、背线不平、颈线薄、胸狭腹垂、尖斜尻等，都是不良表现；而生殖器官发育良好、睾丸大小正常且有弹性等，则是性能优良的表现。凡是体型外貌有明显缺陷、生殖器官畸型、睾丸大小不一等，均不合乎种用特征。肉用种公牛的外貌评分不得低于一级，其中，核心公牛要求外貌评分应为特级。

除查看外貌外，还要测量种公牛的体尺和体重，按照品种标准分别评出等级。另外，还需要检查种公牛的精液质量，正常情况下，精子活力应不低于0.7，死精、畸形精子过多者（高于20%）不能作用。

（3）后裔测验（成绩或性能试验）　后裔测验是根据后裔各方面的表现情况来评定种公牛好坏的一种鉴定方法，这是多种选择途径中最为可靠的选择方法。具体方法是将选出的种公牛与一定数量的母牛进行配种，然后对这些母牛所生的犊牛进行成绩测定，从而评价使（试）用种牛品质优劣。这种方法虽然准确可靠，但需要的时间较长，往往等到后裔成绩出来时，被测种牛年龄已大，丧失了不少可利用的时间和机会。为改进这一缺陷，人们提出了一些技术方法，借以缩短测定时间。例如：对被测公牛在后裔测验成绩出来之前，可以先采精并用液氮贮存，待成绩确定后再决定原冷冻精液是使用还是作废。使用这种方法，既可以对公牛的种用价值做出评定，也可以对母牛的种用价值做出评定；既可以对数量性状进行选择，也可以对质量性状加以选择。在生产中，后裔测定多用于选择种公牛。

（4）旁系选择（同胞或半同胞牛选择）　旁系是指选择个体的兄弟、姐妹、堂表兄妹等。它们与该个体的关系越近，其材料的选择价值就越大。利用旁系材料的主要目的，是想从侧面证明一些由个体本身无法查知的性能（如公牛的泌乳力、配种能力等）。此法与后裔测定的结果相比较可以节省时间。种牛的遗传力、育种值等遗传参数，均可通过旁系材料进行计算。

肉用种公种的肉用性状主要根据半同胞材料进行评定。应用半同胞材料估计后备公牛育种值的优点，可对后备公牛进行早期鉴定，比后裔测定至少缩短4年以上的时间。

四、肉牛的经济杂交与利用

杂交是肉牛生产不可缺少的手段，采取不同品种牛进行品种间杂交，不仅可以相互补充不足，也可以产生较大的杂种优势，进一步提高肉牛生产力。经济杂交是采用不同品种的公母牛进行交配，以生产性能低的母牛或生产性能高的母牛与优良公牛交配来提高子代经济性能，其目的是利用杂种优势。经济杂交可分为二元杂交和多元杂交。

（一）二元杂交

二元杂交是指两个品种间只进行一次杂交，所产生的后代不论公母牛都用于商品生产，也叫简单经济杂交，如图 1-1 所示。在选择杂交组合方面比较简单，只测定一次杂交组合配合力。但是没有利用杂种一代母牛繁殖性能方面的优势，在肉牛生产早期不宜应用，以免由于淘汰大量母牛从而影响肉牛生产，在肉牛养殖头数饱和之后可用此法。

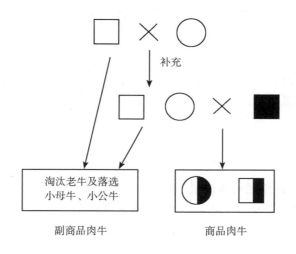

图 1-1　二元杂交体系示意

（二）多元杂交

多元杂交是指 3 个或 3 个以上品种间进行的杂交，是复杂的经济杂交，如图 1-2 所示。即用甲品种牛与乙品种牛交配，所生杂种一代公牛用于商品生产，杂种一代母牛再与丙品种公牛交配，所生杂种二代父母用于商品生产，或母牛再与其他品种公牛交配。其优点在于杂种母牛留种，有利于杂种母牛繁殖性能上优势得以发挥，犊牛是杂种，也具有杂种优势。其缺点是所需公牛品种较多，需要测试杂交组合多，必须保证公牛与母牛没有血缘关系，才能得到最大优势。

（三）轮回杂交

轮回杂交是指用两个或更多品种进行轮番杂交，杂种母牛继续繁殖，杂种公牛用于商品肉牛生产。分为二元轮回杂交和多元轮回杂交，如图 1-3 所示。其优点是除第一次外，母牛始终是杂种，有利于繁殖性能的杂种优势发挥，犊牛每一代都有一定的杂种优势，并且杂交的两个或两个以上的母牛群易于随人类的需

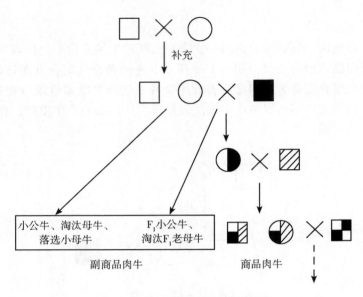

图 1-2　多元杂交体系示意

要动态提高，达到理想时可由该群母牛自繁形成新品种。本法缺点是形成完善的两品种轮回则需要 20 年以上的时间。各种生产性杂交效益比较见表 1-1、表 1-2。目前肉牛生产中值得提倡的一种方式。

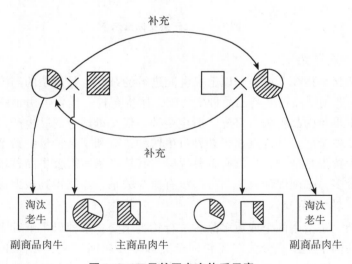

图 1-3　二元轮回杂交体系示意

表1-1　各种杂交利用母牛群结构及商品肉牛 （%）

杂交体系	繁殖成活率	纯种母牛群				两品种杂种母牛		商品肉牛（商品数/母牛总数）						
								主商品				副商品		
		总数	其中适龄母牛	用于本群纯繁母牛	用于生产一代杂种母牛	总数	其中适龄母牛	两品种杂种	三品种杂种	纯种小牛	纯种老牛	两品种杂种小牛	两品种杂种老牛	三品种杂种老牛
二元	90	100	76.92	23.07	53.85			48.46		13.08	7.69			
	50	100	76.92	41.54	35.28			17.69		13.08	7.69			
三元（二元终端公牛）	90	24.1	18.54	5.56	12.97	75.90	58.39	52.55		3.15	1.85	5.84	5.84	
	50	46.51	35.78	19.32	16.46	53.49	41.14	20.57		6.08	3.58	4.11	4.11	
二元轮回	90					100	76.92	61.54					7.69	
	50					100	76.92	30.77					7.69	
三元轮回	90					100	76.92		61.54					7.69
	50					100	76.92		30.77					7.69

注：1. 母牛平均利用年限为13岁；2. 27月龄产第一胎；3. 纯种母牛选择率按74%计算，即每生27头犊母牛群20头，淘汰7头计。

表 1-2　各种杂交利用体系杂交利用率比较　　　　　　　　　（%）

母牛繁殖成活率	二元杂交		三元杂交		二元轮回		三元轮回	
	杂交利用率	比较	杂交利用率	比较	杂交利用率	比较	杂交利用率	比较
90	55.73	100	77.02	138.2	78.92	141.61	82.38	147.82
50	20.34	100	34.34	168.83	43.84	215.54	45.77	225.02

注：1. 杂交利用率=商品率×（1+杂交优势）；2. 本表未考虑纯种牛的销售价值。

（四）地方良种黄牛杂交利用注意事项

通过十几年黄牛改良实践来看，用夏洛来、西门塔尔、利木赞、海福特、安格斯、皮埃蒙特牛与本地黄牛进行两品种杂交、多元杂交和级进杂交等，其杂种后代的肉用性能都得到显著的改善。改良初期都获得良好效果，后来认为以夏洛来牛、西门塔尔牛做改良父本牛，并以多元杂交方式进行本地黄牛改良效果更好。如果不断采用一个品种公牛进行级进杂交，3~4代以后会失掉良种黄牛的优良特性。因此，黄牛改良方案选择和杂交组合的确定，一定要根据本地黄牛和引入品种牛的特性以及生产目的确定，以杂交配合力测定为依据确定杂交组合。为此，在地方良种黄牛经济杂交中应注意以下几点。

1. 良种黄牛保种

我国黄牛品种多，分布区域广，对当地自然条件具有良好适应性、抗病力、耐粗饲等优点，其中地方良种牛，如晋南牛、秦川牛、南阳牛、鲁西黄牛、延边牛、渤海黑牛等具有易育肥形成大理石状花纹肉、肉质鲜嫩而鲜美的优点，这些优点已超过这些指标最好的欧洲各种安格斯牛。这些都是良好的基因库，是形成优秀肉牛品种的基础，必须进行保种。对这些品种进行严格的本品种选育，加快纠正生长较慢的缺点，使其成为世界级的优良品种。

2. 选择改良父本

父本牛的选择非常重要，其优劣直接影响改良后代的肉用生产性能。应选择生长发育快、饲料利用率高、胴体品质好、与本地母牛杂交优势大的品种，应该是适合本地生态条件的品种。

3. 避免近亲

防止近亲交配，避免退化，严格执行改良方案，以免非理想因子增加。

4. 加强改良后代培育

杂交改良牛的杂种优势表现仍取决于遗传基础和环境效应，其培育情况直接影响肉牛生产，应对杂交改良牛进行科学的饲养管理，使其改良的获得性得以充分发挥。

5. 黄牛改良的社会性

由于牛的繁殖能力非常低，世代间隔非常长，所以黄牛改良进展极慢，必须多地区协作、几代人努力才能完成。

第二节　肉牛繁殖技术

一、性成熟与使用年限

（一）性成熟与体成熟

1. 性成熟

性的成熟是一个过程，当公、母牛发育到一定年龄，生殖机能达到了比较成熟的阶段，就会表现性行为和第二性征，特别是能够产生成熟的生殖细胞，在这期间进行交配，母牛能受胎，即称为性成熟。因此性成熟的主要标志是能够产生成熟的生殖细胞，即母牛开始第一次发情并排卵，公牛开始产生成熟精子。

达到性成熟的年龄，由于牛的种类、品种、性别、气候、营养以及个体间的差异而有不同。如培育品种的性成熟，公牛一般为 9 个月，母牛一般为 8~14 个月；而原始品种的肉牛出生后 10~12 个月龄，杂交肉牛 12~15 个月龄。一般公牛的性成熟较母牛晚，饲养在寒冷北方的牛较饲养在温暖南方的牛性成熟晚，营养充足较营养不足的牛性成熟早。个体之间由于先天性疾病的原因，性成熟也可能推迟。

2. 体成熟

肉牛机体具备成年肉牛固有的外形，叫体成熟。一般肉牛体成熟是 1.5~2 岁，杂交肉牛为 2.5 岁；乳牛在 15~22 个月龄。但由于肉牛品种、饲养管理、气候条件等不同，大有促进和延迟体成熟的可能。

（二）初配适龄

体成熟的牛就可以参加配种繁殖。公、母牛达到性成熟年龄，虽然生殖器官已发育完全，具备了正常的繁殖能力，但此时身体的生长发育尚未完成，故尚不宜配种，以免影响母牛本身和胎儿的生长发育及以后生产性能的发挥。

公、母牛配种过早，将影响到本身的健康和生长发育，所生犊牛体质弱、初生重小、不易饲养；母牛产后产奶受影响；公牛性机能提前衰退，缩短种用年限。配种过迟则对繁殖不利、饲养费用增加，而且易使母牛过肥，不易受胎；公牛则易引起自淫、阳痿等病症而影响配种效果。因此正确掌握公、母牛的初配适龄，对改善牛群质量、充分发挥其生产性能和提高繁殖率有重要意义。

母牛的初配适龄应根据牛的品种及其具体生长发育情况而定，一般比性成熟晚些，在开始配种时的体重应为其成年体重的 70% 左右。年龄已达到，体重还未达到时，则初配适龄应推迟；相反则可适当提前。一般肉牛的初配适龄为：早熟品种，公牛 15~18 月龄，母牛 16~18 月龄；晚熟品种，公牛 18~20 月龄，母牛 18~22 月龄。

（三）使用年限

肉牛的繁殖能力都有一定的年限，年限长短因品种、饲养管理以及牛的健康状况不同而有差异。肉牛的配种使用年限为 9~11 年，公牛为 5~6 年。超过繁殖年限，公、母牛的繁殖能力会降低，便无饲养价值，应及时淘汰。

二、发情与发情周期

（一）发情

母畜发育到一定年龄，便开始出现发情。发情是未孕母畜所表现的一种周期性变化。发情时，卵巢上有卵泡迅速发育，它所产生的雌激素作用于生殖道使之产生一系列变化，为受精提供条件；雌激素还能使母畜产生性欲和性兴奋，以及允许雄性爬跨、交配等外部行为的变化。把这种生理状态称为发情。

（二）发情周期

母畜到了初情期后，生殖器官及整个有机体便发生一系列周期性的变化，这种变化周而复始（非发情季节及怀孕母畜除外），一直到性机能停止活动的年龄为止。这种周期性的性活动，称为发情周期。发情周期通常是指从一次发情的开始到下一次发情开始的间隔时间。肉牛平均为 21 天左右，但也存在个体差异。壮龄、营养较好的母牛发情周期较为一致，而老龄和营养不佳的母牛发情周期较长。一般来讲，青年母牛较成年母牛约短 1 天。

发情周期的出现是由于卵巢周期变化的结果。卵巢周期受到复杂的内分泌机理控制，涉及丘脑下部、垂体、卵巢和子宫等所分泌激素的相互作用。

根据动物的性欲表现和相应的机体及生殖器官变化，可将发情周期分为发情前期、发情期、发情后期和休情期 4 个阶段。根据卵巢上卵泡发育、成熟及排卵，以及黄体的形成和退化，将发情周期分为卵泡期和黄体期。卵泡期指卵泡从开始发育到排卵，相当于发情前期和发情期；而黄体期是指在卵泡破裂排卵后形成黄体，直至黄体开始退化为止，相当于发情后期和间情期。

肉牛属于全年多次周期发情的动物。在温暖季节里，发情周期正常，发情表现显著。但是在寒冷地区，特别是粗放饲养情况下，发情周期也会停止。因此，牛的发情周期虽然不像马、羊及其他野生动物那样有明显的季节性，但还是受季节影响。

非当年产犊的干奶母牛发情最多集中于7—8月，初配母牛发情次之，多在8—9月，当年产犊哺乳母牛多集中在9—11月发情。发情的季节性在很大程度上受气候、牧草及母牛营养状况的影响，都是在当地自然气候及草场条件最好的时期。此外，海拔在4 500米以上的地区，7月初才有个别母牛发情。

三、发情鉴定

母牛一般在6~12月龄初次发情，称为初情期。由于生殖器官和生殖功能仍在生长发育阶段，所以，初情期发情表现持续期短，发情周期还不正常。母牛8~14月龄，生长发育到有正常生殖能力的时期，叫做性成熟期。此时，母牛生殖器官基本发育完全，已具备受孕能力，但由于身体正处于生长发育旺盛阶段，如果此时配种受孕，会影响其生长发育和今后的繁殖能力，还会缩短使用年限，而且会使后代的生活力和生产性能降低，所以，此时不宜配种。

肉牛发情有一定的周期，这就是发情周期。发情周期是指发情持续的时间，通常以一次发情的开始至下一次发情的开始所间隔的天数为准，一般为18~24天，平均为21天，处女牛较经产牛发情周期短一些。根据母牛的精神状态和生殖器官生理变化及对公牛的性欲反应情况，可将母牛的发情周期分为4个阶段，即发情前期、发情期、发情后期、休情期。

发情前期：卵巢上功能黄体已经退化，卵泡正在成熟，阴道分泌物逐渐增加，生殖器官开始充血，持续时间为4~7天。

发情期：卵泡已经成熟，继而排卵，发情征候集中出现，母牛表现兴奋，食欲下降，外阴部充血肿胀，子宫颈口松弛开张，阴道有黏液流出，持续13~30小时。

发情后期：已经排卵，黄体正在形成，发情征候开始消退，母牛由性兴奋逐渐转入平静状态，排卵24小时后，大多数母牛从阴道内流出少量血。发情后期的持续时间为5~7天。

休情期：黄体逐渐萎缩，卵泡逐渐发育，性欲完全停止，精神状态恢复正常，持续12~15天。如果已妊娠，周期黄体转为妊娠黄体，直到妊娠结束前不再出现发情。

发情鉴定的目的，是在牛群中及时发现发情母牛，正确掌握配种时间并进行配种，防止误配漏配，提高受胎率。鉴定母牛发情的方法有外部观察法、试情法、阴道检查法和直肠检查法等。

（一）外部观察法

外部观察法是鉴定母牛发情的主要方法，主要根据母牛的外部表现来判断其发情情况。发情母牛表现兴奋不安，哞叫，两眼充血，反应敏感，拉开后腿，频频排尿，在牛舍内常站立不卧，食欲减退，反刍时间减少或停止反刍；外阴部红肿，排出大量透明的牵缕性黏液，发情初期清亮如水，末期混而黏稠，在尾巴等处能看到分泌黏液的结痂物。在运动场或放牧时，发情母牛四处游荡，常常表现出爬跨和接受其他牛爬跨的特点。两者的区别：被爬跨的牛如已发情，则站立不动并举尾迎合，如未发情，则往往弓背逃走；发情牛爬跨其他牛时，阴门搐动并滴尿，具有公牛交配的动作，外阴部红肿，从阴门流出黏液；其他牛常嗅发情牛的阴唇，发情母牛的背腰和尻部有被爬跨所留下的泥土、唾液等，有时被毛蓬松不整。

母牛的发情表现虽有一定的规律性，但由于内外因素的影响，有时表现不明显或没有规律，因此，在确定输精适期时，必须善于综合判断，进行具体分析。

（二）阴道检查法

这种方法是用开膣器观察阴道的黏膜、分泌物和子宫颈口的变化，以判断母牛发情与否。发情母牛阴道黏膜充血潮红，表面光滑湿润，子宫颈外口充血、松弛、柔软开张，排出大量透明的黏液，呈玻棒状，不易折断。黏液最初稀薄，随着发情时间的推移，逐渐变稠，量也由少变多；到发情后期，黏液量逐渐减少且黏性变差，颜色不透明，有时含淡黄色细胞碎屑或微量血液。不发情的母牛阴道苍白、干燥，子宫颈口紧闭，无黏液流出。

黏液的流动性取决于其酸碱度，碱性越大黏度越强。发情期的阴道黏液比乏情期的碱性强，故黏性大；发情开始时，黏液碱性较低，故黏性最小；发情旺期，黏液碱性增高，故黏性最强，有牵缕性，可以拉长。母牛阴道壁上的黏液比取出的黏液酸，如发情时的黏液，在阴道内测定时，pH 值为 6.57，而取出在试管内测定时，pH 值则为 7.45。子宫颈的黏液一般比阴道的黏液稍微酸些。

阴道检查法只能作为辅助诊断，检查时应严格消毒，防止动作粗暴。

（三）试情法

试情法是根据母牛爬跨的情况来发现发情牛。这是生产上最常用的方法。此法尤其适用于群牧的繁殖母牛群，可以节省人力，提高发情鉴定效果。

试情法有 3 种具体操作方法。

1. 结扎公牛法

将结扎输精管的公牛放入母牛群中，白天放在牛群中试情，夜间将公牛分开，根据公牛追逐爬跨情况以及母牛接受爬跨的程度来判断母牛的发情情况。

2. 试情公牛法

将试情公牛接近母牛，如母牛喜靠近公牛，并做弯腰弓背姿势，表现可能发情。

3. 下腭标记法

用容量 0.54 千克左右的壶状物，固定在笼头上，壶中装满液体油剂染料，壶的中部有一滚动的圆珠装置。试情公牛戴上笼头，圆珠正好位于下颌的下面，当公牛爬跨从母牛腰部滑下时，其下颌便拖下一条色线。壶中的染料1周加1次即可，比较方便。据试验，使用这种方法，当母牛和试情母牛比例为30：1时，发情鉴定率最高可达95%。

（四）直肠检查法

直肠检查法是将手伸入母牛直肠内部，用手指隔直肠壁检查子宫的形状、粗细、大小、反应以及卵巢上卵泡的发情情况，以判断母牛是否发情。

直肠检查，发情母牛子宫颈稍大，较软，子宫角体积略增大，子宫收缩反应比较明显，子宫角坚实，卵巢中的卵泡突出、圆而光滑，触摸时略有波动。卵泡直径，发育初期为1.2~1.5厘米，发育最大时为2.0~2.5厘米。在排卵前6~12小时，随着卵泡液的增加，卵泡紧张度与卵巢体积均有所增大。到卵泡破裂前，其质地柔软，波动明显。排卵后，原卵泡处有不光滑的小凹陷，以后就形成黄体。

准确掌握发情时间是提高母牛受胎率的关键。一般正常发情的母牛，其外部表现都比较明显，利用外部观察辅以阴道检查，就可以判断母牛发情情况。但母牛发情持续期较短，如果不注意观察，就容易错过情期而漏配。为提高鉴别率，在生产实践中，可以发动值班员、饲养员和挤奶员等共同观察。同时，要建立母牛发情预报制度，根据前次发情日期，预报下次发情日期（按发情周期计算）。但有些母牛营养不良，常出现安静发情或假发情或生殖器官机能衰退、卵泡发育缓慢、排卵时间延迟或提前等状况，对这些母牛，则需要通过直肠检查来判断其排卵时间。

四、妊娠诊断

在母牛的繁殖管理中，妊娠诊断尤其是早期妊娠诊断，是保胎、减少空怀、增加产奶量和提高繁殖率的重要措施。经妊娠诊断，确认已怀孕的母牛，应加强饲养管理；而对于未孕母牛，则要注意再发情时的配种和对未孕原因进行分析。在妊娠诊断中，还可以发现某些生殖器官的疾病，以便及时治疗；对屡配不孕的母牛，则应及时淘汰。

虽然妊娠诊断方法很多，但目前应用最普遍的还是外部观察法和直肠检查法。

（一）外部观察法

母牛怀孕后，表现为发情停止，食欲和饮水量增加，营养状况改善，毛色润泽，膘情变好，性情变得安静、温顺，行动迟缓，常躲避角斗或追逐，放牧或驱赶运动时，常落在牛群之后。怀孕中后期，腹围增大，腹壁一侧突出，可触到或看到胎动。育成牛在妊娠 4~5 个月后，乳房发育加快，体积明显增大；妊娠 8 个月以后，右侧腹壁可见到胎动。经产牛乳房常常在妊娠的最后 1~4 周才明显肿胀，在妊娠的中后期，外部观察才能发现乳房明显的变化。外部观察法的最大缺点，是不能早期确定母牛是否妊娠，因此，外部观察法只能作为辅助的诊断方法。

（二）直肠检查法

直肠检查法是判断母牛是否妊娠和妊娠时间最常用最可靠的方法，可用于母牛早期妊娠诊断，一般在妊娠 2 个月左右就可以做出准确诊断，准确而快速，在生产实践中普遍应用。直肠检查法的诊断依据，是妊娠后母牛生殖器官的一些变化，在诊断时，对这些变化要随妊娠时期的不同而有所侧重，如：妊娠初期，主要检查子宫角的形态和质地变化；30 天以后以胚泡的大小为主；中后期则以卵巢、子宫的位置变化和子宫动脉特异搏动为主。在具体操作中，探摸子宫颈、子宫角和卵巢的方法与发情鉴定相同。

1. 检查方法

未妊娠母牛的子宫颈、子宫体、子宫角及卵巢均位于骨盆腔；经产牛有时子宫角可垂入骨盆腔入口前缘的腹腔内，会出现两角不对称的现象；未孕母牛两侧子宫角大小相当，形状相似，向内弯曲，如绵羊角。

触摸子宫角时有弹性，有收缩反应，角间沟明显，有时卵巢上有较大的卵泡存在，说明母牛已开始发情。

妊娠 20~25 天，排卵侧的卵巢上有突出于表面的妊娠黄体，卵巢的体积大于另一侧。两侧子宫角无明显变化，触摸时感到壁厚而有弹性，角间沟明显。

妊娠 30 天，两侧子宫角不对称，孕角变粗、松软、有波动感，弯曲度变小，而空角仍维持原有状态。用手轻握孕角，从一端滑向另一端，有胎泡从指间滑过的感觉。若用拇指和食指轻轻捏起子宫角，然后放松，可感到子宫壁内似有一层薄膜滑开，这就是尚未附植的胎膜。技术熟练者，还可以在角间韧带前方摸到直径为 2~3 厘米的豆形羊膜囊。此时，角间沟仍较明显。

妊娠 60 天，孕角明显增粗，相当于空角的 2 倍大小，孕角波动明显。此时，角间沟变平，子宫角开始垂入腹腔，但仍可摸到整个子宫。

妊娠 90 天，子宫颈前移至耻骨前缘，子宫开始沉入腹腔，子宫颈被牵拉至耻骨前缘，孕角大如婴儿头，波动感明显，有时可摸到胎儿，在胎膜上可摸到蚕豆大的胎盘子叶。孕角子宫颈动脉根部开始有微弱的震动。此时角间沟已摸不清楚，空角也明显增粗。

妊娠 120 天，子宫及胎儿全部沉入腹腔，子宫颈已越过耻骨前缘，一般只能触摸到子宫的局部及该处的子叶，如蚕豆大小。子宫动脉的特异搏动明显。此后直至分娩，子宫进一步增大，沉入腹腔，甚至可达胸骨区，子叶逐渐增大如鸡蛋；子宫动脉两侧都变粗，并出现更明显的特异搏动，用手触及胎儿，有时会出现反射性的胎动。

寻找子宫动脉的方法，是将手伸入直肠，手心向上，贴着骨盆顶部向前滑动。在岬部的前方，可以摸到腹主动脉的最后一个分支，即髂内动脉，在左右髂内动脉的根部各分出一支动脉，即为子宫动脉。通过触摸此动脉的粗细及妊娠特异搏动的有无和强弱，就可以判断母牛妊娠的大体时间段。

2. 值得注意的问题

（1）注意技术要领　母牛妊娠 2 个月之内，子宫体和孕侧子宫角都膨大，胎泡的位置不易掌握，触摸感觉往往不明显，初学者感觉很难判断，必须经过反复实践，才能掌握技术要领。

（2）找准子宫颈　妊娠 3 个月以上，由于胎儿的生长，子宫体积和重量的增大，使子宫垂入腹腔，触摸时难以触及子宫的全部，并且容易与腹腔内的其他器官混淆，给判断造成困难。最好的方法是找到子宫颈，根据子宫颈的所在位置以及提拉时的重量，判断是否妊娠并估计妊娠的时间。

（3）注意双胞胎　牛怀双胎时，往往双侧子宫角同时增大，在早期妊娠诊断时要注意这一现象。

（4）注意假发情　注意部分母牛妊娠后的假发情现象。配种后 20 天左右，部分母牛有发情的外部表现，而子宫角又有孕向变化，对这种母牛应做进一步观察，不应过早做出发情配种的决定。

（5）注意子宫疾病　注意妊娠子宫和子宫疾病的区别。因胎儿发育所引起的子宫增大，有时在形态上与子宫积脓、子宫积液很相似，也会造成子宫下沉现象，但积脓、积水的子宫，提拉时有液体流动的感觉，脓液脱水后是一种面团样的感觉，而且也找不到胎盘子叶，更没有妊娠子宫动脉的特异搏动。

（三）阴道检查法

肉牛怀孕后，阴道黏液的变化较为明显，该方法主要根据阴道黏膜色泽、黏液、子宫颈等来确定母牛是否妊娠。母牛怀孕 3 周后，阴道黏膜由未孕时的淡粉红色变为苍白色，没有光泽，表面干燥，同时阴道收缩变紧，插入开膣器时有阻力感。怀孕 1.5~2 个月，子宫颈口附近有黏稠的黏液，量很少；3~4 个月后，量增多变为浓稠，灰白或灰黄色，形如浆糊。妊娠母牛的子宫颈紧缩关闭，有浆糊状的黏液块堵塞于子宫颈口，这就是子宫颈塞（栓）。子宫颈塞（栓）是在妊娠后形成的，主要起保护胎儿免遭外界病菌侵袭的作用。在分娩或流产前，子宫颈扩张，子宫颈塞溶解，并呈线状流出。所以，阴道检查对即将流产或分娩的牛来说是很有必要的，可以及时发现症状，以便于采取有效的应对措施；而对于检查妊娠，虽然也有一定的参考价值，但却不如直肠检查准确。

（四）其他诊断方法

1. 超声波诊断法

超声波诊断法是利用超声波的物理特性和不同组织结构的特性相结合的物理学诊断方法。国内外研制的超声波诊断仪有多种，是简单而有效的检测仪器。目前，国内试制的有两种：一种是用探头通过直肠探测母牛子宫动脉的妊娠脉搏，由信号显示装置发出的不同声音信号，来判断母牛妊娠与否。另一种是探头自阴道伸入。显示的信号有声音、符号、文字等几种形式。重复测定的结果表明，妊娠30天内探测子宫动脉反应或40天以上探测胚胎心音，都可达到较高的准确率。但有时也会因子宫炎症、发情所引起的类似反应干扰测定结果而出现误诊。

有条件的大型养牛场，可采用较精密的 B 型超声波诊断仪。其探头放置在右侧乳房上方的腹壁上，探头方向应朝向妊娠子宫角。通过显示屏，可清楚地观察胎泡的位置、大小，并且可以定位照相。通过探头的方向和位置的移动，可见到胎儿各部的轮廓、心脏的位置及跳动情况、单胎或双胎等。在具体操作时，探头接触的部位应先剪毛，并在探头上涂以接触剂（凡士林或石蜡油）。

2. 孕酮水平测定法

根据妊娠后血及奶中孕酮含量明显增高的现象，用放射免疫和酶免疫法测定孕酮的含量，判断母牛是否妊娠。由于收集奶样比采血方便，目前测定奶中孕酮含量的较多。大量的试验表明，奶中孕酮含量高于5纳克/毫升为妊娠；而低于该值者未妊娠。放射免疫测定虽然精确，但需送专门实验室测定，不易推广。近年来，国内外研制的酶免疫药盒，使这种诊断趋于简单化、实用化。

3. 激素反应法

妊娠后的母体内，占主导地位的激素是孕酮，它可以对抗适量的外源性雌激素，使之不产生反应。因此，依据母牛对外源性雌激素的反应，可作为是否妊娠的判断标准。母牛配种后18~20天，肌内注射合成雌激素（乙烯雌酚等）2~3毫克或三合激素，未孕者能促进发情，怀孕者不发情。注射后5天内不发情即可判为妊娠，此法简单，准确率在80%以上。

五、分娩助产

（一）分娩的征候

母牛在接近分娩时，生理机能会发生剧烈变化，根据这些变化，可以大致判断分娩时间。在分娩前约半个月，乳房迅速发育膨大，腺体充实，乳头膨胀，临产前1周，有的滴出初乳。临产前，阴唇逐渐松弛变软、水肿，皮肤上的皱襞展平；阴道黏膜潮红，子宫颈肿胀、松软，子宫颈栓溶化变成半透明状黏液，排出阴门，呈索状悬垂于阴门处；骨盆韧带柔软、松弛，耻骨缝隙扩大，尾根两侧凹陷，以适于胎儿通过。在行动上，母牛表现为活动困难，起立不安，高声哞叫，尾高举，回顾腹部，常作排粪排尿姿势，食欲减少或停止。根据以上表现，大致可以判断母牛分娩的时间。

（二）分娩的过程

正常的分娩过程，一般可分为下列 3 个阶段。

1. 开口期

子宫颈扩大，子宫壁纵形肌和环形肌有节律地收缩，并从孕角尖端开始收缩，向子宫颈方向进行驱出运动，使子宫颈完全开放，与阴道的界限消失。随着子宫间歇性收缩（阵缩）力量的加大，收缩持续时间延长，间歇缩短，压迫羊水及部分胎膜，使胎儿的前置部分进入子宫颈。此时，母牛表现为不安，时起时卧，进食和反刍不规则，尾巴抬起，常作排粪姿势，哞叫。这一阶段一般持续 6 小时左右，经产母牛一般短于初产母牛。

2. 胎儿产出期

以完成子宫颈的扩大和胎儿进入子宫颈及阴道为特征。该时期的子宫平滑肌收缩期延长，松弛期缩短，弓背努责，胎囊由阴门露出。一般先露出尿膜囊，破裂后流出黄褐色尿水，然后继续努责和阵缩，包裹犊牛蹄子的羊膜囊部分露出阴门口。胎头和肩胛骨宽度大，娩出最费力，努责和阵缩最强烈，每阵缩一次，都能使胎头排出若干，但阵缩停止，胎儿又有所回缩。经若干次反复后，羊膜破裂，流出白色混浊的羊水，母牛稍作休息后，继续努责和阵缩，将整个胎儿排出体外。这一阶段一般持续 0.5~2 小时。若羊膜破裂后 0.5 小时以上胎儿不能自动产出，应考虑进行人工助产。如产双胎，一般会在第一个胎儿产出 20~120 分钟后，产出第二个胎儿。

3. 胎衣排出期

胎儿排出后，母牛稍作休息，子宫又继续收缩，将胎衣排出。但由于牛属于子叶型胎盘，母子之间联系紧密，收缩时不易脱落，因此，胎衣排出时间较长，为 2~8 小时。如果超过 12 小时胎衣不下，则应进行人工剥离，并在剥离后向子宫内灌注药物。

（三）科学助产

分娩是母畜正常的生理过程，一般情况下不需要助产而任其自然产出。但牛的骨盆构造与其他动物相比，更易发生难产，在胎位不正、胎儿过大、母牛分娩无力等情况下，母牛自动分娩有一定的困难，必须进行必要的助产。助产的目的是尽可能做到母子安全，同时，还必须力求保持母牛的繁殖能力。如果助产不当，则极易引发一系列产科疾病，影响繁殖力。因此，在操作过程中，必须按助产原则小心处理。

1. 产前准备

（1）药械准备 产房要求宽大、平坦、干净、温暖；器械与药品的准备包括催产药、止血药、消毒灭菌药、强心补液药及助产器械、手术器械等。

（2）人员准备 助产人员要固定专人，产房内昼夜均应有人值班，助产者要穿工作服、剪指甲，准备好酒精、碘酒、剪刀、镊子、药棉以及产科绳等。

（3）消毒准备 发现母牛有分娩征状，助产者用0.1%~0.2%的高锰酸钾温水或1%~2%的煤酚皂溶液，洗涤母牛外阴部或臀部附近，消毒后用毛巾擦干。铺好清洁的垫草，给牛一个安静的环境。助产人员的手、工具和产科器械，都要严密消毒，以避免将病菌带入子宫内，造成生殖系统疾病。

2. 科学助产

与其他家畜相比，母牛发生难产的机率很高。因此，助产是必要的措施。尤其对于初产母牛、倒生或产程过长的母牛，进行助产更加重要。这样可以保证胎儿成活，使产程缩短，让母牛产后尽快恢复健康。

助产的过程：当胎膜露出又未及时产出时，就要判断胎儿的方向、位置和姿势是否正常。当胎儿前肢和头部露出阴门而羊膜仍未破裂时，可将羊膜撕破，并将胎儿口腔和鼻腔内的黏液擦净，以利于胎儿呼吸；如果胎位不正，就要把胎儿推回到子宫处并加以校正；如果是倒生，当后肢露出时，应配合努责，及时把胎儿拉出；如果是母牛努责无力，可以用产科绳拴住两前肢的掌部，随着母牛的努责，左右交替用力，护住胎儿的头部，沿着产道的方向拉出；当胎儿头部通过阴门时，要注意保护阴门和会阴部，尤其是阴门和会阴部过分紧张时，应有一人用手护住阴门，防止阴门撑破；当母牛努责无力时，可用手抓住胎儿的两前肢，或用产科绳系住胎儿的两前肢，同时用手握住胎儿下颌，随着母牛的努责适当用力，顺着骨盆产道方向慢慢拉出胎儿。

母牛产出胎儿以后，要喂给足量温暖的盐水麦麸粥，这对于提高腹压、保暖、解饿、恢复体力特别有好处。

胎儿产出以后，要及时用干草或毛巾，把口鼻处的黏液擦干净，进行母子分离。

如果脐带已自然断裂，需要立即用5%的碘酒进行消毒；如果脐带没有扯断，可以在距腹部6~8厘米处，用消毒过的剪子剪断，然后用碘酒进行消毒。小牛第一次吃奶必须人工陪同，时刻注意小牛的姿势以及母牛的不稳定情绪。

需要注意的是，分娩过程中发生的问题，只有在努责间歇期才能观察到。若母牛强烈努责，或看到犊牛的蹄尖和鼻子，预计分娩会正常进行，可不予助产。

若助产太早，子宫颈开张不足，犊牛在拖出的过程中有可能受伤，甚至由于用力过猛而将犊牛摔在地上，严重影响犊牛的健康。所以，在母牛生产的过程中，要注意细心观察，还要有足够的耐心，不能操之过急。

3. 产后处理

产后 3 小时内，注意观察母牛产道有无损伤及出血；产后 6 小时内，注意观察母牛努责情况，若努责强烈，需要检查子宫内是否还有胎儿，并注意子宫脱出症兆；产后 12 小时内，注意观察胎衣排出情况；产后 24 小时内，注意观察恶露排出的数量和性状，排出多量暗红色恶露为正常；产后 3 天，注意观察生产瘫痪症状；产后 7 天，注意观察恶露排尽程度；产后 15 天，注意观察子宫分泌物是否正常；产后 30 天左右，通过直肠检查，判断子宫康复情况；产后 40~60 天，注意观察产后第一次发情。

第三节　肉牛繁殖新技术

一、人工授精技术

(一) 人工授精的优点

牛的配种方法可分为自由交配、人工辅助交配和人工授精 3 种。目前，很多地方采用冷冻精液人工授精的配种方法。

肉牛人工受精，可以克服母牛生殖道异常不易受孕的困难。使用人工授精，可提供完整的配种记录，有助于分析母牛不孕的原因，帮助提高受胎率。由于精液可以保存，尤其是冷冻精液保存的时间很长，可以将精液运输到很远的地方，因此，公、母牛的配种可以不受地域的限制，尤其是优秀种公牛的精液，如果输送到很远的地方，可以有效地解决种公牛质劣地区的母牛配种问题。

人工授精可以大幅度提高种公牛的配种效率，特别是在使用冷冻精液的情况下，在自然交配状态下，1 头公牛一年可负担 40~100 头母牛的配种任务，而采用人工授精，1 头公牛每年可配母牛 3 000 头以上，甚至可配上万头母牛。人工授精可以选择最优秀的种公牛用于配种，充分发挥其性能，达到迅速改良牛群的目的，同时相应减少了种公牛的饲养数量，有效节约饲养管理费用。人工授精可以防止自然交配引起的疾病传播，特别是生殖道传染病的传播。每次人工授精前都要进行发情鉴定和生殖器官检查，对阴道炎、子宫内膜炎及卵巢囊肿等疾病而言，可以做到及早发现、及时治疗。人工授精时，使用的都是合乎要求的精液，通过发情鉴定正确掌握输精时间，并且会把精液直接输送到子宫颈内，这样能保证较高的受胎率。在自然交配情况下，如果使用体型大的肉牛改良体型小的肉牛时，往往会出现体格相差太大不易交配的困难，使用人工授精，则不会有这样的情况出现。

当然，人工授精必须使用经过后裔鉴定的优良种公牛。假如使用遗传上有缺陷的公牛，造成的危害范围比本交会更大；同时，人工授精要求严格遵守操作规程、严格进行消毒，还必须有技术熟练的操作人员。

（二）人工授精的方法

1. 输精技术

肉牛人工授精技术可分 2 类共 3 种方法：第一类为冷冻精液人工授精技术，第二类为液态精液人工授精技术。其中，液态精液人工授精又分为两种方法，第一种是鲜精或低倍稀释精液［1:（2~4）］人工授精技术，一头公牛一年可配母牛 500 头以上，比公牛本交的配种效率提高 10~20 倍。用这种技术，将采出的精液不稀释或低倍稀释，立刻给母牛输精，适用于母牛季节性发情较显著而且数目较多的地区；第二种是精液高倍稀释［1:（20~50）］人工授精技术，一头公牛一年可配种母牛 10 000 头以上，比公牛本交的配种效率提高 200 倍以上。

2. 输精时间

（1）初次输精　母牛体成熟比性成熟晚，通常育成母牛的初次输精（配种）适龄为 18 月龄，或达到成年母牛体重的 70%（300~400 千克）为宜。

（2）产后输精　通常在产后 60 天左右开始观察发情表现，经鉴定，若发情正常，即可以配种。但也有产后 35~40 天第一次发情正常的，遇到类似的情况也可以配种，这样可缩短产犊间隔时间，提高繁殖率。

（3）适时输精　由于母牛正常排卵是在发情结束后 12~15 个小时，所以，输精时间安排在发情中期至末期阶段比较适宜。第一次输精时间应视发情表现而定：上午 8:00 以前发情的母牛，在当日下午输精；8:00 至 14:00 发情的母牛，在当日晚上输精；14:00 以后发情的母牛，在翌日早晨输精。第一次输精后，间隔 8~12 小时进行第二次输精。

3. 操作步骤

（1）输精技术　输精的操作技术通常有 2 种，即阴道开张法和直肠把握法。

阴道开张法需要使用开腔器。将开腔器插入母牛阴道内打开，借助反光镜或手电筒光线，找到子宫颈外口，将输精器吸好精液，插入到子宫颈外口内 1~2 厘米，注入精液，取出输精器和开腔器。阴道开张法的优点是操作的技术难度不大，缺点则是受胎率不高，目前已很少使用。

目前，生产中主要采用直肠把握法进行子宫颈输精。把母牛保定在配种架内（已习惯直肠检查的母牛可在槽上进行），将牛尾巴用细绳拴好拉向一侧。术者一手戴产科手套，涂抹皂液，将手臂伸入直肠内，掏出粪便，然后清洗消毒外阴部，擦干，用手在直肠内摸到子宫颈，把子宫颈外口处握在手中，另一手持已装好精液的输精枪，从阴门插入5~10厘米，再稍向前下插入到子宫颈口外，两手配合，让输精器轻轻插入子宫颈深部（经过2~3个皱褶），随后缓慢注入精液，然后缓慢抽出输精枪。操作时动作要谨慎，防止损伤子宫颈和子宫体，在输精操作前，要确定是空怀发情牛，否则会导致母牛流产。输精结束后，先将输精枪取出，直肠里的手按压子宫颈片刻后再取出，然后再轻轻按摩阴蒂数秒钟。

（2）输精深度 试验结果表明，子宫颈深部、子宫体、子宫角等不同部位输精的受胎率没有显著差别，子宫颈深部输精的受胎率是62.4%~66.2%，子宫体输精的受胎率是64.6%~65.7%，子宫角输精的受胎率是62.6%~67%。输精部位并非越深越好，越深越容易引起子宫感染或损伤，所以，采取子宫颈深部输精是安全可靠的方法。

（3）输精数量 输精量一般为1毫升。新鲜精液一次输精含有精子数约1亿个以上。冷冻精液输精量，安瓿和颗粒均为1毫升，塑料细管以0.5毫升或0.25毫升较多。要求精液中含前进运动精子数1 500万~3 000万个。

4. 正确解冻

冷冻精液需要贮存在-196℃的液氮罐中。当从贮存冷冻精液的液氮中取出冷冻精液时，应将冷冻精液迅速解冻。解冻用38℃的热水。先将杯中或盒内的水温调节在38℃，然后用镊子（要先预冷）夹出细管冻精，迅速竖放或平放埋入热水中，并轻微摇荡几下，待冻精溶解（约30秒钟）后取出，用药棉擦干细管外壁，用消毒剪刀剪去封口端，活力镜检合格后，方可用于输精。

注意：液氮罐应放在阴凉处，室内要通风，注意不要用不卫生工具污染液氮罐内，及时补充液氮，保证液氮面的高度应高于贮存的冻精，最好将精液沉至罐底。冷冻精液取出后应及时盖好罐塞，为减少液氮消耗，罐口可用毛巾围住。取冻精的金属镊子用前需插入液氮罐颈口内先预冷1分钟。从液氮罐中取冷冻精液时，提筒不能高于液氮罐口，应在液氮罐口水平线下，停留时间不应超过5秒钟，需继续操作时，可将提筒浸入液氮后再提起。

二、同期发情技术

同期发情技术，是在人工干预下，适当调整母牛的生殖周期，让所有母牛在同一时间内发情排卵，达到统一饲养管理、统一组织生产的目的。

（一）同期发情的优点

1. 有利于人工授精

同期发情，可以使母牛生产的各个环节都能按计划分期分批进行。尤其是集中发情和集中输精，不仅免去了母牛发情鉴定的烦琐工作，同时也减少了因分散输精所造成的人力和物力的浪费。对于鲜活胚胎移植的供体母牛和受体母牛来说，同期发情更是绝对的必要条件，可以说，没有同期发情，就无法进行胚胎移植。

2. 便于组织生产

利用肉牛同期发情技术，可以对大群母牛分批进行配种。在人工干预下，控制范围内母牛的妊娠、分娩乃至犊牛的培育，在时间上都会趋于一致，这样不仅便于有计划地组织生产，还能节约劳力和费用，降低生产成本，提高经济效益。对于工厂化养牛来说，同期发情技术意义重大。

3. 提高肉牛繁殖率

同期发情技术，不但适用于周期性的发情母牛，也能使处于乏情状态的母牛出现正常的发情周期。如：采用孕激素进行同期发情处理，可使多数因卵巢静止而乏情的母牛表现出发情症状；而采用前列腺素进行同期发情处理，可溶解母牛黄体，使因存在持久黄体而长期不发情的母牛恢复繁殖力。所以，同期发情能大幅度提高肉牛的繁殖率。

（二）同期发情的机理

从卵巢机能和形态变化方面看，母牛的发情周期可分为卵泡期和黄体期2个阶段。卵巢期是在周期性黄体退化继而血液中孕酮水平显著下降后，卵巢中卵泡迅速生长发育，最后成熟并导致排卵的时期。卵泡期一般是从周期第18天到第21天。卵泡破裂排卵后，原卵泡处发育成黄体，随即进入黄体期。黄体期内，在黄体分泌的孕激素作用下，其他卵泡的发育受到抑制，母牛不表现发情，在未受精的情况下，黄体可维持15~17天，黄体退化后进入另一个卵泡期。黄体期一般从周期第1天到第17天。

相对高的孕激素水平，可以抑制卵泡的发育和母牛的发情。黄体期的结束，就是卵泡期到来的前提条件。因此，同期发情的关键，就是控制黄体寿命并同时终止黄体期。

同期发情技术有2种方法：一种方法是向母牛群同时施用孕激素，抑制卵泡的发育和母牛的发情，经过一定时期后同时停药，即可使牛群在同一时间内发情。其原理是利用外源孕激素代替内源孕激素（黄体分泌的孕激素），造成了人为黄体期，从而推迟发情期的到来。另一种方法是利用前列腺素F2α，使黄体溶解，中断黄体期，从而提前进入卵泡期，使发情期提前到来。

（三）同期发情的方法

1. 孕激素处理法

如前所述，使用孕激素处理的目的是人为地造成黄体期，以达到控制发情的目的。处理一定时间后同时停药，即可引起母牛发情。常用的孕激素，主要包括孕酮及其合成类似物，如甲孕酮、炔诺酮、氯地孕酮、18-甲基炔诺酮等。投药方式有皮下埋植法、阴道栓塞法等。

（1）皮下埋置法　将一定量的孕激素制剂，装入管壁有小孔的塑料细管中，利用套管针或者专门的埋植器，将药管埋入母牛耳背皮下，经过一定天数后，在埋植处作切口，将药管挤出，同时，注射孕马血清促性腺激素（PMSG）500～800 国际单位。也可将药物装入硅橡胶管中埋植。硅橡胶有微孔，药物可渗出。药物用量依种类而不同，18-甲基炔诺酮为 15～25 毫克。用药期一般为 16～20 天，处理后的牛群 4～5 天发情。

（2）阴道栓塞法　栓塞物可用泡沫塑料块或硅橡胶环，后者为一螺旋状钢片，表面敷以硅橡胶，包含一定量的孕激素制剂。将栓塞物放在子宫颈外口处，其中的激素即可慢慢渗出。处理结束后，将其取出即可，或同时注射孕马血清促性腺激素。

孕激素的处理有短期（9～12 天）和长期（16～18 天）2 种。长期处理后，发情同期率较高，但受胎率较低；短期处理后，发情同期率较低，而受胎率接近或相当于正常水平。如在短期处理开始时，肌内注射 3～5 毫克雌二醇（可使黄体提前消退和抑制新黄体形成）及 50～250 毫克的孕酮（阻止即将发生的排卵），这样就可提高发情同期化的程度。但由于使用了雌二醇，故投药后数日内母牛出现发情表现，但并非真正的发情，故此时不要授精。使用硅橡胶环时，环内附有一胶囊，内装上述量的雌二醇和孕酮，以代替注射。孕激素处理结束后，在第2～4 天内，大多数母牛有卵泡发育并排卵。

2. 前列腺素（PG）及其类似物处理法

使用前列腺素及其类似物，可以溶解卵巢上的黄体，从而中断周期黄体的发育，使母牛群在同一时间内发情。

前列腺素处理法，只有当母牛在周期第 5～18 天（有功能黄体时期）才能产生发情反应。对于周期第 5 天以前的黄体，前列腺素并无溶解作用。因此，用前列腺素处理后，总有少数母牛没有反应，这些母牛需进行二次处理。有时，为使一群母牛具有最大限度的同期发情率，在第一次处理后，表现发情的母牛不予配种，经 10～12 天后，再对全群牛进行第二次处理，这时，所有的母牛均处于周期第 5～18 天之内。故第二次处理后，母牛同期发情率显著提高。

前列腺素的投药方式有肌内注射法、宫腔（宫颈）注入法。子宫灌注时，前列腺素的用量为 0.5～1 毫克，每天 1 次，共 2 天；皮下或肌内注射需加大剂量。用药后，再注射 100 微克促性腺激素释放激素，效果会更好。

三、超数排卵技术

（一）超数排卵的意义

超数排卵简称为"超排"，就是在发情周期的适当时间注射外源促性腺激素，使母牛卵巢上多个卵泡同时发育，并且能同时或准时排出多个具有受精能力的卵子。超排的主要意义在于诱发母牛产双胎，可充分发挥优良母牛的作用，加速牛群改良进度。在一个情期内，肉牛卵巢上一般只有一个卵泡发育成熟并排卵，授精后只产一头犊牛。若进行超排处理，可诱发多个卵泡发育，增加受胎比例，提高繁殖率。同时，胚胎的冷冻保存，可以使胚胎移植跨地域跨时空进行，大大节约购买和运输活牛的费用；犊牛可以从养母处得到免疫能力，更容易适应本地区的生态环境。在胚胎移植技术程序中，超排已成为不可或缺的重要环节。

（二）超数排卵的方法

用于超数排卵的外源激素，大体上可以分为两大类：一类能促进卵泡生长发育，另一类能促进排卵。前者主要有孕马血清促性腺激素（PMSG）和促卵泡素（FSH）；后者主要有人绒毛膜促性腺激素（HCG）和促黄体素（LH）。另外，生产上还常常配合使用其他激素，如人前列腺素F2α（PGF2α）、促性腺激素释放激素（GnRH）、促排卵素（LRH，也叫促黄体素释放激素）等。常用的超排处理方法主要有如下几种。

1. PMSG+PGF2α 法

在性周期第8~12天内，1次肌内注射PMSG 2 000~3 000国际单位（老年牛剂量可大一些），48小时后肌内注射PGF2α 15~25毫克，或子宫灌注2~3毫克，以后的2~4天内，多数母牛发情。但PMSG不宜与PGF2α同时注射，否则会导致排卵率降低。

2. FSH+PGF2α 法

在性周期第8~12天内1次肌内注射FSH，每日2次，连注3~4天，总剂量30~40毫克（第一次用量稍多，以后逐日降低），在第五次注射的同时，注射PGF2α 15~25毫克。在有必要的情况下，可在牛发情后肌内注射GnRH（也可用LRH-A2或LRH-A3）200~300微克。

（三）超排需要注意的问题

1. 巩固处理效果

经超排处理的供体，卵巢上发育的卵泡数要多于自然发情的卵子数，若仅仅依靠内源性促排卵激素，往往不能达到超排的目的。因此，在供体母牛出现发情症状时，需要静脉注射外源性HCG或GnRH、LH等，以增强排卵效果，减少卵巢上残余的卵泡数。用孕激素作超排预处理，可以提高母牛对促性腺激素的敏感性。

2. 避免反应减退

超排应用的 PMSG、HCG、FSH 及 LH 等均为大分子蛋白质制剂，对母牛反复多次注射后，体内会产生相应的抗体，卵巢的反应会逐渐减退，超排效果也随之降低。为了保持卵巢对激素的敏感性，可以更换另一种激素进行超排处理，以获得较好效果。

3. 重视后续处理

为了减轻卵巢的负担，给供体母牛作第二次处理的间隔时期应为 60~80 天，第三次处理时间则需延长到 100 天。在每一次冲取胚胎结束后，应向子宫内灌注 PGF2α，以加速卵巢功能的恢复。

（四）怎样让牛产双胎

牛是单胎动物，一般情况下，一次只能生一个牛犊，在自然条件下生双胞胎的几率只有十万分之一左右。牛的繁殖水平很低，这是制约肉牛业发展的重要因素。在科研人员的共同努力下，实验研究出了一些能够让母牛产双胎的繁殖技术，但因为牛个体差别很大，同样的激素剂量可能会出现不同的效果，所以，这些繁殖技术不是十分成熟，不能保证让母牛百分之百产双胎，但在生产上可以试用。常见的有如下几种方法。

1. 促排卵素（LRH）法

LRH3 号或 LRH2 号，在母牛发情输精前或输精后同时肌内注射 20~40 微克，一次即可。

2. 绒毛膜促性腺激素（HCG）法

每头母牛肌注 HCG 2 000~5 000微克，隔 7 天后再注射 2 000~4 000微克，第 11 天再注射 2 000微克，出现发情第 2 天上午输精，间隔 8~10 小时后再做第二次输精。

3. 孕马血清（PMSG）法

在母牛发情周期第 11 天，肌内注射 PMSG 1 200~1 500国际单位，间隔 2 天后（第 13 天），肌注氯前列烯醇 4 毫升。发情后，在第一次输精的同时，肌内注射与前等量的抗 PMSG，间隔 12 小时后，再输精一次。

四、胚胎移植技术

胚胎移植是对经超数排卵处理的供体母牛，用手术或非手术手段，从其输卵管或子宫内取出若干早期胚胎，移植到经过同期发情处理的另外一群受体母牛的相同部位，以达到产生供体牛后代的目的。我国胚胎移植技术起步较晚，最早开始于 1973 年，到 1978 年，牛胚胎移植获得成功。目前，国外鲜胚移植妊娠率可达 60% 以上，我国鲜胚移植受胎率可达 50% ~ 60%，冻胚移植受胎率为 40% ~ 45%。

（一）胚胎移植的意义

1. 发挥优秀母牛的繁殖潜力，提高利用率和繁殖效率

就整体水平而言，由一头供体通过超排回收的胚胎，经移植可获得 2~9 头犊牛。而采用传统的自然交配和人工授精技术，一头优秀母牛一生最多只能生产 10 头左右的犊牛。因此，应用胚胎移植技术比自然情况下能增殖若干倍，从而可极大地增加优秀个体的后代数，充分发挥优秀母牛的遗传和繁殖潜力。

2. 有效保存品种资源，建立良种基因库

应用胚胎的冷冻技术，可使优良品种牛或特殊品种牛和野生动物胚胎长期保存，以保护良种资源，需要时可随时解冻移植。胚胎移植与冷冻精液、冷冻卵母细胞一起，共同构成动物优良性状的基因库。许多国家通过建立动物胚胎库的方式保存良种资源，以防止某一地区的优良品种因受各种因素的影响而发生绝种。

3. 减少疾病传播，为种公牛生产提供便利

目前，许多国家和地区疫情发生比较严重，在进行繁殖和直接进口活畜过程中，通过接触等途径有可能传播传染病，从而加大引进活畜的风险。试验结果表明，牛的白血病病毒、口蹄疫病毒等，不会通过胚胎传染给受体牛或新生犊牛。同时，由于胚胎的透明带具有阻止细菌、病毒入侵的作用，只要做好工作，就可防止疾病传播。具体工作是：做好卵母细胞体外受精的质量监控，严防精液受污染、阻止病原微生物进入胚胎生产过程；严格把握供体牛处理、胚胎收集过程的标准化程度，保护胚胎透明带的完整性和保证胚胎洗净，生产"无病原胚胎"；确保生物制品来源可靠、无污染，胚胎移植操作符合卫生标准。

牛胚胎移植技术在肉牛生产上的应用，将极大地提高优良个体的繁育能力，便于产生更多的优良后代，有利于良种牛群体的建立和扩大，有利于选种工作的进行和品种改良规划的实施，极大地加速肉牛的品种改良工作。目前，我国的肉牛生产水平与世界发达国家的差距还很大，单纯依靠购买国外肉牛来改良牛群，不但手续烦琐而且价格昂贵，增大了牛肉业生产成本和肉牛投资风险；进口优良冻精则在肉牛改良方面要花费更多的时间。引进具有优良遗传性能的胚胎则是风险小、投资少、见效快的良种引进捷径，在当前大力发展养牛业的大好形势下，应尽快将胚胎移植这一高新技术成果产业化，促进我国养牛业的进一步发展。

（二）胚胎移植的方法

1. 选择供体牛

具备遗传优势和育种价值，即产肉量高、肉质好的母牛，祖代中或本身产过

双胎的个体较好；具有良好的繁殖力，既往繁殖史好，易配易孕，分娩顺利，无难产或胎衣不下现象；发情周期正常，发情征状明显；年龄（胎次）以 4~7 岁（2~5 胎）的经产牛为宜；营养良好，体质健康，生殖器官正常，无繁殖疾病；卵巢活性正常，卵巢质地有弹性，黄体功能好。分娩 70 天后方可进行超排处理。超排前，供体牛血清孕酮含量 3.0 纳克/毫升或以上，总胆固醇含量 140 纳克/100 毫升或以上，可作为选择供体牛的参考指标。

据统计，按上述标准严格选择供体牛，可获得超排率 80% 以上。

2. 选择受体牛

通过观察发情，确定性周期正常、直肠检查无生殖疾患的健康母牛预留作受体。膘情较差者，提前补饲以增强机体机能，肥胖者，要考虑减料使之掉膘达到繁殖最佳状况。

具体主要包括以下要点：良好的健康状况，不能有任何影响繁殖性能的疾病，尤其是生殖器官要正常，输卵管、子宫无炎症；由于黄牛体格小，后躯狭窄，多为斜尻或尖尻，让其"借腹怀胎"易造成难产，所以，一般不选黄牛作受体；要求受体牛和供体牛在发情时间上要同期，或移植的胚胎日龄与受体发情期时间同步，供、受体母牛发情同步差在 ±24 小时内；为保证母牛的正常体况，促使其尽早发情，哺乳牛应及早断奶；年龄（胎次）以 3~5 岁（1~3 胎）的母牛为宜。

在进行胚胎移植的实验研究阶段，对受体的选择较为严格，相应受胎率也较高。据统计，严格选择受体牛，胚胎移植受胎率可达 55% 以上。

3. 胚胎移植的操作过程

（1）采集胚胎 供体牛超排发情后的第 7 天，用 2 路或 3 路式采卵管进行非手术采卵。采卵管插入深度符合技术要求，即气囊要在小弯附近，离子宫角底部约 10 厘米。气囊的打气量为 18~20 毫升。冲卵液总量为 1 000 毫升，每侧子宫角各 500 毫升，先冲超排效果较好的一侧子宫角，后冲另一侧子宫角。冲卵时，进液速度要慢，出液速度应快，先少量进液，再逐渐加大进液量，每次进液量范围在 30~50 毫升，防止冲卵液丢失。

为保证供体牛安静、便于操作，采卵前需注射静松灵 1~1.5 毫升。为防止污染，采卵管的前部不要用手触摸或碰触阴门外部。采卵后，供体牛应肌注氯前列烯醇（PG）0.4~0.6 毫克，子宫灌注抗生素。

（2）胚胎检查 处理集卵杯。把集卵杯内的回收液在室温 18~22℃ 下静置20~30 分钟，然后将上清液通过集卵漏斗慢慢清除，最后集卵杯内剩下 30~50毫升回收液，摇动集卵杯将其倒入直径 100 毫米培养皿内。用 PBS 缓冲液 ［主要成分为磷酸二氢钾、磷酸氢二钠、氯化钠、氯化钾、吐温-20（吐温-20 是一种表面活性剂，化学名称为聚氧乙烯失水山梨醇月桂酸酯，具有乳化、扩散、增溶、稳定等作用）］冲洗集卵杯壁 2~3 次，清洗液倒入集卵漏斗。另一侧子宫角回收液做同样处理。集卵漏斗最后保留的 20 毫升左右液体，倒入另一直径 100 毫米培养皿中。

观察胚胎。在显微镜下观察细胞是否紧密完整，有无游离细胞；胚胎的透明度是否正常，如变暗，说明细胞可能变性；细胞大小是否一致。

胚胎分级标准。将胚胎分成 A、B、C、D 4 个等级，其中 A、B、C 级胚胎为可用胚胎，D 级胚胎为不可用胚胎。

（3）移植胚胎　一般在发情后第 6~8 天进行。移植前需要麻醉，常用 2% 普鲁卡因或利多卡因 5 毫升，在荐椎与第一尾椎结合处或第一、二尾椎结合处施行麻醉。将装有胚胎的吸管装入移植枪内，用直肠把握法，通过子宫颈将移植枪插入子宫角深部，注入胚胎。

4. 胚胎移植的影响因素

（1）操作手法的影响　移植手法稳、轻、快，可使子宫颈受刺激尽可能减少，同时防止子宫平滑肌产生不利的逆蠕动，进而影响体内生殖激素的变化引起不适宜怀孕的反应。手法的轻柔还可使子宫颈、子宫避免受损伤，损伤内膜后，上皮细胞脱落，甚至有出血现象发生。如果上皮细胞、红细胞、白细胞等进入宫腔，可反射性地引起子宫自净功能活动增强，胚胎会同组织碎片、各种细胞等一起被排出；血液是有活性的，进入宫腔内的血液对胚胎也有毒害作用，所以，子宫出血会使受胚率大大降低。胚胎移植除需熟练进行胚胎室内操作的专业人员外，更不可缺少掌握过硬本领的人工授精技术人员。

（2）季节的影响　因解冻后的胚胎一般要在现场进行移植，所以，胚胎移植结果受到季节因素的影响。在我国北方地区，10 月末到翌年 4 月末气温较低，15℃ 以下的温度，将对胚胎造成低温打击。而在 7—8 月，气温较高，母牛的代谢等发生变化，胚胎移植的死亡率相应增加。所以，我国北方地区最适胚胎移植季节为 5—6 月和 9—10 月。

（3）时间的影响　胚胎采集和移植的期限（胚胎的日龄）不能超过周期黄体的寿命，最快要在周期黄体退化之前数日进行移植。通常在供体发情配种后 3~8 天收集胚胎，受体同时接受移植。

五、其他新技术

（一）胚胎体外生产技术

胚胎体外生产是相对于超数排卵体内生产胚胎而言的，是指卵母细胞在体外成熟后，与获能的精子受精并分裂发育到桑葚胚或囊胚期（5~7 天）的技术，包括卵母细胞体外成熟（IVM）、体外受精（IVF）和体外培养（IVC）。体外生产的胚胎简称 IVF 胚胎，目前，20 多种哺乳动物体外受精获得成功，其中，牛已产出正常后代。体外受精可大量利用卵巢内的卵子，提供更多的低成本胚胎，并且 IVF 胚胎可以冷冻保存，在肉牛业中，该项技术有着广泛的应用前景。但是，目前 IVF 胚胎的移植妊娠率还比较低，尤其是冷冻后胚胎移植妊娠率更低，限制了其在生产中的大规模应用。

（二）精子分离技术

精子分离技术的根本意义在于人工干预家畜性别。XY 精子分离技术是目前世界上生物领域最先进的良种繁育技术。XY 精子的受精成活率已达到 65%，XY 精子的分离成功率已达到 93%，这意味着利用分离的 X 精液，母牛的出生率也将达到 90% 以上。

家畜的精液中含有 X 和 Y 两类精子，而 X 精子体积和重量比 Y 精子大，经测定，牛的 X 和 Y 染色体面积各为 7.85 微米^2 和 3.47 微米^2，两种精子的 DNA 含量差异范围为 2.4%~4.5%。因此，可以根据 X 精子和 Y 精子的 DNA 含量、电荷、体积、重量或比重等差异，将 X 精子和 Y 精子分离开来。主要方法有沉淀法、密度梯度离心法、电泳法、柱层析分离法、流式细胞分离器分离法及H-Y抗原法等。

第四节　提高肉牛繁殖力的技术措施

一、影响母牛繁殖力的因素

（一）环境因素

气候因素和环境因素，如季节、温度、湿度和日照等，都会影响到牛的繁殖力。温度过高或过低，都可降低繁殖效率。在我国多数地区，夏季炎热，冬季寒冷，牛的繁殖率包括发情率与受胎率等都比较低；而春、秋两季温度适宜，牛的繁殖率也都较高。据统计，夏季肉牛情期受胎率比冬季肉牛受胎率平均低 30% 左右。因此，为了提高肉牛的繁殖率，必须具备理想的环境条件，尤其是在炎热的夏天，要注意防暑降温，而在寒冷的冬天，则要注意防寒保暖。另外，若将母牛迁移至与原气候及饲养条件截然不同的地方，往往会使母牛卵巢功能受到抑制，也会造成暂时性不孕。

（二）营养因素

营养是影响肉牛繁殖力的重要因素，两者间的关系日益受到人们的重视，尤其对母牛的发情、配种、受胎以及犊牛成活起着决定性的作用，还可引起公牛精液品质降低、性机能减退等。在营养因素中，能量和蛋白质对繁殖的影响最大，矿物质和维生素也对繁殖起着重要作用。

1. 能量

能量水平过高或长期不足，都会直接影响母牛的繁殖力。如果日粮能量水平过高，则肉牛体内脂肪过多沉积，母牛变肥，生殖器官脂肪浸润，受胎率降低，甚至造成难产，性机能下降。同时，日粮能量水平过高，还会使乳腺内沉积脂肪，造成泌乳机能降低。对于公牛来说，日粮能量水平过高也有不利影响，主要表现是公牛过肥，配种时爬跨困难，性机能减退，精液品质下降，致使母牛不孕。相反，如果日粮能量水平长期不足，则犊牛生长发育迟缓，青年母牛的性成熟和适配年龄延迟，母牛的有效生殖时间缩短，成年母牛则会导致发情征状不明显或只排卵不发情，产后发情日期推迟。对于已经妊娠的母牛，如果日粮能量水平过低，则会造成流产、死胎、分娩无力或产出弱犊。

2. 蛋白质

蛋白质是牛体组织细胞的主要成分，又是构成酶、激素、黏液、抗体等物质的重要成分，也是促使母牛受孕和胎儿正常生长发育的重要物质。日粮中缺乏蛋白质，会影响母牛的食欲、采食、消化与吸收，导致体重下降，直接或间接影响母牛的健康与繁殖，造成母牛不孕或胎儿发育受阻。同时，蛋白质缺乏还会降低日粮消化率，使母牛获得的营养物质减少，从而也会影响健康和繁殖。

3. 矿物质

矿物质中的钙、磷较为重要，对母牛的繁殖力影响很大。缺钙会影响胎儿的生长发育和产后泌乳，导致成年母牛骨质疏松、胎衣不下和产后瘫痪。缺钙还会影响能量的利用，使育成母牛初情期推迟。缺磷会推迟性成熟，影响成年母牛的受胎率。生产上，在按照需要量供应钙和磷的同时，还应注意钙和磷的比例，因为钙磷比例不当，也会影响母牛的繁殖力。此外，一些微量元素，如钴、铜、碘、锰等对牛的繁殖和健康都起作用，饲料中不可缺少。

4. 维生素

维生素中影响较大的是维生素 A、维生素 D、维生素 E。缺乏维生素 A，往往导致母牛流产、死胎、弱胎、胎衣不下等疾病。公牛缺乏维生素 A，睾丸的生殖细胞变性，影响精子的形成，配种能力降低。

（三）管理因素

管理措施不当，如饲料供不应求，长时期圈养缺乏必要的运动、环境不佳、卫生条件差等，均会使母牛发情与排卵不正常，受胎与妊娠困难，甚至会常年不发情、不受胎，或妊娠中断与流产等。不注意做好发情记录，发情诊断和妊娠诊断不准确，则容易造成误配、漏配，甚至导致流产等现象。在人工授精过程中，如果配种器械消毒不彻底、操作不科学、配种时机掌握不好、直肠检查技术不熟练、配种技术不佳等，都会导致繁殖率降低。此外，冷冻精液制作质量较差，精液解冻方法不正确，也会影响繁殖力。发生一些疾病时，也会严重影响母牛的繁殖力，引起不孕的疾病有布氏杆菌病、滴虫病阴道炎、卵巢炎、输卵管炎、子宫内膜炎、卵巢囊肿等。

（四）母牛因素

繁殖力受遗传因素的影响，牛繁殖力的遗传力为 0.05 左右。品种不同，繁殖力差异很大，即使同一品种，由于遗传因素不同，个体之间繁殖力也不同。一般来说，繁殖力高的个体，其后代繁殖力也高，如双胎个体的后代，产双胎的可能性明显大于单胎个体后代。

母牛因内分泌紊乱，可出现异常发情，对繁殖力造成严重影响。常见的异常发情主要有如下 4 种。

1. 隐性发情

又称安静发情，指母牛外部发情征候不明显，但有卵泡发育和排卵，发情时间短，很容易发生漏配。在生产上应结合直肠检查做到准确判断。

2. 假发情

母牛具有发情表现，但无卵泡发育和排卵，这种情况多见于青年母牛及患子宫内膜炎或阴道炎的母牛。有少数妊娠 4~5 个月或在临产前 1~2 个月的母牛，也会出现假发情。在生产中一定要根据配种记录，认真观察，防止屡配。

3. 不发情

引起不发情的原因包括子宫积液及子宫积脓、持久黄体、卵巢发育不全、黄体囊肿、异性孪生母犊、哺犊母牛、极度营养不良等。在生产中应区别对待，加以解决。

4. 持续发情

连续 2~3 天或更长时间发情不止，主要由卵泡囊肿，分泌雌激素过多所致。如果左右卵巢的卵泡交替发育，也可使母牛持续发情。

二、提高母牛繁殖力的措施

提高母牛的繁殖力，力争做到母牛适时全配、全准、繁殖大量健壮的小牛，这是发展肉牛生产的核心途径，其中，克服母牛不孕、消灭空怀，是提高母牛繁殖力的关键环节。

造成母牛空怀的原因很多，主要有先天和后天两个方面。先天性不孕，一般是由于公牛、母牛生殖器官发育不正常，如子宫颈位置不当、阴道狭窄、公牛隐睾、异性孪生的母犊等。先天性不孕较少见，对这类牛应采取淘汰措施。后天性不孕，多数是由于饲养管理与使役不当造成，有时也与生殖器官疾病有关。

提高母牛繁殖力，可从多个方面进行入手。

（一）加强饲养管理

1. 改善饲养水平

母牛的不孕在很大程度上与营养有关，因此，在饲养上必须满足与繁殖有关的主要营养物质，特别是能量、蛋白质、矿物质和维生素的需要。针对不同阶段的牛群，要制定不同的饲料配方，合理饲喂，掌握好喂量，要避免营养水平过高使母牛过肥造成卵巢脂肪变性。

2. 加强日常管理

要保证繁殖母牛得到充足的运动和合理的日粮安排，加强妊娠母牛的管理，防止流产。饲料要品质新鲜，严禁饲喂腐败、冰冻的饲料，避免有毒有害物质。运动场要保持平整无碎石、无坑洼地，牛舍内部要保持空气流通，同时，还要增加牛舍的消毒次数，定期对母牛进行修蹄。一般每2年要进行一次布氏杆菌病检测，检出的病牛要及时淘汰。

正确安排生产也很重要，这是确保母牛正常繁殖的关键环节。

3. 注意空怀母牛

有些母牛会屡配不孕或长时间不发情，从而造成空怀。导致空怀的原因多数是因为有持久黄体、卵巢囊肿或卵巢萎缩。对于这类母牛，要及时排查原因，对于持久黄体、卵巢囊肿，可以用前列腺素、LH（促黄体素）等药物进行治疗，卵巢萎缩可能是因为营养水平不够或是母牛年龄太大造成，实在调理不好的应予以淘汰。

（二）提高配种技术

1. 重视观察记录

要提高母牛的受胎率，就要提高配种技术。因此，在管理上就要做好每头母牛的发情记录，每天早晨与晚间都要巡查一次，对发情症状不明显或不发情的母牛应及时治疗，保证母牛正常发情。

2. 及时安排配种

发情母牛受胎率的高低，除与公牛精液品质有关外，还与能否适时配种及配种技术是否熟练有很大的关系。对发情的母牛，必须掌握好时机，及时配种。实践证明，母牛产后第一次发情配种，可使母牛一年产一犊；如果母牛产犊后第一次发情或第二、第三次发情不给配种，较易造成不孕。因此，一般母牛产犊后第一次发情，就应抓紧配种。

3. 做好人工授精

人工授精是目前提高母牛受胎率的重要方法之一，对母牛实行人工授精时，应选用品质好、符合标准的冷冻精液，每次购进的精液都要进行抽样镜检，对于不合格的成批精液应及时调换。同时，配种技术人员要掌握一定的解冻方法，控制好解冻温度并保持在 38~40℃，解冻时间不宜过长，一般在 10~15 分钟为佳。配种前，要对配种的器械进行消毒，技术员要戴好长臂乳胶手套，根据母牛的不同年龄，掌握适时的配种时间，并间隔 8~10 小时重新输精一次。输精枪要缓慢进入，以免损伤阴道及子宫黏膜。母牛在配种后 2 个月，要及时通过直肠把握法来检测母牛是否受孕，对于没有受孕的母牛，要及时进行检查，找出原因并采取合适的措施。

（三）搞好孕牛保胎

母牛怀孕后，必须做好保胎工作，以保证胎儿的正常发育和母牛的安全分娩，防止中途流产。胎儿在怀孕中途死亡，孕牛突然发生异常收缩，母牛体内分泌调节机能发生紊乱、失去保胎能力等，都是造成孕牛流产的原因。

母牛怀孕 2 个月内，胚胎在子宫内呈游离状态，胎儿靠子宫内膜分泌的子宫乳作为营养，逐渐过渡到靠胎盘吸收母体的营养。此时，如果孕牛饲养水平低、子宫乳分泌不足，就会影响胎儿发育，造成胚胎死亡。怀孕后期，胎儿发育很快，如果母牛营养不足或受到强烈刺激，也会造成流产。针对以上情况，要加强孕牛的饲养管理，满足营养需要，特别是蛋白质（饼类和鱼粉等），要保证供应，要补充维生素 A 和维生素 E；冬春季节缺乏青绿饲料，可补喂麦芽或青贮饲料；还要补喂骨粉，防止母牛和犊牛软骨症；要防止喂发霉变质、酸度过大、冰冻有毒的饲料；孕牛要适当运动，严防惊吓、鞭打、滑跌、挤撞；减轻使役，产前一个月要停止使役，单舍饲养，随时准备接产。

（四）合理使用激素

母牛输精后 5~7 分钟内，肌内注射催产素 40 单位，可促使精子向受精部位运行，增加精子与卵子结合的机会。对不孕母牛，产后 20 天，可向子宫内注射 5% 葡萄糖溶液和青霉素 50 万单位。对屡配不孕青年母牛，配种前后肌内注射促性腺素释放激素 10 毫克，能有效提高母牛的繁殖能力。也可使用三合激素。

（五）管护初生犊牛

母牛产犊时，要及时擦净犊牛嘴端黏液，合理断脐并消毒，断脐后一般不要进行结扎，以免形成积液发生脐带感染。有些犊牛出生后体质较弱，不能及时吃到初乳，无法尽快获得母源抗体，容易生病而死，因此，在犊牛出生后 2 小时内，要让小牛及时吃到初乳，同时要对新生犊牛加强护理，做好保温工作，防止受凉腹泻。犊牛 2 周龄时可以训练吃食。发生疾病的要及时治疗，以免延误病情。

第二章 肉牛营养需求与饲料加工调制

第一节 肉牛的消化生理特点

一、瘤胃消化生理特点

牛的瘤胃体积大，约占整个胃容积的80%，可以有节律的运动，具有大量的纤毛虫和细菌，有一系列的消化特点。

1. 瘤胃不分泌胃液，可吸收某些营养物质

由于瘤胃的黏膜没有胃腺，因此不能分泌胃液。瘤胃能通过胃壁吸收葡萄糖、低级脂肪酸、氨、无机盐类及大量水分，并借以维持瘤胃内容物成分的相对稳定。

2. 瘤胃可以分解利用纤维素

饲料中的纤维素主要是通过瘤胃内细菌和纤毛虫逐级分解，最终产生挥发性脂肪酸，作为机体能量加以利用。因此，牛能够利用纤维素作为机体能量。

牛能采食大量的粗饲料，牛对粗纤维的利用率可达到50%~80%。饲料中的纤维素，被瘤胃纤维分解细菌和部分纤毛虫以及其他微生物协调下分解，形成乙酸、丙酸、丁酸等挥发性脂肪酸。淀粉等碳水化合物饲料在瘤胃内也被分解成挥发性脂肪酸，挥发性脂肪酸被吸收后成为牛的能量来源。牛一昼夜产生的挥发性脂肪酸，可提供25~50兆焦热能，占牛体需要的60%~70%，瘤胃吸收的丁酸40%被乳腺利用。当日粮中以粗饲料为主时，乙酸较多。精料、多汁饲料较多时，丙酸较高。精、粗料搭配，营养全面，丙酸含量升高，有利于肉牛生产和肥育。

3. 能够同时利用饲料中蛋白质和非蛋白氮

饲料中的蛋白质和非蛋白质化合物被牛采食后，瘤胃内的微生物将其分解成氨基酸、氨和有机酸等，微生物能利用这些简单含氮物合成微生物蛋白，微生物蛋白（菌体）随食物到达皱胃和小肠后，被消化酶分解成氨基酸，供有机体所利用。微生物蛋白的生物学价值很高，含有丰富的必需氨基酸。因此，通常情况

下，牛还能利用非蛋白氮。一般情况下，牛消化吸收的蛋白质有 1/3 的蛋白质需要量。

进入瘤胃内的饲料蛋白质，有 30%～50% 未被分解而排入后段消化道；有 50%～70% 在瘤胃内被微生物分解为氨基酸，再进一步分解产生氨、二氧化碳和有机酸；饲料中的非蛋白质含氮物（如尿素、铵盐等）被微生物分解后也产生氨。瘤胃微生物能直接利用氨基酸合成蛋白质；或先用氨、碳链、能量合成氨基酸后，再转化为微生物蛋白质，被牛机体吸收利用。瘤胃内的氨除了被微生物利用外，其余一部分被吸收运送到肝脏，在肝脏内形成尿素。这种内源尿素一部分经血液分泌于唾液内，随唾液重新进入瘤胃，另一部分通过瘤胃上皮扩散到瘤胃内，其余随尿排出体外，即所谓的尿素再循环。因此，牛可以利用尿素等非蛋白氮代替蛋白质饲料，但应注意给量，以免牛采食过量的非蛋白氮，瘤胃内氨浓度过高，血氨浓度升高，致使牛体中毒。

饲料中的蛋白质在进入瘤胃后，大部分被瘤胃内微生物分解，只有少部分进入到皱胃和小肠直接吸收。因此，在生产中为提高日粮蛋白质利用效率，对一些蛋白质可溶性很高的饲料用甲醛处理（按 100 克蛋白质加入 2 克甲醛），可降低蛋白质可溶性，形成过瘤胃蛋白质，进入到皱胃、小肠。

犊牛随着生长发育、采食植物性饲料的增加，在瘤胃内逐渐建立起微生物区系。牛的瘤胃之所以能消化各种饲料，主要是因为瘤胃内共生着大量的微生物。瘤胃的微生物有细菌和原虫两类。通常每克瘤胃内容物含有 150 亿～250 亿个细菌和 60 万～80 万个原虫。瘤胃体积庞大，具有厌氧、弱酸、温度稳定的环境，是一个庞大的"发酵罐"。这种特殊环境非常适合瘤胃微生物的繁殖和生长。

4. 能合成多种 B 族维生素和维生素 K

瘤胃微生物可以合成 B 族维生素，成年牛还可以合成维生素 K。但维生素 A、维生素 D、维生素 E 不能在瘤胃中合成。瘤胃微生物繁殖和生长会受到日粮组成、饲养方式和其他因素影响，在牛的饲养过程中必须考虑这一特点，如牛的日粮及饲喂程序不宜骤然变更，应使微生物有一个适应过程。又如断奶以后小牛口服抑菌类药物同样能杀死瘤胃微生物，应用要特别谨慎。

二、网胃、瓣胃、皱胃的消化生理特点

1. 网胃的消化生理特点

将进入网胃的食物与水搅拌，待网胃收缩时，一部分内容物被推至瘤胃前庭，一部分进入瓣胃进一步消化。

2. 瓣胃的消化生理特点

接受来自网胃的流体食糜，这类食糜含有较多的微生物和充分细碎的饲料及微生物发酵副产物。当食糜通过瓣胃叶片之间时，一部分水分被瓣胃上皮吸收，另一部分当被瓣胃叶片挤压出来时流入皱胃，使食糜变干，变得更细。

3. 皱胃的消化生理特点

皱胃又称真胃，结构和功能同单胃家畜的单胃类似，是牛胃有腺部分，能够分泌胃液。胃液为水样透明流体，含有盐酸、胃蛋白酶和凝乳酶，呈高度酸性，能不断破坏来自瘤胃的微生物。蛋白酶分解微生物、蛋白质和未被瘤胃微生物分解的饲料蛋白质，产生氨基酸被机体利用。

三、犊牛的消化生理特点

初生犊牛的瘤胃、网胃、瓣胃功能还没建立起来，主要消化依靠皱胃和小肠。4月龄犊牛的瘤胃就已建立起了较为完善的微生物区系，担负起消化功能。为了促进犊牛的瘤胃、网胃、瓣胃的发育，宜早期补饲干草和精料。

犊牛的消化特点还有食管沟的作用，即犊牛在吸吮乳汁或饮料时，能反射性引起食管沟的唇状肌肉卷缩，闭合成管状，使乳汁不在瘤胃和网胃停留，而由食管经食管沟和瓣胃管直接进入皱胃消化吸收。犊牛在用桶进行人工哺乳时，由于缺乏吸吮刺激，食管沟闭合不完全，往往有少部分乳汁进入瘤胃和网胃，致使乳汁在这些部位长期停留而发酵，引起犊牛腹泻。因此，在对犊牛进行人工哺乳时，尤其是最初阶段，一定在桶上加一个奶嘴或用啤酒瓶子套奶嘴，并将桶置于一定高处，以便于犊牛吸吮，引起食管沟反射，使食管沟闭合成管状。

第二节　肉牛营养需要

一、能量需要

肉牛为了保持体温、进行各种生理活动、生产肉奶等产品，都需要一定的能量，这些能量都需要从饲料中得到供给。能量在体内的转化，通过消化全过程完成。肉牛是反刍动物，日粮以粗饲料为主，肉牛对粗饲料的消化率比单胃家畜高得多。肉牛的能量需要分为维持和生产两大部分，维持能量仅仅用于维持正常的生命过程，并未生产产品，所以，维持需要的能量占总能量的比重越小，饲养效率就会越高，增重速度也就越快，达到出栏体重所需要的时间越短，饲料的利用率也就越高。相反，如果维持需要的能量占总能量的比重较大，则饲料利用率和生产效率都不高。

维持能量需要，是指肉牛在不产奶、不增重、不使役情况下，仅维持正常的生理机能活动所需要的能量。在维持基础上，肉牛每千克增重所需要的净能，青年母牛高于青年公牛，年龄大的牛高于年龄小的牛。在肉牛生产中，应重视并利用这一规律。在生长发育的前期即犊牛阶段，就尽量满足其所需养分，促使肉牛快速生长，以提高饲料利用效率，提高生产率。

根据中华人民共和国农业部发布的《肉牛饲养标准》（NY/T 815—2004），肉牛营养需要量可根据计算公式进行推算。

（一）干物质采食量

1. 生长肥育牛干物质采食量

根据国内生长肥育牛的饲养试验总结资料，日粮能量浓度在 8.37～10.46 兆焦/千克 DM（消化能）的干物质进食量的参考计算公式如下。

$$DMI = 0.062 \times LBW^{0.75} + (1.5296 + 0.0037 \times LBW) \times ADG$$

式中，

DMI：干物质采食量，单位为千克/天；

LBW：活重，单位为千克；

ADG：平均日增重，单位为千克/天。

2. 繁殖母牛干物质采食量

根据国内繁殖母牛饲养试验结果，妊娠母牛的干物质采食量参考公式如下。

$$DMI = 0.062 \times LBW^{0.75} + (0.790 + 0.05587 \times t)$$

式中，

DMI：干物质采食量，单位为千克/天；

LBW：活重，单位为千克；

t：妊娠天数。

3. 哺乳母牛干物质采食量

干物质进食量参考计算公式如下。

$$DMI = 0.062 \times LBW^{0.75} + 0.45 \times FCM$$

$$FCM = 0.4 \times M + 15 \times MF$$

式中，

LBW：活重，单位为千克；

FCM：4%乳脂率标准乳，单位为千克；

M：每日产奶量，单位为千克/天；

MF：乳脂肪含量，单位为千克。

（二）净能需要量

1. 生长肥育牛净能需要量

（1）维持净能需要量　根据国内所做绝食呼吸测热试验和饲养试验的平均结果，生长肥育牛在全舍饲条件下，维持净能需要为 322 千焦/千克 $W^{0.75}$ 或 77 千卡，即：

$NEm = 322 \times LBW^{0.75}$

式中，

NEm：维持净能，单位为千焦/天；

LBW：活重，单位为千克。

式中 NEm 值适合在中立温度（动物不会使用任何能量来舍弃或获得热量的环境温度条件）、舍饲、有轻微活动和无应激的环境条件下应用。

当气温低于 12℃时，每降低 1℃，维持能量需要增加 1%。

（2）增重净能需要量　肉牛的能量沉积（RE）就是增重净能。增重的能量沉积用以下公式计算。

$NEg = (2\ 092 + 25.1 \times LBW) \times (ADG/1 - 0.3 \times ADG)$

式中，

NEg：增重净能，单位为千焦/天；

LBW：活重，单位为千克；

ADG：平均日增重，单位为千克/天。

2. 妊娠母牛净能需要量

（1）维持净能需要量　维持净能需要量计算公式如下。

$NEm = 322 \times LBW^{0.75}$

式中，

NEm：维持净能，单位为千焦/天；

LBW：活重，单位为千克。

（2）妊娠净能需要量　繁殖母牛妊娠净能校正为维持净能的计算公式如下。

$NEc = Gw \times (0.197\ 69 \times t - 11.761\ 22)$

式中，

NEc：妊娠净能需要量，单位为兆焦/天；

Gw：胎日增重，单位为千克/天；

t：妊娠天数。

不同妊娠天数（t），不同体重母牛的胎日增重（Gw）计算公式如下。

$Gw = (0.008\ 7 \times t - 0.854\ 5) \times (0.143\ 9 + 0.000\ 355\ 8 \times LBW)$

式中,

Gw:胎日增重,单位为千克;

LBW:活重,单位为千克;

t:妊娠天数。

(3)综合净能需要量 妊娠综合净能需要量计算公式如下。

NEmf=(NEm+NEc)×0.82

式中,

NEmf:妊娠综合净能需要量,单位为千焦/天;

NEm:维持净重需要量,单位为千焦/天;

NEc:妊娠净能需要量,单位为千焦/天。

3.泌乳母牛净能需要量

(1)维持净能需要量 计算公式为:

$NEm=322×LBW^{0.75}$

式中,

NEm:维持净能,单位为千焦/天;

LBW:活重,单位为千克。

(2)泌乳净能需要量 泌乳净能需要量的计算可用以下两个公式中的任何一个。

NEL=M×3.138×FCM

NEL=M×4.184×(0.092×MF+0.049×SNF+0.056 9)

式中,

NEL:泌乳净能,单位为千焦/天;

M:每日产奶量,单位为千克/天;

FCM:4%乳脂率标准乳,具体计算为FCM=0.4×M+15×MF,单位为千克;

MF:乳脂含量,单位为百分率(%);

SNF:乳非脂肪固形物含量,单位为百分率(%)。

由于代谢能用于维持和用于产奶的效率相似,故泌乳母牛的饲料产奶净能供给量可以用维持净能来计算。

(3)泌乳综合净能需要量 泌乳综合净能需要量的计算公式如下。

泌乳母牛综合净能=(维持净能+泌乳净能)×校正系数

不同体重和日增重的肉牛综合净能需要的校正系数见表2-1。

表 2-1 不同体重和日增重的肉牛综合净能需要的校正系数 （F）

体重（千克）	日增重（千克/天）											
	0	0.3	0.4	0.5	0.6	0.7	0.8	0.9	1.0	1.1	1.2	1.3
150~200	0.850	0.960	0.965	0.970	0.975	0.978	0.988	1.000	1.020	1.040	1.060	1.080
225	0.864	0.974	0.979	0.984	0.989	0.992	1.002	1.014	1.034	1.054	1.074	1.094
250	0.877	0.987	0.992	0.997	1.002	1.005	1.015	1.027	1.047	1.067	1.087	1.107
275	0.891	1.001	1.006	1.011	1.016	1.019	1.029	1.041	1.061	1.081	1.101	1.121
300	0.904	1.014	1.019	1.024	1.029	1.032	1.042	1.054	1.074	1.094	1.114	1.134
325	0.910	1.020	1.025	1.030	1.035	1.038	1.048	1.060	1.080	1.100	1.120	1.140
350	0.915	1.025	1.030	1.035	1.040	1.043	1.053	1.065	1.085	1.105	1.125	1.145
375	0.921	1.031	1.036	1.041	1.046	1.049	1.059	1.071	1.091	1.111	1.131	1.151
400	0.927	1.037	1.042	1.047	1.052	1.055	1.065	1.077	1.097	1.117	1.137	1.157
425	0.930	1.040	1.045	1.050	1.055	1.058	1.068	1.080	1.100	1.120	1.140	1.160
450	0.932	1.042	1.047	1.052	1.057	1.060	1.070	1.082	1.102	1.122	1.142	1.162
475	0.935	1.045	1.050	1.055	1.060	1.063	1.073	1.085	1.105	1.125	1.145	1.165
500	0.937	1.047	1.052	1.057	1.062	1.065	1.075	1.087	1.107	1.127	1.147	1.167

肉用生长母牛的维持净能需要也为 $322W^{0.75}$，增重净能需要按照生长肥育牛的 110% 计算。

二、蛋白质需求

蛋白质是构成组织的基本物质，也是牛肉的重要成分，据测定，4~9 月龄犊牛胴体中含氮量为 2.4%，10~46 月龄为 2.5%。随着脂肪量的增加，蛋白质的百分比有所下降，例如：19~20 月龄为 2.4%，到 23 月龄时下降到 2.2%。肉牛生长所增加的体重中含有很多蛋白质，需要从饲料中获得。即使在维持状态下，也要供给一定量的蛋白质，以满足修补组织、形成酶与激素等方面的需要。

由于肉牛瘤胃微生物能将非蛋白氮合成生物蛋白质，所以，对肉牛不必考虑日粮中必需氨基酸的数量和比例，只用粗蛋白质的含量表示蛋白质水平。为了检查日粮中蛋白质的水平，可根据牛的不同生长阶段，按日粮干物质所含粗蛋白质的百分比进行计算。不同日龄肉牛粗蛋白质占日粮干物质的百分数，3~6 月龄为 16.5%，7~9 月龄为 15%，10~12 月龄为 12%，13~16 月龄为 11%。

（一）小肠可消化粗蛋白质需要量（IDCP）

1. 维持小肠可消化粗蛋白质需要量（IDCPm）

根据国内的最新氮平衡试验结果，在本标准中建议肉牛维持的粗蛋质需要量（克/天）为 $5.43LBW^{0.75}$，肉牛小肠可消化粗蛋白质的需要量公式如下。

$$IDCPm = 3.69 \times LBW$$

式中，

IDCPm：维持小肠可消化粗蛋白质的需要量，单位为克每天（克/天）；

LBW：活重，单位为千克。

2. 增重小肠可消化粗蛋白质需要量（IDCPg）

为动物体组织中每天蛋白质沉积量，它是根据从单位千克增重中蛋白质含量和每天活增重计算而得到的，增重蛋白质沉积量也随动物活重、生长阶段、性别、增重率变化而变化，以肉牛育肥上市期望体重500千克、体脂肪含量27%作为参考，增重的小肠可消化蛋白质需要量计算公式如下。

$$NPg = ADG \times [268 - 7.026 \times (NEg/ADG)]$$

当 LBW ≤ 330 时，

$$IDCPg = NPg / (0.834 - 0.000\,9 \times LBW)$$

当 LBW > 330 时，

$$IDCPg = NPg / 0.492$$

式中，

NPg：净蛋白质需要量，单位为克每天（克/天）；

IDCPg：增重小肠可消化粗蛋白质需要量，单位为克每天（克/天）；

LBW：活重，单位为千克；

ADG：日增重，单位为千克每天（千克/天）；

0.492：小肠可消化粗蛋白质转化为增重净蛋白质的效率；

NEg：增重净能，单位为兆焦每天（兆焦/天）。

3. 妊娠小肠可消化粗蛋白质需要量（IDCPc）

小肠可消化蛋白质用于妊娠肉用母牛胎儿发育的净蛋白质需要量，用 NPc 来表示，具体根据犊牛出生重量（CBW）的妊娠天数计算。其模型建立数据，以海福特青年母牛妊娠子宫及胎儿测定结果为基础，计算公式如下。

$$NPc = 6.25 \times CBW \times [0.001\,669 - 0.000\,002\,11 \times t)] \times e^{(0.027\,8 - 0.000\,017\,6 \times t)t}$$

$$IDCPc = NPc / 0.65$$

式中，

NPc：妊娠净蛋白质需要量，单位为克每天（克/天）；

t：妊娠天数；

IDCPc：妊娠小肠可消化粗蛋白质需要量，单位为克每天（克/天）；

0.65：妊娠小肠可消化粗蛋白质转化为妊娠净蛋白质的效率；

CBW：犊牛出生重，单位为千克，具体计算公式如下。

CBW = 15.201+0.0376×LBW

式中，

CBW：犊牛出生重，单位为千克；

LBW：妊娠母牛活重。

4. 泌乳小肠可消化蛋白质需要量（IDCPL）

产奶的蛋白质需要量，可根据牛奶中的蛋白质含量实测值计算。粗蛋白质用于奶蛋白的平均效率为 0.6，小肠可消化粗蛋白质用于奶蛋白质合成的效率为 0.70，产奶小肠可消化粗蛋白质需要量＝X/0.70

式中，

X：每日乳蛋白质产量，单位为克每天（克/天）；

0.70：小肠可消化粗蛋白质转化为产奶净蛋白质的效率。

（二）小肠理想氨基酸模式

根据国内采用安装有瘤胃、十二指肠前端和小肠末端瘘管的阉牛进行的消化代谢试验研究结果，经反复验证后，得出肉牛小肠理想氨基酸模式，如表 2-2 所示。

表 2-2　小肠可消化粗蛋白质中各种必需氨基酸的理想化学分数

氨基酸	体蛋白质（克/100 克小肠可消化粗蛋白质）	理想模式（%）
赖氨酸	6.4	100
蛋氨酸	2.2	34
精氨酸	3.3	52
组氨酸	2.5	39
亮氨酸	6.5	105
异亮氨酸	2.8	44
苯丙氨酸	3.5	55
苏氨酸	3.9	61
缬氨酸	4.0	63

（三）牛小肠可吸收氨基酸需要量

根据国内安装有瘤胃、十二指肠前端和回肠末端瘘管的阉牛进行的消化代谢试验研究成果，在饲喂"氨化稻草–玉米–棉粕型"日粮条件下，生长阉牛维持的小肠表观可吸收赖氨酸和蛋氨酸需要量分别为 0.112 7 克/千克 $W^{0.75}$ 和 0.038 4 克/千克 $W^{0.75}$，对体表皮屑和毛发损失加以考虑后，维持的小肠表观可吸收赖氨酸和蛋氨酸需要量分别为 0.120 6 克/千克 $W^{0.75}$ 和 0.041 0 克/千克 $W^{0.75}$。小肠表观可吸收赖氨酸与蛋氨酸需要量之比为 2.94 : 1，而体蛋白中的赖氨酸与蛋氨酸含量之比为 3.23 : 1。

三、矿物质需求

（一）钙和磷

钙和磷在肉牛体中主要是构成骨骼，骨中钙的代谢与分泌、营养等因素有关。钙和磷的比例在日粮中保持 1 : 1 或 2 : 1 时吸收最好。育肥牛饲喂高精日粮时，最容易缺钙，需要按比例补给。

（二）钠和氯

钠和氯一般用食盐补充，根据牛对钠的需要量占日粮干物质的 0.06% ~ 0.10% 计算，日粮中含食盐 0.15% ~ 0.25%，即可满足钠和氯的需要。另外，只要能给予充足的饮水，牛对食盐的耐受量较大。

植物性饲料一般含钠量低，含钾量高，青、粗饲料更为明显，钾能促进钠的排出，所以，放牧牛的食盐需要量高于饲喂干饲料的牛；饲喂高粗料日粮耗盐多于高精料日量。

（三）其他矿物质

钴、铜、碘、铁、镁、锰、硒、硫、锌、钾、钼等矿物质的参考需要量及最大耐受量见表 2-3。

表 2-3　矿物质需要量及最大耐受量（干物质基础）

矿物质元素	单位	需要量		最大耐受量
		推荐量	范围	
钙	%			2.0
钴	毫克/千克	0.1	0.07~0.11	5.0
铜	毫克/千克	8.0	4.0~10.0	115.0
碘	毫克/千克	0.5	0.2~2.00	50.0
铁	毫克/千克	50.0	50.0~100.0	1 000.0
锰	毫克/千克	40.0	20.0~50.0	1 000.0
磷	%			1.0

（续表）

矿物质元素	单位	需要量		最大耐受量
		推荐量	范围	
硒	毫克/千克	0.20	0.05~0.30	2.0
钠	%	0.08	0.06~0.10	10.0
硫	%	0.10	0.08~0.15	0.4
锌	毫克/千克	30.0	20.0~40.0	500.0
钼	毫克/千克			6.0
钾	%	0.65	0.50~0.70	3.0
镁	%	0.10	0.05~0.25	0.4

四、维生素需求

（一）维生素 A

植物性饲料中一般不含维生素 A，但含有胡萝卜素，肉牛能将胡萝卜素转化为维生素 A。同此，肉牛在采食大量青绿饲料及多汁饲料时，能将多余的胡萝卜素存在体内。当缺少维生素 A 时，主要表现为生长发育受阻。

肉用牛的维生素 A 需要量，按照每千克饲料干物质计算：

生长肥育牛为 2 200 国际单位，相当于 β-胡萝卜素 5.5 毫克；

妊娠母牛为 2 800 国际单位，相当于 β-胡萝卜素 7.0 毫克；

泌乳母牛为 3 900 国际单位，相当于 β-胡萝卜素 9.75 毫克。

（1 毫克 β-胡萝卜素相当于 400 国际单位）

（二）维生素 D

维生素 D 主要用于钙磷代谢，能促进钙、磷的吸收与沉淀。如果缺少维生素 D，即使饲料中有足够的钙和磷，也不能充分吸收，仍然会发生钙和磷代谢失调，导致生长发育缓慢。

肉牛的维生素 D 需要量为每千克饲料干物质 275 国际单位，一个国际单位维生素 D 相当于 0.025 微克胆钙固醇（D_3）。麦角钙化醇（维生素 D_2）对牛也具有活性。

肉牛经常接受阳光照射或采食晒干的青干草，都可得到充足的维生素 D。

（三）维生素 E

一般认为犊牛的维生素 E 需要量为每千克饲料干物质 15~60 国际单位。对于青年母牛，产前 1 个月在日粮中添加维生素 E，协同硒制剂注射，有助于减少繁殖疾病（如难产、胎衣不下等）的发生。产犊4胎母牛的生长、繁殖和泌乳，不受低维生素 E 的影响。对生长肥育阉牛，最适维生素 E 需要量为每日在日粮中添加 50~100 国际单位的维生素 E。

不同体重生长肥育牛每日营养需要量见表 2-4。

表 2-4　不同体重生长肥育牛每日营养需要量

体重（千克）	日增重（千克）	干物质（千克）	肉牛能量单位（RND）	综合净能（兆焦）	粗蛋白质（克）	钙（克）	磷（克）
150	0	2.66	1.46	11.76	236	5	5
	0.3	3.29	1.87	15.10	377	14	8
	0.4	3.49	1.97	15.90	421	17	9
	0.5	3.7	2.07	16.74	465	19	10
	0.6	3.91	2.19	17.66	507	22	11
	0.7	4.12	2.30	18.58	548	25	12
	0.8	4.33	2.45	19.75	589	28	13
	0.9	4.54	2.61	21.05	627	31	14
	1.0	4.75	2.80	22.64	665	34	15
	1.1	4.95	3.02	24.35	704	37	16
	1.2	5.16	3.25	26.28	739	40	16
175	0	2.98	1.63	13.18	265	6	6
	0.3	3.63	2.09	16.90	403	14	9
	0.4	3.85	2.20	17.78	447	17	9
	0.5	4.07	2.32	18.70	489	20	10
	0.6	4.29	2.44	19.71	530	23	11
	0.7	4.51	2.57	20.75	571	26	12
	0.8	4.72	2.79	22.05	609	28	13
	0.9	4.94	2.91	23.47	650	31	14
	1.0	5.16	3.12	25.23	686	34	15
	1.1	5.38	3.37	27.20	724	37	16
	1.2	5.59	3.63	29.29	759	40	17

（续表）

体重 （千克）	日增重 （千克）	干物质 （千克）	肉牛能量单位 （RND）	综合净能 （兆焦）	粗蛋白质 （克）	钙 （克）	磷 （克）
200	0	3.3	1.8	14.56	293	7	7
	0.3	3.98	2.32	18.70	428	15	9
	0.4	4.21	2.43	19.62	472	17	10
	0.5	4.44	2.56	20.67	514	20	11
	0.6	4.66	2.60	21.76	555	23	12
	0.7	4.89	2.83	22.47	593	26	13
	0.8	5.12	3.01	24.31	631	29	14
	0.9	5.34	3.21	25.90	669	31	15
	1.0	5.57	3.45	27.82	708	34	16
	1.1	5.80	3.71	29.96	743	37	17
	1.2	6.03	4.00	32.30	778	40	17
225	0	3.60	1.87	15.10	320	7	7
	0.3	4.31	2.56	20.71	452	15	10
	0.4	4.55	2.69	21.76	494	18	11
	0.5	4.87	2.83	22.89	535	20	12
	0.6	5.02	2.98	24.10	576	23	13
	0.7	5.26	3.14	25.36	614	26	14
	0.8	5.49	3.33	26.90	652	29	14
	0.9	5.73	3.55	28.66	691	31	15
	1.0	5.96	3.81	30.79	726	34	16
	1.1	6.20	4.10	33.10	761	37	17
	1.2	6.44	4.42	35.69	796	39	18
250	0	3.90	2.20	17.78	346	8	8
	0.3	4.64	2.81	22.72	475	16	11
	0.4	4.88	2.95	23.85	517	18	12
	0.5	5.13	3.11	25.10	558	21	12
	0.6	5.37	3.27	26.44	599	23	13
	0.7	5.62	3.45	27.82	637	26	14
	0.8	5.87	3.65	29.50	672	29	15
	0.9	6.11	3.89	31.38	711	31	16
	1.0	6.36	4.18	33.72	746	34	17
	1.1	6.60	4.49	36.28	781	36	18
	1.2	6.85	4.84	39.08	841	39	18

（续表）

体重 （千克）	日增重 （千克）	干物质 （千克）	肉牛能量单位 （RND）	综合净能 （兆焦）	粗蛋白质 （克）	钙 （克）	磷 （克）
	0	4.19	2.40	19.37	372	9	9
	0.3	4.96	3.07	24.77	501	16	12
	0.4	5.21	3.22	25.98	543	19	12
	0.5	5.47	3.39	37.36	581	21	13
	0.6	5.72	3.57	28.79	619	24	14
275	0.7	5.98	3.75	30.29	657	26	15
	0.8	6.23	3.98	32.13	696	29	16
	0.9	6.49	4.23	34.18	731	31	16
	1.0	6.74	4.55	36.74	766	34	17
	1.1	7.00	4.89	39.50	798	36	18
	1.2	7.25	5.26	42.51	834	39	19
	0	4.47	2.60	21.00	397	10	10
	0.3	5.26	3.32	26.78	523	17	12
	0.4	5.53	3.48	28.12	565	19	13
	0.5	5.79	3.66	29.58	603	21	14
	0.6	6.06	3.86	31.13	641	24	15
300	0.7	6.32	4.06	32.76	679	26	15
	0.8	6.58	4.31	34.77	715	29	16
	0.9	6.85	4.58	36.99	750	31	17
	1.0	7.11	4.92	39.71	785	34	18
	1.1	7.38	5.29	42.68	818	36	19
	1.2	7.64	5.69	45.98	850	38	19
	0	4.75	2.78	22.43	421	11	11
	0.3	5.57	3.54	28.58	547	17	13
	0.4	5.84	3.72	30.04	586	19	14
	0.5	6.12	3.91	31.59	624	22	14
	0.6	6.39	4.12	33.26	662	24	15
325	0.7	6.66	4.36	35.02	700	26	16
	0.8	6.94	4.60	37.15	736	29	17
	0.9	7.21	4.90	39.54	771	31	18
	1.0	7.49	5.25	42.43	803	33	18
	1.1	7.76	5.56	45.61	839	36	19
	1.2	8.03	6.08	49.12	868	38	20

（续表）

体重 （千克）	日增重 （千克）	干物质 （千克）	肉牛能量单位 （RND）	综合净能 （兆焦）	粗蛋白质 （克）	钙 （克）	磷 （克）
	0	5.02	2.95	23.85	445	12	12
	0.3	5.87	3.76	30.38	569	18	14
	0.4	6.15	3.95	31.92	607	20	14
	0.5	6.43	4.16	33.60	645	22	15
	0.6	6.72	4.38	35.40	683	24	16
350	0.7	7.00	4.61	37.24	719	27	17
	0.8	7.28	4.89	39.50	757	29	17
	0.9	7.57	5.21	42.05	789	31	18
	1.0	7.85	5.59	45.15	824	33	19
	1.1	8.13	6.01	48.53	857	36	20
	1.2	8.41	6.47	52.26	889	38	20
	0	5.28	3.13	25.27	469	12	12
	0.3	6.16	3.99	32.22	593	18	14
	0.4	6.45	4.19	33.85	631	20	15
	0.5	6.74	4.41	35.61	669	22	16
	0.6	7.03	4.65	37.53	704	25	17
375	0.7	7.32	4.89	39.50	743	27	17
	0.8	7.62	5.19	41.88	778	29	18
	0.9	7.91	5.52	44.60	810	31	19
	1.0	8.20	5.93	47.87	845	33	19
	1.1	8.49	6.26	50.54	878	35	20
	1.2	8.79	6.75	54.48	907	38	21
	0	5.55	3.31	26.74	492	13	13
	0.3	6.45	4.22	34.06	613	19	15
	0.4	6.76	4.43	35.77	651	21	16
	0.5	7.06	4.66	37.66	689	23	17
	0.6	7.36	4.91	39.66	727	25	17
400	0.7	7.66	5.17	41.76	763	27	18
	0.8	7.96	5.49	44.31	798	29	19
	0.9	8.26	5.64	47.15	830	31	19
	1.0	8.56	6.27	50.63	866	33	20
	1.1	8.87	6.74	54.43	895	35	21
	1.2	9.17	7.26	58.66	927	37	21

（续表）

体重（千克）	日增重（千克）	干物质（千克）	肉牛能量单位（RND）	综合净能（兆焦）	粗蛋白质（克）	钙（克）	磷（克）
425	0	5.80	3.48	28.08	515	14	14
	0.3	6.73	4.43	35.77	636	19	16
	0.4	7.04	4.65	37.57	674	21	17
	0.5	7.35	4.90	39.54	712	23	17
	0.6	7.66	5.16	41.67	747	25	18
	0.7	7.97	5.44	43.89	783	27	18
	0.8	8.29	5.77	46.57	818	29	19
	0.9	8.60	6.14	49.58	850	31	20
	1.0	8.91	6.59	53.22	886	33	20
	1.1	9.22	7.09	57.24	918	35	21
	1.2	9.35	7.64	61.67	947	37	22
450	0	6.06	3.63	29.33	538	15	15
	0.3	7.02	4.63	37.41	659	20	17
	0.4	7.34	4.87	39.33	697	21	17
	0.5	7.66	5.12	41.38	732	23	18
	0.6	7.98	5.40	43.60	770	25	19
	0.7	8.30	5.69	45.94	806	27	19
	0.8	8.62	6.03	48.74	841	29	20
	0.9	8.94	6.43	51.92	873	31	20
	1.0	9.26	6.90	55.77	906	33	21
	1.1	9.58	7.42	59.96	938	35	22
	1.2	9.90	8.00	64.60	967	37	22

第三节　肉牛饲料原料

一、精饲料

（一）能量饲料

肉牛的精饲料主要是指禾本科和豆科等农作物的籽实及其加工副产品，这类饲料含粗纤维较少，含能量和蛋白质较高。按粗纤维和蛋白质的含量，精饲料又可分为能量精饲料和蛋白质精饲料。饲料干物质中，粗纤维含量低于15%，粗蛋白质含量少于20%，无氮浸出物（碳水化合物、脂肪）占饲料整体的60%~

70%，属能量精饲料。能量精饲料包括禾谷类籽实及其加工副产品和块根、块茎类饲料等。用这些饲料饲喂肉牛，主要满足肉牛对能量的需要。

1. 玉米

玉米含淀粉较多，含蛋白质较少。从营养成分、价格、资源等各方面分析，玉米都是肉牛的优质饲料，是肉牛日粮中首推的能量饲料。尽管受产地影响，玉米的品质有较大差异，但一般情况下，玉米干物质含量约为88%，风干玉米粗蛋白质含量约为9%，对牛来说，玉米的维持净能9.21～9.63千焦/千克，增重净能5.86～6.28千焦/千克。玉米有黄色和白色之分，黄玉米含有较多的胡萝卜素、叶黄素，在高档牛肉生产的后期，需要谨慎使用，尤其是屠宰前120～150天，一定要注意控制用量，否则，可能会使牛胴体脂肪变黄，影响屠体品质。

2. 大麦

大麦是生产高档牛肉极好的能量饲料。大麦本身的脂肪含量很低，只有2%，但大麦的淀粉含量却很高，尤其是富含饱和脂肪酸，而叶黄素、胡萝卜素含量都较低。肉牛瘤胃在代谢过程中，可将大麦中的淀粉直接变成饱和脂肪酸。饱和脂肪酸颜色洁白且硬度很好，肉牛屠宰后胴体脂肪硬挺，很受市场欢迎。所以，在屠宰前期饲喂大麦，对改善牛肉品质有其他饲料不能替代的作用。

3. 高粱

高粱也是饲喂肉牛常用的饲料。高粱的最大缺点是含有单宁，但经过合理的加工后，高粱的营养价值可以提高15%左右。将高粱与玉米混合使用，效果要好于单一使用。所以，使用高粱饲喂肉牛要注意两点：一要适当加工，二要与玉米混合使用。这样做，既能有效利用肉牛的生长潜力，还能使肉牛适应高能日粮，减少酸中毒的机会。

4. 麦麸

麦麸是面粉加工业的副产品，含蛋白质高于玉米、小麦，达到13.7%，代谢能为13.44兆焦/千克，粗纤维含量为8%～9%。同时，麦麸中含有丰富的硫胺素、烟酸和胆碱。麦麸质地松软，适口性好，有轻泻作用，对产后的母牛有益处。麦麸广泛应用于肉牛生产。但在肉牛育肥后期，麦麸喂量不能过多，原因是麦麸含磷、镁等矿物质太多，喂量过大容易导致肉牛尿道结石；同时，长时间单喂麦麸，还容易导致肉牛缺钙。在编制肉牛日粮配比时，麦麸比例可占10%～12%。

5. 米糠

米糠是精制大米的副产品，有脱脂米糠和未脱脂米糠之分。脱脂米糠脂肪含量低、容易保存，饲喂肉牛效果好。未脱脂米糠脂肪含量高，饲喂过多，既会导致肉牛腹泻，也会导致胴体脂肪松软，影响牛肉品质。在肉牛日粮配方中，米糠的用量一般以5%为宜。未脱脂米糠最大的缺点是不能长期保存，如果长期保存，容易产生哈喇味儿，严重影响适口性。

（二）蛋白质饲料

在饲料干物质中，粗蛋白质含量高于20%、粗纤维含量低于18%的饲料，属于蛋白质精饲料。对肉牛来说，蛋白质饲料主要包括油料籽实及其加工副产品。常用的蛋白质精饲料，以榨油副产品为主，如大豆饼、花生饼、椰子饼、菜籽饼、棉籽饼等。豆腐渣也属于肉牛的蛋白质精饲料。

自从疯牛病发生以来，一些国家已明令禁止或部分禁止使用动物源性饲料（如肉骨粉、骨粉、血粉等），尤其是来自同一科、属动物的原料，更是不许使用。所以，这里只介绍植物源性蛋白质饲料。这些饲料原料多是加工取油后的副产品，而由于取油工艺不同，这类饲料原料大多分为饼和粕两种产品形式。用压榨法取油后的副产品通常称为饼，用浸提法取油后的副产品通常称为粕。

1. 大豆饼（粕）

大豆饼（粕）是大豆取油后的副产品。大豆饼和大豆粕在成分上稍有差异，大豆饼中残脂含量为5%~7%，大豆粕中仅为1%~2%。大豆饼（粕）蛋白质品质优良，富含肉牛必需的氨基酸。

2. 花生饼（粕）

花生饼（粕）是花生仁加工取油后的副产品。花生饼（粕）粗蛋白质含量高于豆饼，精氨酸含量较高，属品质较好的蛋白质饲料，但其他氨基酸均比豆饼低。

3. 棉籽饼（粕）

棉籽饼（粕）是棉籽去绒、脱壳或部分脱壳取油后的副产品。棉籽饼（粕）的蛋白质含量达到24.5%，并且品质较好，必需氨基酸含量较丰富，但赖氨酸只及豆饼的一半；代谢能含量为8.46兆焦/千克，维持净能为4.98兆焦/千克，增重净能为2.09兆焦/千克。由此可见，棉籽饼（粕）具有其他饲料没有的特点，那就是既具有蛋白质饲料的特点，又具有能量饲料的特点，还具有粗饲料的特点。对于肉牛来说，棉籽饼（粕）是一种非竞争性饲料，即在养殖业中，只有肉牛能大量使用，尤其是在育肥牛日粮中，没有比例的限制。

根据卫健委的要求，棉籽饼（粕）中棉酚的允许含量为≤0.02%。饲喂试验证明，即使长期大剂量使用棉籽饼（粕）饲喂肉牛，牛肉产品仍然是安全的，不会产生毒害作用。因此，棉花产区应充分利用好棉籽饼（粕）生产优质牛肉产品。

4. 菜籽饼（粕）

菜籽饼（粕）是油菜籽加工取油后的副产品。蛋白质品质较好，含有肉牛必需的氨基酸，且具有较好的过瘤胃性能。但菜籽饼（粕）粗纤维含量较高，为12%～13%，属能量较低的蛋白质饲料。油菜属于十字花科植物，种子中含有硫葡萄糖苷，利用菜籽饼（粕）作饲料时，会产生具有抗甲状腺作用的物质——噁唑烷硫酮，这种物质对肉牛有害。同时，菜籽饼遇水会产生刺鼻气味，影响食欲。所以，肉牛日粮中使用菜籽饼（粕）不宜过多；菜籽饼（粕）不宜单独使用，应注意与其他饼类饲料搭配；菜籽饼（粕）不要浸泡发酵后使用。

5. 葵花饼（粕）

葵花饼（粕）是葵花籽部分脱壳加工取油后的副产品。葵花饼（粕）中蛋白质含量为18%～19%，其中含有肉牛必需的氨基酸。但葵花饼（粕）粗纤维含量较高，且变动范围大，原因是原料中含有一定数量的果壳，并且加工中必须保留一定数量的壳才有利于取油。所以，果壳含量成为葵花饼（粕）饲料营养成分的关键性制约因素。正常情况下，葵花籽的仁与壳的重量比例大约为76∶24。如果葵花饼（粕）中粗纤维含量大于20%，则应归属粗饲料，属低能量蛋白质饲料，增重净能很低。即使如此，葵花饼（粕）在养牛饲料中仍有一定的意义，可以与增重净能高的饲料配合使用。但要注意，在发酵产热的情况下，葵花饼（粕）中残留的脂肪容易发生自燃。为保证安全生产，葵花饼（粕）在堆放过程中，必须保持通风良好。

6. 亚麻仁饼（粕）

亚麻仁饼（粕）是亚麻籽加工取油后的副产品。我国西北地区生产的油用型亚麻籽，常混有少量其他油料作物种子，俗称"胡麻籽"。亚麻仁饼（粕）蛋白质含量略低于菜籽饼，氨基酸组成与菜籽饼近似，但赖氨酸含量较低。胡麻籽饼中混有少量菜籽与芸芥籽，用作饲料时也会产生噁唑烷硫酮等有害物质；同时，亚麻中含有亚麻苦苷，经酶解后会生成氢氰酸，约为12毫克/千克，若肉牛食入过多，会引起中毒。因此，配制肉牛日粮时，应与其他饼类混合使用，使用量不宜过多。

7. 饲用酵母

酵母菌属微生物，以酿造、造纸、淀粉、糖蜜和石油等工业的副产品或废弃物为原料，经过液体或固体通风发酵培养，分离、干燥后生成的蛋白质饲料。常用的酵母菌有酵母属、球拟酵母属、假丝酵母属、红酵母属、圆酵母属等。酵母菌生产世代周期短，繁殖速度快，生产效率高。菌种不同，发酵工艺不同，生成的饲料酵母营养成分不同。一般风干制品中粗蛋白质含量，石油酵母为60%，啤酒酵母47.2%，纸浆废液酵母45%左右；氨基酸含量丰富；矿物质成分含量也比较高。以啤酒酵母为例，钙 0.16%，磷 1.02%，每千克含铁 902 毫克、铜 61.0 毫克、锰 22.3 毫克、锌 86.7 毫克；含有丰富的 B 族维生素，每千克饲用酵母含硫胺素 5~20 毫克、核黄素 40~150 毫克、泛酸 50~100 毫克、烟酸 300~800 毫克、吡哆醇 8~18 毫克、生物素 0.6~2.3 毫克、叶酸 10~35 毫克、胆碱 6 克。此外，酵母中还含有其他生物活性物质。

酵母中核酸含量较高，有一定致甲状腺肿的作用；还含有少量嘌呤碱和嘧啶碱，影响血液中尿酸水平，对肉牛健康造成损害；氨基酸组成中赖氨酸含量很高，而蛋氨酸含量低。针对这些情况，在配制肉牛日粮时要予以调整，并建议限量使用，即饲用酵母代替日粮中 25% 以下的蛋白质为宜。此外，酵母生产投入的成本高，这是我国饲料中应用不多的一个原因。

饲料酵母属于单细胞蛋白（SCP）类的一种产品，尽管存在上述一些问题，仍然具有很大的开发潜力。饲料酵母的原料是加工业的副产品或废弃物，这有利于改善环境的污染。现在研究和开发出的新产品更具营养特点，包括活酵母产品，如活的干酵母、酵母培养物以及糖蜜酵母浓缩物等，其中，酵母培养物还有含硒酵母、含铬酵母，与酵母结合的有机元素，提高了吸收率。照射酵母在酵母菌培养中接受紫外光线照射，可以增加产品中维生素 D_2 的浓度，为肉牛饲料配制提供了维生素来源。

饲料酵母与酵母发酵饲料有着本质的区别。我国轻工业部门行业标准中，将饲料酵母分为 3 个等级，理化指标中有一项关于细胞数（亿个/克）的规定，优等品为 270、一等品为 180、合格品为 150。酵母发酵饲料中的细胞数相差很远，其他饲料营养功能也相差很多，平时要注意区分，不可混淆。

二、粗饲料

（一）青绿饲料

这里说的青绿饲料，主要指人工种植的豆科牧草与禾本科牧草。豆科牧草富含蛋白质，人工栽培的相对较多，禾本科牧草和青饲作物也比较常见。这里只简单介绍几种。

1. 紫花苜蓿

紫花苜蓿茎叶中含有丰富的蛋白质、矿物质、多种维生素及胡萝卜素，特别是叶片中含量更高。紫花苜蓿鲜嫩状态时，叶片重量占全株的 50% 左右，叶片中粗蛋白质含量比茎秆高 1~1.5 倍，粗纤维含量比茎秆少一半以上。在同等面积的土地上，紫花苜蓿生产的可消化总养料是禾本科牧草的 2 倍，可消化蛋白质是 2.5 倍，矿物质是 6 倍。紫花苜蓿可青饲、青贮、调制青干草、加工草粉，也可用于配合饲料或混合饲料。

人工种植紫花苜蓿时，注意选择适于当地的品种。播种前要翻耕土地、耙地、平整、灌足底水，等到地表水分合适时进行耕种。要施足底肥，有机肥以3 000~4 000千克/亩（1亩≈667米²）为宜。缺磷时苜蓿产量低，应在播前整地时施足磷肥，以后每年在收割头茬草后再适量追施1次磷肥。

一般在9月至10月上中旬播种，北部地区稍早，南部地区稍晚一些。通常播种量为0.75~1千克/亩。面积小可撒播或条播，行距为30厘米。每亩用3~4千克颗粒氮肥作种肥。播种深度以1.5~2厘米为好，土壤较干旱而疏松时播深可至2.5~3厘米。也可与生活力强、适口性好的禾本科草混播。因苜蓿种子"硬实"比例较大，播种前要作好处理。

科学的田间管理可保证较高的产草量和较长的利用期。紫花苜蓿苗期生长缓慢，如果田间杂草丛生，则影响苜蓿生长，所以，应加强中耕、使用除草剂、收割等措施，消除田间杂草。

紫花苜蓿的收割时期可根据目的灵活确定。调制青干草或青贮饲料时，宜在初花期收获；青饲时，可从现蕾期开始利用，直至盛花期结束。收割次数也要因地制宜，中原地区可收割4~6次，北方地区可收割2~3次，留茬高度为4~5厘米，最后一茬可稍高，以利越冬。

苜蓿既可青饲，也可制成干草、青贮饲料饲喂。不同刈割时期的紫花苜蓿干草饲喂肉牛的效果不同。现蕾至盛花期刈割的苜蓿干草，对肥育牛的增重效果差异不大，而成熟后刈割的干草饲料报酬显著降低。

2. 沙打旺

沙打旺也叫直立黄芪，其营养价值较高，但适口性较差，可制成青贮、干草和发酵饲料使用，也可割草直接喂饲。

沙打旺抗逆性强、适应性广、耐旱、耐寒、耐瘠薄、耐盐碱、抗风沙，是黄土高原的当家草种。播种前应精细整地和进行地面处理，清除杂草，保证墒情，施足底肥，平整地面，使表土上松下实，确保全苗壮苗。撒播播种量每亩2.5千克。沙打旺一年四季均可播种，一般选在秋季播种好。

沙打旺在幼苗期生长缓慢，易被杂草抑制，要注意中耕除草。雨涝积水应及时开沟排出。有条件时，早春或刈割后灌溉施肥能增加产量。

沙打旺再生性差，1年可收割2茬，一般用作青饲料或制作干草，不宜放牧。最好在现蕾期或株高达70~80厘米时进行刈割。若在花期收获，茎已粗老，影响草的质量，留茬高度为5~10厘米。当年亩产青草300~1 000千克，两年后可达3 000~5 000千克，但若管理不当，3年后即衰退。沙打旺有苦味，适口性不如苜蓿，不可长期单独饲喂，应与其他饲草搭配。沙打旺与玉米或其他禾本科作物和牧草青贮，可改善适口性。

3. 红豆草

红豆草可青饲，也可青贮、放牧、晒制青干草，如果加工成草粉，可制成配合饲料和多种草产品。红豆草的主要特点，是在各个生育阶段，均含很高的浓缩单宁，可沉淀在瘤胃中，形成大量持久性泡沫的可溶性蛋白质，使肉牛在青饲、放牧利用时不发生膨胀病。

红豆草最适于石灰性壤土，在干旱瘠薄的砂砾土及沙性土壤上也能生长。耐寒性不及苜蓿。红豆草不宜连作，须隔5~6年再种。要深耕施足底肥，尤其是磷、钾肥和优质有机肥。单播行距30~60厘米，播深3~4厘米。生产干草单播行距20~25厘米，以开花至结荚期刈割最好。混播时可与无芒雀麦、苇状羊茅等混种。年可刈割2~4次，均以第一次产量最高，占全年总产量的50%。一般红豆草齐地刈割不影响分枝，而留茬5~6厘米更利于红豆草再生。田间管理要注意清除杂草。

红豆草的饲用价值可与紫花苜蓿媲美，苜蓿称为"牧草之王"，红豆草为"牧草皇后"。青饲红豆草适口性极好，效果与苜蓿相近，肉牛特别喜欢采食。红豆草开花后品质变粗变老，营养价值降低，纤维增多，饲喂效果差。

4. 无芒雀麦

无芒雀麦是高产优质的多年生禾本科牧草，营养价值很高，茎秆光滑，叶片无毛，草质柔软，适口性好，肉牛最爱采食。无芒雀麦是一种放牧和打草兼用的优良牧草，即使收割稍迟一些，质地也并不粗老。经霜后，无芒雀麦叶色变紫，而口味仍佳。无芒雀麦可青饲，也可制成干草和青贮使用。

无芒雀麦适于寒冷干燥气候地区种植。大部分地区宜在早秋播种。无芒雀麦竞争力强，易形成草层块，多采取单播。条播行距20~40厘米，播种量1.5~2.0千克/亩，播深3~4厘米，播后镇压。栽培条件良好，鲜草产量可达3 000千克/亩以上，每次种植可利用10年。每年可刈割2~3次，以开花初期刈割为宜，过迟会影响草质和再生。无芒雀麦叶多茎少，营养价值很高，幼嫩无芒雀麦干物质中所含蛋白质不亚于豆科牧草。

5. 苇状羊茅

苇状羊茅原产欧洲的西部，天然分布于乌克兰、伏尔加河流域、北高加索、西伯利亚等地。苇状羊茅枝叶繁茂，生长迅速，再生性强，叶量丰富，草质较好，如能掌握利用适期，可保持较好的适口性和利用价值。苇状羊茅抽穗期利用价值最高，其干物质中，含粗蛋白质15.1%、粗脂肪1.8%、粗纤维27.1%、无氮浸出物45.2%、粗灰分10.8%、钙0.23%、磷0.66%。苇状羊茅饲料品质中等，适宜放牧、青饲、青贮或调制干草。

苇状羊茅耐旱耐湿耐热，对土壤的适应性强，是肥沃和贫瘠土壤、酸性和碱性土壤都可种植的多年生牧草。苇状羊茅为高产型牧草，要注意深耕和施足底肥。一般春、夏、秋播均可，通常以秋播为多。播种量为 0.75~1.25 千克/亩。条播行距 30 厘米，播深 2~3 厘米，播后镇压。在幼苗期要注意中耕除草，每次刈割后也应中耕除草。

青饲利用苇状羊茅时，在拔节后至抽穗期刈割；青贮和调制干草时，则应在孕穗至开花期。每隔 30~40 天刈割 1 次，每年刈割 3~4 次。每亩可产鲜草 2 500~4 500千克。苇状羊茅鲜草青绿多汁，可整草或切短喂牛，与豆科牧草混合饲喂效果更好。苇状羊茅青贮和干草，都是牛越冬的好饲草。

6. 象草

象草因大象爱吃而得名，又名紫狼尾草，原产于非洲，是热带和亚热带地区广泛栽培的多年生高产牧草。象草柔软多汁，适口性很好，利用率高，蛋白质含量和消化率均较高。除青饲外，也可调制成干草或青贮后使用。

象草为多年生草本植物。栽培时要选择土层深厚、排水良好的土壤，结合耕翻，每亩施厩肥1 500~2 000千克作基肥。春季 2—3 月，选择粗壮茎秆作种用，每 3~4 节切成一段，每畦栽两行，株距 50~60 厘米。种茎平放或芽朝上斜插，覆土 6~10 厘米。每亩用种茎 100~200 千克，栽植后灌水，10~15 天即可出苗。

象草生长期注意中耕锄草，适时灌溉和追肥。株高 100~120 厘米即可刈割，留茬高 10 厘米。生长旺季，25~30 天刈割 1 次，每年可刈割 4~6 次，亩产鲜草 1 万~1.5 万千克。象草茎叶干物质中含粗蛋白质 10.6%，粗脂肪 2%，粗纤维 33.1%，无氮浸出物44.7%，粗灰分 9.6%。适期收割的象草，鲜嫩多汁，适口性好，肉牛喜欢吃，适宜青饲、青贮或调制干草。

7. 青饲作物

利用农田栽培农作物或饲料作物，在其结实前或结实期收割作为青饲料饲用，是解决青饲料供应的重要途径。常见的有青割玉米、青割燕麦、青割大麦、大豆苗、蚕豆苗等。一般青割作物用于直接饲喂或青贮。青割作物柔嫩多汁，适口性好，营养价值比收获籽实后的秸秆高得多，尤其是青割禾本科作物其无氮浸出物含量丰富，用作青贮效果很好，生产中常把青割玉米作为主要的青贮原料。此外，青割燕麦、青割大麦也常用来调制干草。青割幼嫩的高粱和苏丹草中含有氰苷配糖体，肉牛采食后会在体内转变为氰氢酸而中毒。为防止中毒，宜在抽穗期收割，也可调制成青贮或干草，使毒性减弱或消失。

（二）干草

这里说的干草，主要是指野生草收割晒干后制成的肉牛饲料，其营养成分与野草种类有关。干草适口性好，在肉牛厌食时饲喂，能收到良好的效果。干草是肉牛主要的粗饲料，但在育肥后期，应适当限量饲喂，一般只占日粮的 5%~

10%，否则，会影响肉牛胴体品质。生产上需要注意的问题是，在收获野草晒制干草时，要防止混入有毒野草，刚喷洒完农药的地块，也不宜收集野草。

（三）作物秸秆

在广大农村地区，作物秸秆非常多，一些人会将这些"废物"随意抛弃，既占用道路和耕地，也容易引发火灾。其实，作物秸秆是重要的肉牛饲料资源，只要合理利用，就可以将所谓的"废物"转化成为优质牛肉产品。

1. 玉米秸

收获玉米后的秸秆是肉牛良好的粗饲料。玉米秸秆中含有 30% 以上的碳水化合物、2%~4% 的蛋白质和 0.5%~1% 的脂肪，可以鲜喂，可以晒干后切短或粉碎饲喂，还可以青贮后饲喂，特别是经青贮、黄贮、氨化及糖化等加工处理后，可明显提高利用率，效益更加可观。玉米产区应充分利用好这一饲料资源。

2. 麦穰

在小麦产区，麦穰是肉牛的粗饲料资源。麦穰适口性差，必须进行适当的加工处理。生产上常用的方法主要有粉碎、氨化、碱化等。

3. 稻草

在水稻产区，稻草是牛的主要粗饲料。稻草含粗蛋白质少，其他营养成分也较少，主要作为肉牛的填充料使用。碱化处理可以提高稻草的利用率，机械处理以铡成 1~1.5 厘米长度为宜。

（四）树叶

杨树叶、槐树叶、柳树叶、榆树叶等多种树叶都可采来直接饲喂肉牛，也可晒干后饲喂。用树叶做肉牛的饲料，没有量的限制，除非树叶特别鲜嫩，一般不需要控制采食量。

1. 杨树叶

杨树有 100 多个品种，常见的白杨、青杨、钻天杨等品种，树叶均可作饲料。以意大利杨为例，树叶粉含粗蛋白质 13.4%、粗脂肪 4.5%、钙 2.38%、磷 0.09%，胡萝卜素含量为 0.197%。

2. 槐树叶

常见的刺槐、紫穗槐树叶都可以当饲料使用。刺槐叶含粗蛋白质 19.1%、粗脂肪 5.4%、钙 2.4%、磷 0.03%；紫穗槐叶含粗蛋白质 23.2%、粗脂肪 5.1%、磷 0.31%、钙 1.76%。这两种树叶中还含有多种维生素，尤其是胡萝卜素和维生素 B_2 含量丰富，同时，赖氨酸含量也高达 0.96%。

3. 柳树叶

常见的柳树有旱柳和垂柳。柳树叶是优良的畜禽饲料。据分析，柳树叶含粗蛋白质 11.1%、粗脂肪 2.11%、粗纤维 11.96%、钙 0.57%、磷 0.08%，柳树叶中还含有多种氨基酸。鲜嫩的柳树叶粗纤维含量低、适口性好，肉牛最愿意采食。

4. 榆树叶

经测定，榆树叶含粗蛋白质 22.4%、粗脂肪 2.5%、钙 0.97%、磷 0.17%，胡萝卜素和维生素 E 的含量也较丰富，是极好的饲料原料。榆钱中含粗蛋白质 3.8%、粗脂肪 1%、钙 0.28%、磷 0.1%，还含有丰富的铁和维生素，榆钱也是肉牛的好饲料。

5. 桑树叶

我国桑树种植面积达 100 万公顷左右，但桑树叶主要用于养蚕。其实，桑树叶也是肉牛的优质饲料原料。桑树叶含粗蛋白质 25%～45%、粗脂肪 5%，还含有丰富的氨基酸、矿物质和多种维生素，桑树叶中的有机质具有抗应激和调节肾上腺素功能等效果。桑树适应性好，能涵养土壤，防止水土流失，利用边角地栽桑养牛，一举多得，值得提倡。

6. 泡桐叶

泡桐叶产量高、养分齐全，据分析，泡桐叶含粗蛋白质 19.33%、粗脂肪 5.82%、钙 1.93%、磷 0.21%，并含有赖氨酸、蛋氨酸等 16 种氨基酸和维生素 C，是肉牛的好饲料。泡桐叶内含有植物抗生素类物质，对多种肠道杆菌、绿脓杆菌及葡萄球菌有抑制作用。用泡桐叶饲喂肉牛，可以促进生长、促进增重、提高饲料利用率。泡桐花也具有同样的效果。

7. 松树叶

松针叶含粗蛋白质 11.39%、粗脂肪 10.3%，含有 18 种氨基酸及丰富的维生素、微量元素和矿物质，另外，松树叶中还含有大量促生长激素、植物抗生素以及黄酮、萜类化合物等生物活性物质。松针粉是一种极好的天然饲料添加剂，不仅能节省饲料、降低成本，而且能促进肉牛生长发育、增强抗病力和提高生殖性能，尤其适于冬季青饲料缺乏时做添加剂使用。

8. 构树叶

构树分布广泛，有些地方称其为曲树。河南省郑州市农林科学研究所的检测证明，构树叶含粗蛋白质 23.21%、粗脂肪 5.31%、钙 4.62%、磷 1.05%、铁 0.08%。构树叶氨基酸的含量是大米的 4.5 倍，玉米的 2.5 倍，黄豆的 1.8 倍。

9. 苹果树叶

苹果树叶营养价值较高，含粗蛋白质 9.8%、粗脂肪 7%、钙 0.29%、磷 0.13%，整枝时剪下的嫩枝条，所含营养成分与叶片接近，完全可以用来饲养肉牛。

（五）糟渣

1. 酒糟

酒糟含有一定量的粗蛋白质、粗脂肪、粗纤维，是育肥肉牛的好饲料。但酒糟营养成分不全，尤其是缺乏维生素 A、维生素 D，要注意通过营养分析，弄清楚酒糟中的养分含量，按照营养标准要求，配制出合适的肉牛日粮。酒糟必须新鲜使用，发霉变质和冰冻的酒糟都不能使用。

酒糟中的营养成分含量差别较大。啤酒糟的营养成分（以含水量 12% 的干啤酒糟为例），粗蛋白质 ≥25%、水分 ≤10%、纤维 ≤16%、粗脂肪 5.3%、钙 0.32%、磷 0.42%。使用啤酒渣时，可适当搭配其他饲料，成年肉牛每天可饲喂鲜啤酒渣 5~10 千克，干啤酒渣可占日粮的 15% 以内。玉米酒精糟可部分替代饲料中的玉米、豆粕和磷酸二氢钙等，一般占肉牛日粮干物质的15%~30%。

酒糟也可青贮后使用，但要求含水量为 65% 左右，pH 为 4.2~4.4，温度为10~20℃。刚开始使用酒糟时，应大量饲喂干草和粗饲料，只给予少量酒糟；待经过 15~20 天的适应期后，再逐渐添加酒糟用量；到育肥中期，可以大幅度增加。最大喂量可达 20~30 千克。

刚开始饲喂酒糟时，肉牛往往不习惯，可在酒糟中拌入少量食盐，涂抹肉牛口腔，诱使肉牛自由采食。在日粮配合上，应合理搭配少量精料和适口性好的青粗饲料，干草要铡短，精料在七八成饱时加入，以保证肉牛吃饱。在育肥过程中，若发现肉牛体表出现湿疹、膝部红肿、腹部膨胀等症状，应暂停饲喂酒糟，及时调剂饲料，适量增加干草和优质青绿饲料，以调整消化机能，待症状消失后再恢复正常喂量。

2. 甜菜渣

我国华北地区和东北地区生产甜菜。每年的 11—12 月，是榨糖季节，甜菜榨糖后的剩余部分就是甜菜渣。甜菜渣含有一定量的营养物质，但肉牛用量以不超过日粮干物质的 20% 为宜。干甜菜渣在喂牛前，应先用水浸泡，使其水分含量达到 85% 以上。未经浸泡的干甜菜渣直接喂牛，一次用量不可过多，以免发生臌胀病。甜菜渣青贮后，可增加其适口性，但需要将含水量调整到 65%~70%。若通过干燥装置和压粒设备，将甜菜渣制成含水量 11%~13% 的颗粒，储存和使用都会很方便。

将甜菜渣加入尿素、玉米面、糖蜜等多种原料，制成甜菜渣-尿素颗粒饲料，不但能提高肉牛生产性能，还可提高甜菜渣的比例，降低玉米面用量，使生产成本降低 40%~50%。

3. 甘蔗渣

甘蔗渣是甘蔗榨汁后的副产品。甘蔗渣中蛋白质和能量含量都很低，尤其是含有肉牛不易消化的木质素，饲喂肉牛时不能过量使用，而且必须与蛋白质饲料和能量饲料搭配饲喂。在甘蔗渣中添加尿素等非蛋白氮和糖蜜压制成型，用于饲喂肉牛，效果较好。

4. 豆腐渣

豆腐渣是以大豆为原料制造豆腐的副产品。鲜豆腐渣水分含量很高，可达78%~90%，干物质中粗蛋白和粗纤维含量高，维生素大部分已转移到豆浆中。豆腐渣和豆类一样，含有抗胰蛋白酶等有害因子，故需煮熟后利用。鲜豆腐渣经干燥、粉碎后可作配合饲料原料，但加工成本高。鲜豆腐渣是肉牛良好的多汁饲料原料。

5. 粉渣

粉渣是以豌豆、蚕豆、马铃薯、甘薯、木薯等为原料生产淀粉、粉丝、粉条、粉皮等食品的残渣。由于原料不同，粉渣的营养成分也有较大差异。鲜粉渣的含水量很高，可达80%~90%，因其中含有可溶性糖，易引起乳酸菌发酵而带酸味。粉渣 pH 一般为4.0~4.6，存放时间越长，酸度越大，且易被霉菌和腐败菌污染而变质，从而丧失饲用价值。故用作饲料时需进行干燥处理。干粉渣的主要成分为无氮浸出物，粗纤维含量较高，蛋白质、钙、磷含量较低。粉渣是肉牛的良好饲料，但不宜单喂，最好和其他蛋白质饲料、维生素类等配合饲喂。

6. 苹果渣

苹果渣主要是罐头厂的下脚料，其中大部分是苹果皮、苹果核及不适于食用的废苹果。苹果渣的成分特点是无氮浸出物和粗纤维含量高，而蛋白质含量较低，并含有一定量的矿物质和丰富的维生素。鲜苹果渣可直接喂牛，也可以晒干制粉后用作饲料原料。苹果渣营养丰富，适口性好，用于肉牛饲料，可占精料的50%。此外也可制成青贮料使用。

（六）多汁饲料

块根块茎及瓜类饲料包括木薯、甘薯、马铃薯、胡萝卜、饲用甜菜、芜菁甘蓝、菊芋及南瓜等，这类饲料含水量高，容积大，但以干物质计，其能值类似于谷实类，且粗纤维和蛋白质含量低，故应属于能量饲料。

1. 甘薯

甘薯又名红薯、白薯、蕃薯、地瓜等，是我国种植范围最广、产量最大的薯类作物。新鲜甘薯是高水分饲料，含水量约为70%。甘薯作为饲料，除了鲜喂、熟喂外，还可以切成片或制成丝再晒干粉碎制成甘薯粉使用。甘薯的营养价值比不上玉米，其成分特点与木薯相似，但不含氢氰酸。甘薯粉中无氮浸出物占80%，其中绝大部分是淀粉。蛋白质含量低，且含有胰蛋白酶抑制因子，但加热可使其失活，提高蛋白质消化率。鲜甘薯保存不当，会生芽或出现黑斑。黑斑甘薯有苦味，肉牛采食后易引发喘气病，严重者引起死亡。恰当保存甘薯，是甘薯产区肉牛安全生产的基本条件。

2. 马铃薯

马铃薯又称土豆、地蛋、山药蛋、洋芋等，我国主要产区是东北、内蒙古及西北黄土高原，华北平原也有种植。马铃薯块茎中含淀粉80%，粗蛋白质11%左右。马铃薯中含有龙葵素，采食过多会使肉牛中毒。另外，马铃薯还含有胰蛋白酶抑制因子，妨碍蛋白质的消化。成熟而新鲜的马铃薯块茎中毒素含量不多（为0.005%~0.01%），对肉牛适口性好。但当马铃薯贮存不当而发芽变绿时，龙葵素就会大量生成，尤其在块茎青绿色表皮、芽眼及芽中最多。对已发芽变绿的茎块，喂前应除去嫩芽及发绿部分，最好蒸煮后饲喂，但煮过的水不能利用。

3. 胡萝卜

胡萝卜产量高、易栽培、耐贮藏、营养丰富，是家畜冬、春季重要的多汁饲料。胡萝卜的营养价值很高，大部分营养物质是无氮浸出物，并含有蔗糖和果糖，故有甜味。胡萝卜中的胡萝卜素含量尤其丰富，为一般牧草饲料所不及。胡萝卜还含有大量的钾盐、磷盐和铁盐等。一般来说，胡萝卜颜色越深，胡萝卜素和铁盐含量越高，红色的比黄色的高。生产中，在青饲料缺乏季节，向干草或秸秆比重较大的日粮中添加一些胡萝卜，可改善日粮口味，调节肉牛消化机能。饲喂胡萝卜供给丰富的胡萝卜素，可促进公牛精子正常生成及母牛正常发情、排卵、受孕与怀胎。胡萝卜最好生喂，一般肉牛日喂15~20千克。常用饲料成分及营养价值见表2-5。

三、饲料添加剂

（一）非蛋白氮添加剂

研究表明，1克牛瘤胃内容物中含有细菌150亿~250亿个，纤毛虫60万~180万个，总体积约占瘤胃的3.6%。这些微生物不但能分解纤维素，而且进入小肠后，还能成为肉牛重要的动物性蛋白质资源，其中，细菌蛋白质的消化率为74%，纤毛虫蛋白质的消化率高达91%。非蛋白氮含氮物质包括尿素、缩二脲、铵盐、异丁基二脲等，它们能为瘤胃微生物提供合成菌体蛋白所需的氮源，可作为蛋白质添加剂，代替日粮中部分蛋白质饲料。

表2-5　常用饲料成分及营养价值

序号	饲料名称	干物质(%)	消化能(千卡/千克)	代谢能(千焦/千克)	粗蛋白质(%)	粗纤维(%)	钙(%)	磷(%)	植酸磷(%)	赖氨酸(%)	蛋+胱(%)	苏氨酸(%)	异亮氨酸(%)
	一、青绿饲料类												
1	白三叶	17.7	0.48	0.46	3.9	3.5	0.25	0.08	0	0.16	0.15	0.14	0.12
2	芭蕉秆	4.3	0.08	0.08	0.3	1.1	0.03	0.01	0	0.01	0.01	0.01	0.01
3	草木樨	16.4	0.34	0.32	3.8	4.2	0.22	0.06	0	0.17	0.08	0.14	0.03
4	大白菜	6.0	0.19	0.18	1.4	0.5	0.03	0.04	0	0.04	0.04	0.02	0.03
5	胡萝卜秧	20.0	0.40	0.38	3.0	3.6	0.40	0.08	0	0.14	0.08	0.10	0.12
6	甘蓝	12.3	0.30	0.29	2.3	1.7	0.26	0.04	0	0.09	0.07	0.08	0.08
7	甘薯藤	13.9	0.39	0.37	2.2	2.6	0.22	0.07	0	0.08	0.04	0.08	0.08
8	灰菜	18.3	0.40	0.38	4.1	2.9	0.34	0.07	0				
9	红三叶	12.4	0.33	0.32	2.3	3.0	0.25	0.04	0	0.08	0.05	0.07	0.06
10	聚合草	12.9	0.40	0.38	3.2	1.3	0.16	0.12	0	0.13	0.12	0.13	0.13
11	菊芋	20.0	0.52	0.5	2.3	5.5	0.03	0.01	0	0.06	0.05	0.04	0.04
12	苣荬菜	15.0	0.46	0.44	4.0	1.5	0.28	0.05	0	0.16	0.16		
13	牛皮菜	9.7	0.21	0.20	2.3	1.2	0.14	0.04	0	0.01	0.06	0.03	0.04
14	绿萍	6.0	0.17	0.16	1.6	0.9	0.06	0.02	0	0.07	0.07	0.08	0.08
15	豍食豆草	19.3	0.54	0.51	4.8	3.8	0.38	0.05	0	0.19	0.11	0.15	0.17
16	苜蓿	29.2	0.68	0.65	5.3	10.7	0.49	0.09	0	0.20	0.08	0.21	0.17
17	干穗谷	15.0	0.36	0.35	2.0	5.0	0.22	0.03	0	0.07	0.05	0.06	0.06
18	苕子	15.6	0.41	0.39	4.2	4.1	0.12	0.02	0	0.21	0.13	0.16	0.16

（续表）

序号	饲料名称	干物质（%）	消化能（千卡/千克）	代谢能（千焦/千克）	粗蛋白质（%）	粗纤维（%）	钙（%）	磷（%）	植酸磷（%）	赖氨酸（%）	蛋+胱（%）	苏氨酸（%）	异亮氨酸（%）
19	水鲟草	10.0	0.28	0.27	1.8	2.0	0.07	0.02	0				
20	水浮莲	4.1	0.12	0.12	0.9	0.7	0.03	0.01	0	0.04	0.03	0.03	0.03
21	水葫芦	5.1	0.14	0.13	0.9	1.2	0.04	0.02	0	0.04	0.04	0.04	0.04
22	水花生	10.0	0.28	0.27	1.3	2.2	0.04	0.03	0	0.07	0.03	0.05	0.05
23	甜菜叶	6.9	0.21	0.20	1.4	0.7	0.02	0.03	0	0.01	0.02	0.04	0.04
24	小白菜	7.9	0.22	0.21	1.6	1.7	0.04	0.06	0	0.08	0.03	0.03	0.05
25	雍菜	9.1	0.20	0.19	1.9	1.5	0.10	0.04	0	0.09	0.06	0.08	0.07
26	紫云英	13.4	0.39	0.37	3.2	2.2	0.17	0.06	0	0.17	0.11	0.13	0.13
二、树叶类													
27	槐叶粉	89.1	2.39	2.21	17.8	11.1	1.19	0.17	0	1.35	0.37	0.91	1.06
28	紫穗槐叶粉	90.6	2.52	2.30	23.0	12.9	1.40	0.40	—	1.45	0.82	1.17	1.17
三、青贮发酵饲料类													
29	白菜青贮	10.9	0.19	0.17	2.0	2.3	0.29	0.07	0				
30	胡萝卜秧青贮	19.7	0.21	0.20	3.1	5.7	0.35	0.03	0				
31	甘薯藤青贮	18.3	0.24	0.22	1.7	4.5			0	0.05	0.05	0.05	0.05
32	甘蓝青贮	9.7	0.21	0.20	2.1	1.7	0.15	微	0				
33	马铃薯秧青贮	23.0	0.25	0.23	2.1	6.1	0.27	0.03	0	0.13	0.12	0.11	0.20
34	甜菜叶青贮	37.5	0.64	0.60	4.6	7.4			0				
35	玉米青贮	22.7	0.18	0.17	2.8	8.0	0.10	0.06	0	0.17	0.09	0.07	0.23

（续表）

序号	饲料名称	干物质(%)	消化能(千卡/千克)	代谢能(千焦/千克)	粗蛋白质(%)	粗纤维(%)	钙(%)	磷(%)	植酸磷(%)	赖氨酸(%)	蛋+胱(%)	苏氨酸(%)	异亮氨酸(%)
36	紫云英青贮	25.0	0.65	0.58	7.8	5.1			0				
					四、块根、块茎、瓜果类								
37	胡萝卜	10.0	0.32	0.31	0.9	0.9	0.03	0.01	—	0.04	0.06	0.05	0.05
38	甘薯	24.6	0.92	0.88	1.1	0.8	0.06	0.07	—	0.05	0.08	0.05	0.04
39	甘薯干	87.9	3.26	3.11	3.1	3.0	0.34	0.11	—	0.13	0.08	0.11	0.14
40	萝卜	8.2	0.25	0.24	0.6	0.8	0.05	0.03	—	0.02	0.02	0.02	0.01
41	马铃薯	20.7	0.78	0.75	1.5	0.6	0.02	0.04	—	0.07	0.06	0.06	0.05
42	木薯干	90.1	3.18	3.03	3.7	2.2	0.07	0.05	—	0.12	0.06	0.08	0.09
43	南瓜	10.0	0.31	0.30	1.7	0.9	0.02	0.01	—	0.07	0.08	0.06	0.06
44	甜菜	15.0	0.43	0.41	2.7	1.8	0.04	0.02	—	0.02	0.05	0.03	0.02
45	芜青甘蓝	11.5	0.37	0.35	1.6	1.0	0.06	0.05	—	0.05	0.03	0.04	0.04
46	西瓜皮	6.6	0.14	0.13	0.6	1.3	0.02	0.02	—	0.01	0.01	0.01	0.01
47	西葫芦	3.0	0.07	0.07	0.6	0.5	0.02	0.05	—	0.02	0.02	0.02	0.06
					五、青干草类								
48	青干草粉	90.6	0.59	0.56	8.9	33.7	0.54	0.25	0	0.31	0.21	0.32	0.30
49	秋白草粉	85.2	0.94	0.89	6.8	27.5	0.21	0.16	0	0.29	0.36	0.22	0.26
50	苜蓿干草(日晒)	89.6	1.57	1.46	15.7	23.9	1.25	0.23	0	0.61	0.26	0.64	0.52
51	苜蓿干草(人工)	91.0	1.76	1.63	18.0	21.5	1.33	0.29	0	0.65	0.42	0.55	0.53

（续表）

序号	饲料名称	干物质（%）	消化能（千卡/千克）	代谢能（千焦/千克）	粗蛋白质（%）	粗纤维（%）	钙（%）	磷（%）	植酸磷（%）	赖氨酸（%）	蛋+胱（%）	苏氨酸（%）	异亮氨酸（%）
52	稗食豆秧	89.0	1.26	1.16	18.2	31.4	1.70	0.37	0	0.70	0.43	0.55	0.64
53	紫云英草粉	88.0	1.64	1.50	22.3	19.5	1.42	0.43	0	0.85	0.34	0.83	0.81
六、农副产品类													
54	大豆秸粉	93.2	0.17	0.16	8.9	39.8	0.87	0.05	0	0.27	0.14	0.20	0.18
55	谷糠	91.1	1.12	1.06	8.6	28.1	0.17	0.47	—	0.21	0.25	0.21	0.24
56	花生藤	90.0	1.65	1.54	12.2	21.8	2.80	0.10	0	0.40	0.27	0.32	0.37
57	玉米秸粉	88.8	0.55	0.52	5.3	33.4	0.67	0.23	0	0.05	0.07	0.10	0.05
七、谷实类													
58	大麦	88.0	2.91	2.73	10.5	6.5	0.03	0.30	0.15	0.40	0.45	0.38	0.37
59	稻谷	88.6	2.27	2.62	6.8	8.2	0.03	0.27	0.14	0.27	0.30	0.25	0.25
60	高粱	87.0	3.37	3.18	8.5	1.5	0.09	0.36	0.21	0.24	0.21	0.32	0.35
61	裸大麦	87.4	3.31	3.11	10.7	2.2	0.07	0.32	0.18				
62	荞麦	87.9	2.65	2.48	12.5	12.3	0.13	0.29	0.14	0.67	0.65	0.44	0.42
63	碎米	87.6	3.51	3.32	6.9	0.9	0.14	0.25	0.06	0.24	0.36	0.24	0.25
64	小麦	86.1	3.25	3.05	11.1	2.2	0.05	0.32	0.18	0.35	0.56	0.33	0.40
65	小米	87.7	3.07	2.87	12.0	7.6	0.04	0.27	0.14	0.48	0.37	0.39	0.41
66	燕麦	89.6	2.87	2.70	9.9	9.7	0.15	0.23	0.23	0.58	0.12	0.28	0.28
67	玉米（北京）	88.0	3.43	3.23	8.5	1.3	0.02	0.21	0.16	0.26	0.48	0.31	0.25
68	玉米（黑龙江）	88.3	3.36	3.17	7.8	2.1	0.03	0.28	0.16	0.25	0.42	0.28	0.25

（续表）

序号	饲料名称	干物质 (%)	消化能 (千卡/千克)	代谢能 (千焦/千克)	粗蛋白质 (%)	粗纤维 (%)	钙 (%)	磷 (%)	植酸磷 (%)	赖氨酸 (%)	蛋+胱 (%)	苏氨酸 (%)	异亮氨酸 (%)
	八、糠麸类												
69	大麦麸	87.0	2.96	2.75	15.4	5.1	0.33	0.48	0.46	0.32	0.33	0.27	0.36
70	大麦糠	88.2	2.44	2.88	12.8	11.2	0.33	0.48	0.46	0.32	0.33	0.27	0.36
71	高粱糠	88.4	2.89	2.71	10.3	6.9	0.30	0.44	—	0.38	0.39	0.34	0.42
72	米糠	86.7	2.17	2.54	11.6	6.4	0.06	1.58	1.33				
73	统糠（三七）	90.0	0.76	0.72	5.4	31.7	0.36	0.43	—	0.21	0.30	0.19	0.12
74	统糠（二八）	90.6	0.50	0.48	4.4	34.7	0.39	0.32	—	0.18	0.26	0.16	0.11
75	小麦麸	87.9	2.53	2.36	13.5	10.4	0.22	1.09	0.66	0.67	0.74	0.54	0.49
76	细米糠	89.9	3.75	3.49	14.8	9.5	0.09	1.74	—	0.57	0.67	0.47	0.43
77	细麦糠	88.1	3.16	2.94	14.3	4.6	0.09	0.50	—	0.50	0.35	0.42	0.44
78	玉米糠	87.5	2.61	2.45	9.9	9.5	0.08	0.48	—	0.49	0.27	0.41	0.41
79	三等面粉	87.8	3.37	3.10	11.0	0.8	0.12	0.13	—	0.42	0.67	0.36	0.37
	九、豆类												
80	蚕豆	87.3	3.08	2.80	2.45	5.9	0.09	0.38	0.19	1.82	0.79	1.00	1.13
81	大豆	88.8	3.96	3.50	3.17	4.9	0.25	0.55	0.20	2.51	0.92	1.48	2.03
82	黑豆	91.0	3.92	3.46	37.9	5.7	0.27	0.52	0.17	1.60	0.56	0.89	1.39
83	豌豆	87.3	3.10	2.84	22.2	5.6	0.14	0.34	0.08	1.88	0.42	0.99	0.87
84	小豆	88.0	3.19	2.93	20.7	10.6	0.07	0.31	—	1.60	0.24	0.87	0.80

（续表）

序号	饲料名称	干物质（%）	消化能（千卡/千克）	代谢能（千焦/千克）	粗蛋白质（%）	粗纤维（%）	钙（%）	磷（%）	植酸磷（%）	赖氨酸（%）	蛋+胱（%）	苏氨酸（%）	异亮氨酸（%）
十、油饼类													
85	菜籽饼	91.2	2.77	2.45	37.4	11.7	0.61	0.95	0.57	1.18	2.18	1.42	1.28
86	豆饼	88.2	3.24	2.84	41.6	4.5	0.32	0.50	0.23	2.49	1.23	1.71	1.87
87	亚麻饼	90.5	2.61	2.34	31.1	13.5	0.45	0.54	0.53	0.77	0.50	0.85	0.72
88	花生饼	89.6	3.36	2.93	43.8	3.7	0.33	0.58	0.20	1.17	1.75	1.02	1.22
89	糠饼	91.5	2.57	2.40	13.6	11.7	0.07	1.87	1.55	0.54	0.92	0.63	0.56
90	棉仁饼	90.3	2.60	2.31	35.7	13.5	0.40	0.50	—	1.59	1.58	0.34	1.94
91	葵籽饼（带壳）	89.0	1.82	1.63	31.5	22.6	0.40	0.40	—	0.58	0.66	0.73	0.59
92	棉籽饼	92.3	2.76	2.47	32.3	12.5	0.36	0.81	0.63	1.15	1.09	1.05	0.77
93	椰子饼	91.2	2.68	2.44	24.7	12.9	0.04	0.06	—	0.54	0.53	0.60	1.00
94	亚麻籽饼	91.1	3.01	2.67	35.9	8.9	0.39	0.87	—	0.90	0.54	1.20	1.02
95	玉米胚芽饼	91.8	3.22	2.98	16.8	5.5	0.04	1.48	—	0.67	0.80	0.60	0.49
96	芝麻饼	91.7	3.35	2.98	35.4	4.9	1.49	1.16	0.88	0.76	1.69	1.46	1.39
97	豆粕	89.6	3.13	27.1	45.6	5.9	0.26	0.57	0.23	2.90	1.32	1.70	2.50

（续表）

十一、糟渣类

序号	饲料名称	干物质(%)	消化能(千卡/千克)	代谢能(千焦/千克)	粗蛋白质(%)	粗纤维(%)	钙(%)	磷(%)	植酸磷(%)	赖氨酸(%)	蛋+胱(%)	苏氨酸(%)	异亮氨酸(%)
98	醋糟	35.2	1.13	1.07	8.5	3.0	0.73	0.28	0.06	0.27	0.55	0.29	0.27
99	豆腐渣	15.0	0.33	0.31	3.9	2.8	0.02	0.04	—	0.26	0.12	0.46	0.20
100	粉渣（豆类）	14.0	0.29	0.28	2.1	2.8	0.06	0.03	—	—	—	—	—
101	粉渣（薯类）	11.8	0.30	0.29	2.0	1.8	0.08	0.04	—	0.14	0.12	0.10	0.10
102	酒糟	32.5	0.81	0.77	7.5	5.7	0.19	0.20	—	0.33	0.80	0.45	0.51
103	啤酒糟	13.6	0.33	0.31	3.6	2.3	0.06	0.08	—	0.14	0.19	0.14	0.16
104	甜菜渣	15.2	0.34	0.33	1.3	2.8	0.11	0.02	—	0.34	0.18	0.47	0.39
105	酱渣	35.0	0.91	0.85	11.4	3.30	0.07	0.03	—	0.53	1.41	0.67	1.07

注：表中蛋+胱为蛋氨酸+胱氨酸，1千卡约等于4.186千焦。

尿素是最常用的非蛋白氮添加剂，别名碳酰二胺、碳酰胺、脲，是由碳、氮、氧和氢组成的有机化合物，化学式为 CON_2H_4、$(NH_2)_2CO$ 或 CN_2H_4O，尿素含氮（N）46%。

肉牛饲喂尿素，可依靠瘤胃中微生物将其转化为菌体蛋白，满足肉牛对蛋白质的需求。在肉牛的精饲料中添加少量的尿素，可替代部分植物蛋白，如豆粕、棉粕、菜籽粕等。尿素中的非蛋白氮含量，相当于7倍量的豆饼含氮量。尿素在饲料中的添加量，可占混合精料的2%，或不超过总干草谷物日粮的1%。添加尿素时，要把尿素混入精料中，并在日粮中添加 0.5%~1% 的食盐。研究证明，育肥肉牛一天喂给50克尿素比较合适，这个用量提供的非蛋白氮，相当于350克豆粕。

需要注意的是，使用尿素必须保证肉牛日粮中粗蛋白质含量在 9%~12% 范围内，如果日粮粗蛋白质含量低于8%，饲喂尿素作用较小，如果日粮粗蛋白质含量高于12%，饲喂效果也不明显。在育肥肉牛精饲料中，能量饲料如玉米约占70%，蛋白饲料如豆粕、棉粕等约占23%。饲喂尿素后，可以减少蛋白饲料的用量，但要适当增加玉米等能量饲料的喂量。

（二）聚醚类添加剂

聚醚类又称离子载体，包括莫能霉素（瘤胃素）、盐霉素、拉沙里菌素、海南霉素和马杜拉霉素等。这类抗生素的主要作用，是调控瘤胃内挥发性脂肪酸产生量的比例，使丙酸量增加，相应降低乙酸和丁酸的比例，同时减少甲烷的产量，提高能量利用率，使肉牛增重和饲料转化率得到改善。

瘤胃素是世界上被最广泛使用的畜禽专用的聚醚类离子载体抗生素，是欧盟唯一允许使用的肉牛促生长饲料添加剂。瘤胃素是莫能菌素的商品名，是一种灰色链球菌的发酵产物。瘤胃素作为一种离子载体，添加在肉牛饲料中的主要作用是提高饲料的利用效率。瘤胃素既能减少瘤胃蛋白质的降解，使过瘤胃蛋白质的数量得到增加，又可提高到达胃的氨基酸数量，减少细菌氮进入胃，同时还可影响碳水化合物的代谢，抑制瘤胃内乙酸的产量，提高丙酸的比例，保证给肉牛提供更多的有效能。瘤胃素适用于体重180千克以上的肉牛，每天每头用量为0.2克，混于精饲料中，可提高肉牛增重 6%~9%，提高饲料转化率10%左右。

（三）缓冲剂

高精料强度育肥肉牛时，由于瘤胃内异常发酵，瘤胃酸度过高，pH 值下降，瘤胃微生物区系受到抑制，消化能力减弱，易发生酸中毒。添加缓冲剂的主要作用，就是中和酸性物质，调节 pH，增进食欲，提高饲料消化能力，从而提高生产性能。常用的缓冲剂有碳酸氢钠、氧化镁、磷酸盐、碳酸钙等。碳酸氢钠一般在混合精料中的比例为 0.5%~2%，氧化镁为 0.5%~1%，二者合用比单独用更好，其比例为（2~3）：1。

也可用 66.7% 的碳酸氢钠、33.3% 的磷酸二氢钾组成缓冲剂，肥育前期，在肉牛日粮中添加 1%，育肥后期，在饲料中添加 0.8%，可明显提高日增重、减少精料消耗、降低消化系统发病率。

还可使用膨润土，用量占日粮干物质进食量的 0.6%~0.8%，或占精饲料的 1.2%~1.6%。

（四）微生态制剂

微生态制剂属于活菌制剂，是专门用于动物营养保健的活菌制剂。动物微生态制剂又称为微生物饲料添加剂，主要包括益生菌、益生元、合生元三类制剂，其作用主要表现在拮抗病原菌、激活免疫、产生消化酶三个方面。在肉牛日粮中添加 0.02%~0.2% 的益生素（如乳酸杆菌剂、双歧杆菌剂、枯草杆菌剂等），也能提高机体免疫功能、加快育肥速度。另外，有些活菌制剂不但可以提高饲料转化率，还具有明显的抗球虫病的作用。

第四节　饲料加工处理调制

一、机械加工调制

（一）精饲料机械加工处理

肉牛常用的精饲料主要有玉米、大麦、小麦、高粱等，这些饲料淀粉含量高，过去常用的饲喂方法是整粒饲喂或磨碎饲喂，现在可供选择的加工方法则有压片、挤压、烘烤、爆花等。

1. 压片

压片有干碾压片和蒸汽压片两种方法。干碾压片是用碾棍把谷物挤压成小碎片，大多用于玉米、高粱；蒸汽压片是让谷物经蒸汽处理 30~60 分钟，加入水分达到 18%~20% 后，再利用压辊压片，适用于多种谷物。与干碾压片相比，蒸汽压片可使肉牛采食量和料肉比下降约 10%，但对肉牛的日增重基本没有影响，可提高舍饲肉牛的增重效率。蒸汽压片的主要特点，在于改变了谷物中淀粉的分子结构，使其容易接受酶的作用，消化率提高，非淀粉有机物的营养价值也提高了 10%，同时，过瘤胃淀粉和过瘤胃蛋白也有所增加，饲料利用率也得到提升。

试验证明，蒸汽压片玉米和高粱的密度均以每立方米 360 千克为宜，若蒸汽压片高粱的密度，由每立方米 360 千克降低到每立方米 260~280 千克，则肉牛采食量和日增重下降 5%，但对饲料转化效率和酮体品质无影响。给肉牛饲喂高精料日粮时（精料占 90% 以上），薄片比厚片效果好。如：在高精料日粮中加入薄片玉米比加入厚片玉米可增加肉牛增重 4%~5%，并提高饲料效率 8%~10%。也有试验证明，在高精料日粮中加入压片高粱效果不好，例如，在高精料日粮条件下，用片状高粱代替研磨高粱饲喂肉牛时，每天的饲料消耗率会增加5%~10%。

2. 挤压

挤压是让干燥的谷物通过逐渐变细的螺旋孔，在摩擦力和压力的作用下，谷物的温度升高，从出口出来时，就会产生带状薄片。挤压谷物的饲喂效果与蒸汽制片谷物相似，但挤压谷物有一个明显的优势，那就是可以将两种或更多种谷物混合在一起，因而能够产生质量非常统一的饲料产物，这是蒸汽压片无法达到的效果。

3. 烘烤

将谷物投入烤炉内，通过滚筒旋转，对谷物反复进行脉动加热，最后穿过滚筒，从溜槽滑出的谷物饲料会带有面包样的棕黄色，并略带焦糖味。烘烤加工后的谷物，比原来的重量要减少 10%。根据部分研究结果，与未经烘烤加工的玉米粒对比，使用烘烤加工后的玉米饲料，能提高大约 10% 的饲养价值，肉牛增重也会提高 5%~14%。使用这种烘烤设备，每小时能处理 3 吨左右的谷物。

4. 爆花

将干燥的谷物（主要是高粱、玉米和小麦）放入机器内，加热谷物到非常高的温度（371~426℃），处理时间为 15~30 秒。高温导致水分蒸发，谷物胶化，扩张了淀粉的微粒。如果在肉牛食用前，往爆花的谷物上加些水分，其饲养效果可与制片谷物相比。爆花所需动力和装备维持费用都较小，因此，爆花加工费用比制片加工略微便宜。大型爆花机每小时可处理 3~4 吨谷物。

（二）粗饲料机械加工处理

干草与玉米秸秆，是肉牛养殖业重要的粗饲料原料，其加工处理至关重要。常规的机械加工技术，主要方法是切短、磨碎、打浆等，现在的机械加工技术有了很大改进，尤其是玉米秸秆的机械加工，糅和进了很多先进技术。

1. 压块

利用饲料压块机，将秸秆压制成高密度饼块，压缩比例可达 1:（5~15），能大大减少运输与储藏空间。若与烘干设备配合使用，可压制新鲜玉米秸秆，保证其营养成分不变，并能防止霉变。目前，也有加入转化剂后再压缩的技术，利用压缩时产生的温度和压力，使秸秆氨化、碱化、熟化，提高其粗蛋白含量和消化率，经加工处理后的玉米秸秆，截面为 30 毫米×30 毫米，长度为 20~100 毫米，密度达每立方厘米 0.6~0.8 千克，便于运输储存。这种加工方式生产成本低，适用于公司加农户模式。

2. 磨粉

将玉米秸秆粉碎成草粉，经发酵后饲喂肉牛，作为饲料代替青干草，调剂淡旺季的余缺，且喂饲效果较好。凡没有发霉、含水率不超过 15% 的玉米秸秆，均可作为粉碎的原料。将玉米秸秆用锤式粉碎机进行粉碎，草粉不宜过细，一般长 10~20 毫米、宽 1~3 毫米为宜，过细则会影响肉牛反刍。将粉碎好的玉米秸秆草粉与豆科草粉进行混合，二者比例为 3：1，发酵 1~1.5 天后，每立方米草粉中加入 5~10 千克骨粉，并配入 250~300 千克玉米面、麦麸等，充分混合后，即可制成草粉发酵混合饲料。

3. 膨化

膨化是一种物理、生化复合处理方法，其机理是利用螺杆挤压方式，把玉米秸秆送入膨化机中，螺杆螺旋推动物料形成轴向流动，同时，由于螺旋与物料、物料与机筒以及物料内部的机械摩擦，物料被强烈挤压、搅拌、剪切，使物料被细化、均化。随着压力增大，温度相应升高。在高温、高压、高剪切作用力条件下，物料的物理特性发生变化，由粉状变成糊状。当糊状物料从模孔喷出的瞬间，在强大压力差的作用下，物料被膨化、失水、降温，产生出结构疏松、多孔、酥脆的膨化物，其较好的适口性和风味受到肉牛喜爱。

从生化过程看，挤压膨化时，最高温度可达 130~160℃，这个温度条件，不但可以杀灭病菌、微生物、虫卵，提高卫生指标，还可使各种有害因子失活，提高饲料品质，排除促成物料变质的各种有害因素，延长饲料的保质期。

玉米秸秆热喷饲料加工技术是一种类似的复合处理方法，不同的是将秸秆装入热喷装置中，向内通入饱和水蒸气，经一定时间后使秸秆受到高温高压处理，然后对其突然降压，使处理后的秸秆喷出到大气中，从而改变其结构和某些化学成分，提高秸秆饲料的营养价值。经过膨化和热喷处理的秸秆，可直接喂养肉牛，也可进行压块处理。

4. 制粒

将玉米秸秆晒干后粉碎，随后加入添加剂后拌匀，投入颗粒饲料机中，由磨板与压轮挤压加工，制成颗粒饲料。由于加工过程中的摩擦加温，秸秆内部熟化程度深透，加工的饲料颗粒表面光洁，硬度适中，大小一致，其粒体直径可根据需要，在 3~12 毫米进行调整。还可以应用颗粒饲料成套设备，自动完成秸秆粉碎、提升、搅拌和进料功能，随时添加各种添加剂，全封闭生产，自动化程度较高，中小规模的玉米秸秆颗粒饲料加工企业适宜使用这种加工技术。另外，还有适合大规模饲料生产企业的秸秆精饲料成套加工生产技术，其自动化控制水平更高。

（三）青草的晒制

人工栽培牧草及饲料作物、野青草在适宜时期收割加工调制成干草，降低了水分含量，减少了营养物质的损失，有利于长期贮存，便于随时取用，可作为肉牛冬春季节的优质饲料。

1. 青草的收割

青饲料要适时收割，兼顾产草量和营养价值。收割时间过早，营养价值虽高，但产量会降低，而收割过晚会使营养价值降低。所以，适时收割牧草是调制优质干草的关键。一般禾本科牧草及作物，如黑麦草、苇状羊茅、大麦等，应在抽穗期至开花期收割；豆科牧草，如紫花苜蓿、三叶草、红豆草等，在开花初期到盛花期；另外收割时还要避开阴雨天气，避免晒制和雨淋使营养物质大量损失。

2. 青草的晒制

通过晒制使青草干燥的方法，可防止青饲料过度发热和长霉，最大限度地保存干草的叶片、青绿色泽、芳香气味、营养价值以及适口性，保证干草安全贮藏。要根据本地条件采取适当的方法，生产优质的干草。

（1）平铺与小堆晒制结合　青草收割后采用薄层平铺暴晒4～5小时使草中的水分由85%左右减到约40%，细胞呼吸作用迅速停止，减少营养损失。水分从40%减到17%非常慢，为避免长久日晒或遇到雨淋造成营养损失，可堆成高1米、直径1.5米的小垛，晾晒4～5天，待水分降到15%～17%时，再堆于草棚内以大垛贮存。一般晴日上午把草割倒，就地晾晒，夜间回潮，次日上午无露水时搂成小堆，可减少丢叶损失。在南方多雨地区，可建简易干草棚，在棚内进行小堆晒制。棚顶四周可用立柱支撑，建于通风良好的地方，进行最后的阴干。

（2）压裂草茎干燥法　用牧草压扁机把牧草茎秆压裂，破坏茎的角质层膜和表皮及维管束，让它充分暴露在空气中，加快茎内的水分散失，可使茎秆的干燥速度和叶片基本一致。一般在良好的空气条件下，干燥时间可缩短1/3～1/2。此法适合于豆科牧草和杂草类干草调制。

（3）草架阴干法　在多雨地区收割苜蓿时，用地面干燥法调制不易成功，可以采用木架或铁丝架晾晒，其中干燥效果最好的是铁丝架干燥，其取材容易，能充分利用太阳热和风，在晴天经10天左右即可获得水分含量为12%～14%的优质干草。据报道，用铁丝架调制的干草，比地面自然干燥的营养物质损失减少17%，消化率提高2%。由于色绿、味香，适口性好，肉牛采食量显著提高。铁丝架的用材主要为立柱和铁丝。立柱由角钢、水泥柱或木柱制成，直径为10～20厘米，长180～200厘米。每隔2米立一根，埋深40～50厘米，成直线排列（立柱），要埋得直，埋得牢，以防倒伏。从地面算起，每隔40～45厘米拉一横线，分为三层。最下一层距地面留出 40~45 厘米的间隔，以利通风。用塑料绳将铁丝绑在立柱或横杆上，以防挂草后沉重坠落。每两根立柱加拉一条对称的跨线，以防被风刮倒。大面积牧草地可在中央立柱，小面积或细长的地可在地边立柱。立柱要牢固，铁丝要拉紧和绑紧，以防松弛和倾倒。

（4）人工干燥法

① 常温鼓风干燥法。收割后的牧草田间晾到含水 50% 左右时，放到设有通风道的草棚内，用鼓风机或电风扇等吹风装置，进行常温吹风干燥。先将草堆成 1.5~2 米高，经过 3~4 天干燥后，再堆高 1.5~2 米，可继续堆高，总高不超过 4.5~5 米。一般每方草每小时鼓入 300~350 米³ 空气。这种方法在干草收获时期，白天、早晨和晚间的相对湿度低于 75%，温度高于 15℃ 时可以使用。

② 高温快速干燥法。将牧草切碎，放到牧草烘干机内，通过高温空气，使牧草快速干燥。干燥时间取决于烘干机的种类、型号及工作状态，从几小时到几十分钟，甚至几秒钟，使牧草含水量从 80% 左右迅速降到 15% 以下。有的烘干机入口温度为 75~260℃，出口为 25~160℃；有的入口温度为 420~1 160℃，出口为 60~260℃。虽然烘干机内温度很高，但牧草本身的温度很少超过 30~35℃。这种方法牧草养分损失少。

3. 干草的贮藏与包装

（1）干草的贮藏　调制好的干草如果没有垛好或含水量高，会导致干草发霉、腐烂。堆垛前要正确判断含水量。具体判断标准见表 2-6。

表 2-6　判断干草含水量的方法

干草含水量	判断方法	是否适合堆垛
15%~16%	用手搓揉草束时能沙沙响，并发出嚓嚓声，但叶量丰富低矮的牧草不能发出嚓嚓声。反复折叠草束时茎秆折断。叶子干燥卷曲，茎上表皮用指甲几乎不能剥下	适于堆垛保藏
16%~18%	搓揉草时没有干裂响声，而仅能沙沙响。折曲草束时只有部分植物折断，上部茎秆能留下折曲的痕迹，但茎秆折不断。叶子有时卷曲，上部叶子软。表皮几乎不能剥下	可以堆垛保藏
19%~20%	握紧草束时不能产生清脆声音，但粗黄的牧草有明显干裂响声。干草柔软，易捻成草辫，反复折曲而不断。在拧草辫时挤不出水来，但有潮湿感觉。禾本科草表皮剥不掉。豆科草上部茎的表皮有时能剥掉	堆垛保藏危险
23%~25%	搓揉没有沙沙的响声。折曲草束时，在折曲处有水珠出现，手插入干草里有凉的感觉	不能堆垛保藏

现场常用拧扭法和刮擦法来判断，即手持一束干草进行拧扭，如草茎轻微发脆，扭弯部位不见水分，可安全贮存；或用手指甲在草茎外刮擦，如能将其表皮

剥下，表示晒制尚不充分，不能贮藏，如剥不下表皮，则表示可将干草堆垛。干草安全贮存的含水量，散放为25%，打捆为20%~22%，铡碎为18%~20%，干草块为16%~17%。含水量高不能贮存，否则会发热霉烂，造成营养损失，随时可能引起自燃，甚至发生火灾。

干草贮藏有露天堆垛、草棚堆垛和压捆等方法，贮藏时应注意以下几点。

① 防止垛顶塌陷漏雨。干草堆垛后2~3周内，易发生塌顶现象，要经常检查，及时修整。一般可采用草帘呈屋脊状封顶、小型圆形剁可采用尖顶封顶、麦秸泥封顶、农膜封顶和草棚等形式。

② 防止垛基受潮。要选择地势高燥的场所堆垛，垛底应尽量避免与泥土接触，要用木头、树枝、石头等垫起铺平并高出地面40~50厘米，垛底四周要挖排水沟。

③ 防止干草过度发酵与自燃。含水量在17%以上时由于植物体内酶及外部微生物的活动常引起发酵，使温度上升至40~50℃。适度发酵可使草垛坚实，产生特有的香味，但过度发酵会使干草品质下降，应将干草水分含量控制在20%以下。发酵产热温度上升到80℃左右时接触新鲜空气即可引起自燃。此现象在贮藏30~40天时最易发生。若发现垛温达到65℃以上时，应立即采取相应措施，如拆垛、吹风降温等。

④ 减少胡萝卜素的损失。堆或垛外层的干草因受阳光的照射，胡萝卜素含量最低，中间及底层的干草因挤压紧实，氧化作用较弱，胡萝卜素的损失较少。贮藏青干草时，应尽量压实，集中堆大垛，并加强垛顶的覆盖。

⑤ 准备消防设施，注意防火。堆垛时要根据草垛大小，将草垛间隔一定距离，防止失火后全军覆没，为防不测，提前应准备好防火设施。

（2）干草的包装　有草捆、草垛、干草块和干草颗粒4种包装形式。

① 草捆。常规为方形、长方形。目前我国的羊草多为长方形草捆，每捆约重50千克。也有圆形草捆，如在草地上大规模贮备草时多为大圆形草捆，其直径可达1.5~2米。

② 草垛。是将长草吹入拖车内并以液压机械顶紧压制而成。呈长方形，每垛重1~6吨，适于在草场上就地贮存。由于体积过大，不便运输。这种草垛受风吹日晒雨淋的面积较大，若结构不紧密，可造成雨雪渗漏。

③ 干草块。是最理想的包装形式。可实行干草饲喂自动化，减少干草养分损失，消除尘土污染，采食完全，无剩草，不浪费，有利于提高牛的进食量、增重和饲料转化效率，但成本高。

④ 干草颗粒。是将干草粉碎后压制而成。优点是体积小于其他任何一种包装形式，便于运输和贮存，可防止牛挑食和剩草，消除尘土污染。

另外，也有采用大型草捆包塑料薄膜来贮存干草的。

4. 干草的品质鉴别

干草品质鉴定方法有感官（现场）鉴定、化学分析与生物技术法，生产上常通过感官鉴定判断干草品质的好坏。

（1）感官鉴定 ① 颜色气味。干草的颜色是反映品质优劣最明显的标志，颜色深浅可作为判断干草品质优劣的依据。优质青干草呈绿色，绿色越深，营养物质损失越小，所含的可溶性营养物质、胡萝卜素及其他维生素越多，品质也越好。茎秆上每个节的茎部颜色是干草所含养分高低的标记，如果每个节的茎部呈现深绿色部分越长，则干草所含养分越高；若是呈现淡的黄绿色，则养分越少；呈现白色时，则养分更少，且草开始发霉；变黑时，说明已经霉烂。适时刈割的干草都具有浓厚的芳香气味，能刺激肉牛的食欲，增加适口性，若干草具有霉味或焦灼的气味，品质不佳。

② 叶片含量。干草中叶片的营养价值较高。优良干草要叶量丰富，有较多的花序和嫩枝。叶中蛋白质和矿物质含量比茎多 1~1.5 倍，胡萝卜素多 10~15 倍，粗纤维含量比茎少 50%~100%，叶营养物质的消化率比茎高 40%。干草中的叶量越多，品质就越好。鉴定时可取一束干草，看叶量的多少，优良的豆科青干草叶量应占干草总重量的 50% 以上。

③ 牧草形态。初花期或初花期前刈割的干草中含有花蕾、未结实花序的枝条较多，叶量也多，茎秆质地柔软，适口性好，品质也佳。若刈割过迟，干草中叶量少，带有成熟或未成熟种子的枝条数目多，茎秆坚硬，适口性、消化率都下降，品质变劣。

④ 含水量。干草的含水量应为 15%~18%。

⑤ 病虫害情况。有病虫害的牧草调制成的干草营养价值较低，且不利于家畜健康，鉴定时查其叶片上是否有病斑出现，是否带有黑色粉末等，如果发现带有病症，不能饲喂家畜。

（2）干草分级 现将一些国家的干草分级标准（表2-7 至表 2-10）介绍如下，作为评定干草品质的参考。

表 2-7 国外人工豆科干草的分级标准

级别	豆科（%）≥	有毒有害物（%）≤	粗蛋白质（%）≥	胡萝卜素（毫克/千克）≥	粗纤维（%）≤	矿物质（%）≤	水分（%）≤
1	90	—	14	30	27	0.3	17
2	75	—	10	20	29	0.5	17

（续表）

级别	豆科 （%） ≥	有毒有害物 （%） ≤	粗蛋白质 （%） ≥	胡萝卜素 （毫克/千克）	粗纤维 （%） ≤	矿物质 （%） ≤	水分 （%） ≤
3	60	—	8	15	31	1.0	17

表 2-8　国外人工禾本科干草的分级标准

级别	豆科和禾本科 （%） ≥	有毒有害物 （%） ≤	粗蛋白质 （%） ≥	胡萝卜素 （毫克/千克）	粗纤维 （%） ≤	矿物质 （%） ≤	水分 （%） ≤
1	90	—	. 10	20	28	0.3	17
2	75	—	8	15	30	0.5	17
3	60	—	6	10	33	1.0	17

表 2-9　国外豆科和禾本科混播干草的分级标准

级别	豆科 （%） ≥	有毒有害物 （%） ≤	粗蛋白质 （%） ≥	胡萝卜素 （毫克/千克）	粗纤维 （%） ≤	矿物质 （%） ≤	水分 （%） ≤
1	50	—	11	25	27	0.3	17
2	35	—	9	20	29	0.5	17
3	20	—	7	15	32	1.0	17

表 2-10　国外天然刈割草场干草的分级标准

级别	禾本科和豆科 （%） ≥	有毒有害物 （%） ≤	粗蛋白质 （%） ≥	胡萝卜素 （毫克/千克）	粗纤维 （%） ≤	矿物质 （%） ≤	水分 （%） ≤
1	80	0.5	9	20	28	0.3	17
2	60	1.0	7	15	30	0.5	17
3	40	1.0	5	10	33	1.0	17

内蒙古自治区制定的青干草等级标准如下。

一等：以禾本科草或豆科草为主体，枝叶呈绿色或深绿色，叶及花序损失不到 5%，含水量 15%～18%，有浓郁的干草香味，但由再生草调制的优良青干草，可能香味较淡。无沙土，杂类草及不可食草不超过 5%。

二等：草种较杂，色泽正常，呈绿色或淡绿。叶及花序损失不到 10%，有香草味，含水量 15%～18%，无沙土，不可食草不超过 10%。

三等：叶色较暗，叶及花序损失不到15%，含水量15%～18%，有香草味。

四等：茎叶发黄或变白，部分有褐色斑点，叶及花序损失大于20%，香草味较淡。

五等：发霉，有霉烂味，不能饲喂。

5. 干草的饲喂

优质干草可直接饲喂，不必加工。中等以下质量的干草喂前要铡短到3厘米左右，主要是防止第四胃移位和满足牛对纤维素的需要。为了提高干草的进食量，可以喂干草块。

肉牛饲喂干草等粗料，按每百千克体重计算以1.5～2.5千克干物质为宜。干草的质量越好，肉牛采食干草量越大，精料用量越少。按整个日粮总干物质计算，干草和其他粗料与精料的比例以50：50最合理。

二、化学加工调制

（一）氨化

氨化是最为实用的化学处理方法，常需要使用尿素、碳酸氢铵、碳酸铵、氨水、液氨等氨化制剂。氨是碱化剂，可以提高粗纤维的利用率，增加氮素。氨化处理的粗饲料，含有大量胺盐，胺盐是肉牛瘤胃微生物（细菌、纤毛虫）的良好营养源，瘤胃微生物进入肉牛小肠后，成为重要的蛋白质来源。粗饲料经氨化后饲喂肉牛，不仅降低精饲料的消耗，还可使增重速度加快。

氨化处理法有堆垛法、窖池法、氨化炉法、塑料袋法等几种方法。

1. 堆垛法

将秸秆铡碎，麦秸、稻草比较柔软，可铡成2～3厘米长小段，玉米秸秆高大、粗硬，应铡成1厘米的小段。如用液氨作氨源，饲料原料的含水量可调整到20%左右；若用尿素、碳酸铵作氨源，含水量应调整到40%～50%。在平地上铺好塑料薄膜，四周要留0.5～0.7米薄膜，以便罩膜连接。

堆垛法常用液氨作为氨源。将铡碎并调整好水分的秸秆逐层摊平、踩实，每30～40厘米厚及宽度，放一木杠（比液氨钢管略粗一些），待插入液氨钢管时拔出。液氨注入量为秸秆干物质重量的3%。秸秆重量按每立方米体积计算，新麦秸秆垛约为55千克，旧垛约为79千克；新玉米秸垛约为79千克，旧垛约为99千克（以上测算，均为未切碎的秸秆）。测算出秸秆的重量后，再计算应注入液氨的重量。

根据底膜和罩膜所需的长度及宽度，将薄膜用烙铁或熨斗烙结在一起。仔细检查无破损后，将罩膜套在秸秆堆上，迅速注入液氨，将四周与底膜联结在一起，用湿土或泥土压好，这样做能防止氨气逸出。同时，为防止风吹破损，可在封闭后用绳带在罩膜外捆扎结实。

2. 窖池法

将秸秆、麦穰、稻草等切成 2~3 厘米长的小段,将含水量调整在 30% 左右,按 100 千克秸秆用 5~6 千克尿素或 10~15 千克碳酸氢铵的比例,将尿素或碳酸氢铵兑水 25~30 千克,配制成尿素或碳酸氢铵水溶液。也可使用 15% 的氨水,用量是每 100 千克秸秆加入氨水 12~15 千克。将碎秸秆分层压实,逐层喷洒氨化剂,用塑料薄膜密封,上面填压湿润的碎土,防止氨气溢出。在 25~30℃ 条件下,经 7 天氨化,开封,待氨气挥发净后,即可饲喂肉牛。

3. 氨化炉法

氨化炉由炉体、加热装置、空气循环系统和秸秆车等组成。氨化炉有 3 种形式,即金属箱式、土建式、拼装式,无论何种方式,都要求炉体保温、密闭、耐酸腐蚀。

用氨化炉氨化秸秆,常使用碳酸铵作氨源。碳酸铵用量为秸秆干物质量的 8%~12%,如果使用尿素,用量则为秸秆干物质量的 5%。将碳酸铵溶液或尿素溶液与秸秆混拌均匀,使秸秆含水量达到 45% 左右,用草车推进氨化炉内加热。调整控温仪的温度到 95℃ 左右,加热 14~15 小时,切断电源,再焖炉 5~6 小时,即可将草车拉出,自由通风散发余氨。如用煤炭或木柴加热,温度达不到 95℃,可适当延长加热时间。

4. 塑料袋法

塑料袋法适合夏季使用。要求使用无毒的聚乙烯薄膜,厚度应在 0.12 毫米以上,要求韧性好、抗老化、黑颜色。袋口直径 1~1.2 米,长 1.3~1.5 米。用烙铁粘合底缝,装满饲料后,袋口用绳子扎紧,放在向阳背风处。在 20℃ 以上条件下,经过 15~20 天氨化处理,即可取出饲喂肉牛。

塑料袋法可使用尿素或碳酸铵作为氨源。具体用量,尿素可占秸秆风干重量的 4%~5%,碳酸铵可占秸秆风干重量的 8%~12%。将尿素或碳酸铵溶在相当于秸秆重量 40%~50% 的清水中,充分溶解后与秸秆搅拌均匀装入袋内即可。

(二)碱化

这也是粗饲料常用的化学处理方法。用碱性化合物对粗饲料进行碱化处理,可以打开其细胞分子中对碱不稳定的酯键,并使纤维膨胀,便于肉牛消化液的渗入,提高肉牛对粗饲料的消化率和采食量。碱化处理常用的制剂有氢氧化钠、液氮、石灰水等。

1. 石灰水法

石灰处理法具有来源广泛、价格低廉的特点,经常被采用。在 100 千克水中加入 1 千克生石灰,不断搅拌,待溶液澄清后,取上清液使用。在容器中加入粗饲料，按照 3 : 1 的比例倒入石灰水上清液，搅拌均匀后稍压实。夏天温度高，一般只需浸泡 24 小时，冬天则需要浸泡 48 小时。捞出后，控水 24 小时，即可饲喂肉牛。

2. 氢氧化钠法

氢氧化钠法可提高饲料消化率 25% 以上，缺点是在清水冲洗过程中，有机物及其他营养物质损失较多，并且产生的污水量较大，所以，平时较少采用。方法是：将秸秆浸泡在 1.5% 氢氧化钠溶液中，每 100 千克秸秆需要 1 000 千克氢氧化钠溶液，浸泡 24～48 小时后，捞出秸秆，沥去多余的碱液，再用清水反复清洗。

简化的氢氧化钠处理法比较实用：将占秸秆风干重量 4%～5% 的氢氧化钠，配制成 30%～40% 的溶液，喷洒在粉碎的秸秆上，堆积数日后直接喂饲肉牛。也可将秸秆铡成 2～3 厘米的短草，每千克秸秆喷洒 5% 的氢氧化钠 1 千克，搅拌均匀，24 小时后饲喂肉牛。

三、生物加工调制

（一）青贮

1. 青贮原理

青贮饲料是指在密闭的青贮设施（窖、壕、塔、袋等）中，或经乳酸菌发酵，或采用化学制剂调制，或降低水分而保存的青绿多汁饲料，白色青贮是调制和贮藏青饲料、块根块茎类、农副产品的有效方法。青贮能有效保存饲料中的蛋白质和维生素，特别是胡萝卜素的含量，青贮比其他调制方法都高；饲料经过发酵，气味芳香，柔软多汁，适口性好；可把夏、秋多余的青绿饲料保存起来，供冬春利用，利于营养物质的均衡供应；调制方法简单，易于掌握；不受天气条件的限制；取用方便，随用随取；贮藏空间比干草小，可节约存放场地；贮藏过程中不受风吹、雨淋、日晒等影响，也不会发生自燃等火灾事故。

青贮发酵是一个复杂的生物化学过程。青贮原料入窖后，附着在原料上的好气性微生物和各种酶利用饲料受机械压榨而排出的富含碳水化合物等养分的汁液进行活动，直至容器内氧气耗尽，1～3 天形成厌氧环境时才停止呼吸。乙酸菌大量繁殖，产生乙酸，酸浓度的增加抑制了乙酸菌的繁殖。随着酸度、厌氧环境的形成，乳酸菌开始生长繁殖，生成乳酸。15～20 天后窖内温度由 33℃ 降到 25℃，pH 由 6 下降到 3.4～4.0，产生的乳酸达到最高水平。当 pH 下降至 4.2 以下时只有乳酸杆菌存在，下降至 3 时乳酸杆菌也停止活动，乳酸发酵基本结束。此时，窖内的各种微生物停止活动，青贮饲料进入稳定阶段，营养物质不再损失。一般情况下，糖分含量较高的原料如玉米、高粱等在青贮后 20～30 天就可以进入稳定阶段（豆科牧草需 3 个月以上），如果密封条件良好，这种稳定状态可继续数年。

玉米秸、高粱秸的茎秆含水量大，皮厚，极难干燥，因而极易发霉。及时收获穗轴制作青贮可免霉变损失。

2. 青贮容器

（1）青贮窖 青贮窖有地下式和半地下式两种。

地下式青贮窖适于地下水位较低、土质较好的地区，半地下式青贮窖适于地下水位较高或土质较差的地区。青贮窖的形状及大小应根据肉牛的数量、青贮料饲喂时间长短以及原料的多少而定。原则上料少时宜做成圆形窖，料多时宜做成长方形窖。圆形窖直径与窖深之比为 1：1.5。长方形窖的四壁呈 95°倾斜，即窖底的尺寸稍小于窖口，窖深以 2~3 米为宜，窖的宽度应根据牛群日需要量决定，即每日从窖的横截面取 4~8 厘米为宜，窖的大小以集中人力 2~3 天装满为宜。青贮窖最好有两个，以便轮换搞氨化秸秆用。大型窖应用链轨拖拉机碾压，一般取大于其链轨间距 2 倍以上，最宽 12 米，深 3 米。

窖址应选择在地势高燥、土质坚硬、地下水位低、靠近牛舍、远离水源和粪坑的地方。从长远及经济角度出发，不可采用土窖，宜修筑永久性窖，以及用砖石或混凝土结构。土窖既不耐久，原料霉坏又多，极不合算。青贮窖的容量因饲料种类、含水量、原料切碎程度、窖深而变化，不同青贮饲料每立方米重量见表 2-11。

表 2-11 不同青贮饲料每立方米重量

饲料名称	每立方米重量（千克）
叶菜类、紫云英	800
甘薯藤	700~750
甘薯块根、胡萝卜等	900~1 000
萝卜叶、苦荬菜	610
牧草、野青草等	600
青贮玉米、向日葵	500~550
青贮玉米秸	450~500

当全年喂青贮为主时，每头大牛需窖容 13~20 米³，小牛以大牛的 1/2 来估算窖的容量，大型牛场至少应有 2 个以上的青贮窖。

（2）圆筒塑料袋 选用 0.2 毫米以上厚实的塑料膜做成圆筒形，与相应的袋装青贮切碎机配套，如不移动可以做得大些，如要移动，以装满后两人能抬动为宜。原料装好后可以放在牛舍内、草棚内和院子内，用砖块压实，最好避免直接晒太阳，使塑料袋老化碎裂，要注意防鼠、防冻。

（3）草捆青贮 主要用于牧草青贮，将新鲜的牧草收割并压制成大圆草捆，装入塑料袋，系好袋口便可制成优质的青贮饲料。注意保护塑料袋，不要让其破漏。草捆青贮取用方便，在国外应用较多。

（4）堆贮 堆贮是在砖地或混凝土地上堆放青贮的一种形式。这种青贮只要加盖塑料布，上面再压上石头、汽车轮胎或土就可以。但堆垛不高，青贮品质稍差。堆垛应为长方形而不是圆形，开垛后每天横切4~8厘米，保证让牛天天吃上新鲜的青贮。

另外，在国外也有用青贮塔，即为地上的圆筒形建筑，金属外壳，水泥预制件做衬里。长久耐用，青贮效果好，塔边、塔顶很少霉坏，便于机械化装料与卸料。青贮塔的高度应为其直径的2~3.5倍，一般塔高12~14米，直径3.5~6米。在塔身一侧每隔2米高开一个0.6米×0.6米的窗口，装时关闭，取空时敞开。可用于制作低水分青贮、湿玉米粒青贮或一般青贮，青贮饲料品质优良，但成本高。

3. 青贮饲料的制作

青贮饲料是指将切碎的新鲜贮料通过微生物厌氧发酵和化学作用，在密闭无氧条件下制成的一种适口性好、消化率高和营养丰富的饲料，是保证常年均衡供应肉牛饲料的有效措施。技术要点如下。

（1）收割 一般全株青贮玉米在乳熟后期至蜡熟前期收割，半干青贮在蜡熟期收割，黄贮玉米秸秆在完熟期提前15天摘穗后收割，豆科牧草在开花初期，禾本科牧草在抽穗期收割。

（2）运输 要随割随运，及时切碎贮存。

（3）切碎 青贮原料一般铡成1~2厘米，黄贮原料要求比青贮切得更短。

（4）调节水分含量 一般青贮饲料调制的适宜含水量应为60%~70%。若原料过湿，就将原料在阳光下晾晒后再加工，且在装窖的前段时间不加水，待装填到距窖口50~70厘米处开始加少量水。如果玉米秸秆不太干，应在贮料装填到一半左右时开始逐渐加水。如果玉米秸秆十分干燥，在贮料厚达50厘米时就应逐渐加水。加水要先少后多、边装边加、边压实。

（5）装填与压实 贮料应随时切碎，随时装贮，边装窖、边压实。每装到30~50厘米厚时就要压实一次。制作黄贮时，为了提高黄贮的质量，可逐层添加0.5%~1%玉米面，或是每吨贮料中添加450克乳酸菌培养物或0.5克纯乳酸菌剂，另外还可以按0.5%的比例添加尿素，或每吨贮料中添加3.6千克甲醛。

（6）密封 贮料装填完后，应立即严密封埋。一般应将原料装至高出窖面

30 厘米左右，用塑料薄膜盖严后，再用土覆盖 30～50 厘米，最后再盖一层遮雨布。

（7）管护　贮窖贮好封严后，在四周约 1 米处挖沟排水，以防雨水渗入。多雨地区，应在青贮窖上面搭棚，随时注意检查，发现窖顶有裂缝时应及时覆土压实。

（8）开窖　青贮玉米、高粱等禾本科牧草一般 30～40 天可开窖取用；豆科牧草一般在 2～3 个月开窖取用。

（9）取料　开窖后取料时应从一头开挖，由上到下分层垂直切取，不可全面打开或掏洞取料，尽量减小取料横截面。当天用多少取多少，取后立即盖好。取料后，如果中途停喂，间隔较长，必须按原来封窖方法将青贮窖盖好封严，不透气、不漏水。

（10）饲喂　青贮饲料是优质多汁饲料，开始饲喂家畜时最初少喂，逐步增多，然后再喂草料，使其逐渐适应。

青贮时，要使原料含水量控制在 60%～70%。并且一定要压实、封严，尤其是边角。制作时辅助料要喷洒均匀。

4. 黄贮饲料的制作

黄贮是将收获了籽实的作物秸秆切碎后喷水（或边切碎边喷水），使秸秆含水量达到 40%。为了提高黄贮质量，可按秸秆重量的 0.2% 加入尿素，3%～5% 加入玉米面，5% 加入胡萝卜。胡萝卜可与秸秆一块切碎，尿素可制成水溶液均匀地喷洒于原料上。然后装窖、压实，覆盖后贮存起来，密封 40 天左右即可饲喂。

5. 尿素青贮饲料的制作

在一些蛋白质饲料缺乏的地区，制作尿素青贮是一种可行的方法。玉米青贮干物质中的粗蛋白质含量较低，约为 7.5%，在制作青贮时，按原料的 0.5% 加入尿素，这样含水 70% 的青贮料干物质中即有 12%～13% 的粗蛋白质，不仅提高了营养价值，还可提高牛的采食量，抑制腐生菌繁殖导致的霉变等。

制作尿素青贮时，先在窖底装 50～60 厘米厚的原料，按青贮原料的重量算出尿素需要量（可按 0.4%～0.6% 的比例计算），把尿素制成饱和水溶液（把尿素溶化在水中），按每层应喷量均匀地喷洒在原料上，以后每层装料 15 厘米厚，喷洒尿素溶液一次，如此反复直到装满窖为止，其他步骤与普通青贮相同。

制作尿素青贮时，要求尿素水溶液喷洒均匀，窖存时间最好在 5 个月以上，以便于尿素渗透、扩散到原料中。饲喂尿素青贮量要逐日增加，经 7～10 天后达到正常采食量，并要逐渐降低精饲料中的蛋白质含量。

6. 青贮饲料常用添加剂

（1）微生物添加剂 青绿作物叶片上天然存在的有益微生物（如乳酸菌）和有害微生物之比为 10∶1，采用人工加入乳酸菌有利于使乳酸菌尽快达到足够的数量，加快发酵过程，迅速产生大量乳酸，使 pH 下降，从而抑制有害微生物的活动。将乳酸菌、淀粉、淀粉酶等按一定比例配合起来，便可制成一种完整的菌类添加剂。使用这类复合添加剂，可使青贮的发酵变成一种快速、低温、低损失的过程。从而使青贮的成功更有把握。而且，当青贮打开饲喂时，稳定性也更好。

（2）不良发酵抑制剂 能部分或全部地抑制微生物生长。常用的有无机酸（不包括硝酸和亚硝酸）、乙酸、乳酸和柠檬酸等，目前用的最多的是甲酸和甲醛。对糖分含量少、较难青贮的原料，可添加适量甲酸，禾本科牧草添加量为湿重的 0.3%，豆科牧草为 0.5%，混播牧草为 0.4%。

（3）好气性变质抑制剂 即抑制二次发酵的添加剂，丙酸、己酸、焦亚硫酸钠和氨等都属于此类添加剂。生产中常用丙酸及其盐类，添加量为 0.3%～0.5% 时可很大程度地抑制酵母菌和霉菌的繁殖，添加量为 0.5%～1.0% 时绝大多数的酵母菌和霉菌都被抑制。

（4）营养性添加剂 补充青贮饲料营养成分和改善发酵过程，常用的如下。

① 碳水化合物。常用的是糖蜜及谷类。它们既是一种营养成分，又能改善发酵过程。糖蜜是制糖工业的副产品，禾本科牧草或作物青贮时加入量为 4%，豆科青贮为 6%。谷类含有 50%～55% 的淀粉以及 2%～3% 的可发酵糖，淀粉不能直接被乳酸菌利用，但是，在淀粉酶作用下可水解为糖，为乳酸菌利用。例如，大麦粉在青贮过程中能产生相当于自身重量 30% 的乳酸。每吨青贮饲料可加入 50 千克大麦粉。

② 无机盐类。青贮饲料中加石灰石不但可以补充钙，而且可以缓和饲料的酸度。每吨青贮饲料碳酸钙的加入量为 4.5～5 千克。添加食盐可提高渗透压，丁酸菌对较高的渗透压非常敏感而乳酸菌却较为迟钝。添加 0.4% 的食盐，可使乳酸含量增加，醋酸减少，丁酸更少，从而使青贮品质改善，适口性也更好。

虽然每一种添加剂都有在特定条件下使用的理由，但是，不应当由此得出结论：只有使用添加剂，青贮才能获得成功。事实上，只要满足青贮所需的条件，在多数情况下毋须使用添加剂。

7. 青贮饲料的品质鉴定

青贮饲料品质的评定有感官（现场）鉴定法、化学分析法和生物技术法，生产中常用感官鉴定法。

（1）感官鉴定 通过色、香、味和质地来评定的，评定标准见表 2-12。

表 2-12　青贮饲料感官鉴定标准

等级	颜色	酸味	气味	质地
优良	黄绿色、绿色	较浓	芳香酸味	柔软湿润、茎叶结构良好
中等	黄褐色、墨绿色	中等	芳香味弱、稍有酒精或酪酸味	柔软、水分稍干或稍多、结构变形
低劣	黑色、褐色	淡	刺鼻腐臭味	黏滑或干燥、粗硬、腐烂

（2）化学分析鉴定

① 酸碱度。是衡量青贮饲料品质好坏的重要指标之一。实验室可用精密酸度计测定，生产现场可用精密石蕊试纸测定 pH。优良的青贮饲料，pH 在 4.2 以下，超过 4.2（低水分青贮除外）说明青贮发酵过程中，腐败菌活动较为强烈。

② 有机酸含量。测定青贮饲料中的乳酸、醋酸和酪酸的含量是评定青贮料品质的可靠指标。优良的青贮料含有较多的乳酸，少量醋酸，而不含酪酸。品质差的青贮饲料，含酪酸多而乳酸少。

一般情况下，青贮料品质的评定还要进行腐败和污染鉴定。青贮饲料腐败变质，其中含氮物质分解成氨，通过测定氨可知青贮料是否腐败。污染常是使青贮饲料变坏的原因之一，因此常将青贮窖内壁用石灰或水泥抹平，预防地下水的渗透或其他雨水、污水等流入。鉴定时可根据氨、氯化物质及硫酸盐的存在来评定青贮饲料的污染度。

（二）微贮

微贮是利用微生物的作用，将秸秆中的纤维素、半纤维素降解并转化为菌体蛋白的贮存方法。麦秸、稻草、黄玉米秸、土豆秧、山芋秧、青玉米秸、无毒野草及青绿水生植物等，无论是干秸秆还是青秸秆，都可作为微贮的原料。

秸秆微贮过程中，在活干菌厌氧发酵作用影响下，半纤维素、木聚糖链和木质素聚合物的酯键发生酶解，增加了秸秆的柔软性、膨胀度，使肉牛瘤胃微生物能直接与纤维素接触，从而提高粗纤维的消化率。微贮饲料，可提高瘤胃微生物区系纤维素酶和解酯酶活性，促进挥发性脂肪酸的生成及提高，使维生素 B_{12} 合成达 0.33 毫克/千克，丙酸提高 27%。其中，挥发性脂肪酸可用于合成微生物菌体蛋白，丙酸可用于合成葡萄糖。

将菌剂倒入 200 毫升水中充分溶解，在常温下放置 1~2 小时，使菌种复活。将复活好的菌剂倒入充分溶解的 0.8%~1.0% 食盐水中拌匀。秸秆发酵活干菌每袋 3 克，可调制干秸秆（麦秸、稻草、玉米秸）1 吨，或青秸秆 2 吨。

把玉米秸秆、麦秸、稻草等切短，长度以 2~3 厘米为宜。在窖底放入 20~30 厘米秸秆，均匀喷洒菌液，使秸秆含水量达到 60%~70%。喷洒菌液后踩实，再铺放 20~30 厘米厚秸秆，喷洒菌液、踩实。如此逐层装填，直到原料高出窖口 30~40 厘米时，在最上层均匀洒入食盐粉，盖上塑料薄膜，在上面铺放 20~30 厘米厚的稻草或麦秸，然后覆土 15~20 厘米密封。使用食盐的目的，是确保微贮饲料上部不发生霉烂变质，用量为 250 克/米^2。大批量制作，可使用沟、窖、壕、池、塔等设备，小批量制作，可用缸、桶、塑料袋等容器。

秸秆微贮饲料，一般需要经过 21~30 天才能取喂，冬季需要时间更长一些。优质微贮青玉米秸秆色泽呈橄榄绿，稻草、麦秸呈金黄褐色，手感松散，质地柔软湿润，具有醇香味和果香气味，并具有弱酸味。如果变成褐色和墨绿色，手感发黏或粗硬，有强酸气味，说明微贮料品质不良，如果有腐败气味或粘结在一起，则不宜使用。

肉牛长期饲喂微贮饲料，安全可靠，无毒害作用。但特别需要注意的是，微贮饲料在制作时加入了食盐，这部分食盐应在饲喂肉牛的日粮中扣除。

（三）黄贮

与青贮相似，黄贮也是利用微生物处理秸秆的方法。将秸秆铡碎至 2~4 厘米，装入缸中，加适量温水焖 2 天，即可制成黄贮饲料。干秸秆适口性差，利用率不高，经黄贮后，具有酸、甜、酥、软等特点，肉牛爱吃，利用率可提高到 80%~95%。

秸秆黄贮，要求原料含水量在 65%~75% 为宜。如果原料含糖量较低，可添加 0.5%~1% 的玉米面。在 1 吨原料中添加乳酸培养物 450 克或纯乳酸菌剂 0.5 克，可促进乳酸菌大量繁殖。添加 0.5% 的尿素，可提高黄贮玉米秸秆的蛋白质含量。

（四）酸贮

酸贮也是常用的化学处理方法。酸贮是在贮料中喷入酸性物质，以抵抗杂菌繁殖。酸贮简单易行，能有效抵御"二次发酵"，取料较为容易。酸贮配合黄贮，可软化干秸秆，能改善口感、提高消化率。

酸贮常用的酸性物质是甲酸。在有机酸中，甲酸属于强酸，有较强的还原能力，不但能降低贮料的 pH 值，而且还可以抑制植物呼吸和不良微生物（梭状芽孢杆菌、芽孢杆菌和某些革兰氏阴性菌）发酵。甲酸在贮料和瘤胃消化过程中，能分解成对肉牛无毒的 CO_2 和 CH_4，同时，甲酸本身也可被吸收利用。甲酸用量为贮料的 0.3%~0.5%。

第五节　全混合日粮配制

一、全混合日粮配制原则

全混合日粮简称为 TMR，是根据肉牛在不同生长发育和生产阶段的营养需要，按营养专家设计的日粮配方，用特制的搅拌机，将粗饲料、青饲料、青贮饲料和精料补充料，按比例充分搅拌、切割、混合加工而成的营养相对平衡的混合饲料。在配套技术措施和性能优良机械的基础上，全混合日粮能够保证肉牛采食的日粮精粗比例稳定、营养浓度一致。

配制混合日粮应注意以下原则。

（一）注意适口性和饱腹感

配制肉牛日粮，必须考虑饲料原料的适口性，确保肉牛的采食量，例如，有苦涩味的饲料，比例过高的精饲料，都会影响适口性，进而影响肉牛采食量。同时，配制肉牛日粮还要兼顾肉牛是否有饱腹感，日粮必须有一定的容积，能满足肉牛最大干物质采食量的需要。

（二）满足营养需求

配制肉牛全混合日粮，要符合肉牛饲养标准要求，同时，还要充分考虑实际生产水平，要按一定体重及生长阶段的特点，预计日增重的营养需要，合理进行配制。实际喂量可高出饲养标准的 1%~2%，但也不应过剩。

（三）精粗比例适当

肉牛日粮中精饲料与粗饲料比例，应根据粗饲料的品质和肉牛生理阶段以及育肥期不同而有所区别，一般按精粗比（30~70）：（70~30）的比例进行搭配，确保中性洗涤纤维占日粮干物质的 28%，其中，粗饲料的中性洗涤纤维占日粮干物质的 21% 以上，酸性洗涤纤维占日粮的 18% 以上。

（四）原料品种多样

肉牛可采食多种饲料，因此，肉牛日粮原料品种要多样化，不能过于单调，要多种饲料合理搭配，保证日粮营养平衡与全价。在保证营养全面的前提下，还应充分利用当地饲草资源，尤其是各种农副产品和加工业的下脚料，这样既能生产高档牛肉，又能降低饲养成本。

（五）饲料组成稳定

肉牛日粮组成要保持相对的稳定性，避免日粮组成骤变导致瘤胃微生物不适应而影响消化功能，甚至引起消化道疾病。在配制肉牛日粮时，选择的各种饲料原料必须干净卫生，无霉败变质现象，各种饲料原料的搭配比例合适，尤其是含有有害因子的饲料原料，一定不能超量使用，防止影响牛肉品质。

二、全混合日粮制作技术

（一）全混日粮设计

1. 确定营养需要

根据肉牛分群（按生理阶段和生产水平分）、体重和膘情等情况，以肉牛饲养标准为基础，适当调整肉牛营养需要。根据营养需要确定全混合日粮的营养水平，预测其干物质采食量，合理配制肉牛日粮。使用传统的饲养方法，饲料投喂误差可达20%以上，全混合日粮加工工艺减少了饲养的随意性，使得饲养管理更加精确，饲料投喂精确度可提高5%～10%。

2. 原料选择与成分测定

根据当地饲草饲料的资源情况，选择质优价廉的饲料原料。按照相关标准，对饲料原料中的粗蛋白、粗脂肪、粗纤维、水分、钙、总磷和粗灰分等成分进行测定。

3. 配方设计

根据确定的肉牛全混合日粮的营养水平，参考所选择的饲料原料，分析比较饲料原料的营养成分与饲用价值，比较计算后，设计出最经济、最合理的饲料配方。

4. 日粮优化

在满足肉牛营养需要的前提下，要注意追求日粮成本最小化。按照日粮成本最低化的目标要求，精料补充料的干物质量，最多不能超过日粮干物质总量的60%。同时，为保证日粮降解蛋白质和非降解蛋白质的相对平衡，应适当降低日粮蛋白质水平。另外还要注意，在全混合日粮中添加保护性脂肪和油籽等高能量饲料时，日粮脂肪含量不宜超过干物质总量的6%。

（二）饲料原料的准备

1. 原料管理

使用饲料及饲料添加剂，应符合《饲料和饲料添加剂管理条例》，精料补充料应符合LS/T 3405—1992规定要求。饲料原料贮存过程中，应防止雨淋发酵、霉变污染和鼠害虫害。饲料原料应按先进先出的原则进行配料，并作好出入库、用料和库存记录。

2. 原料准备

配制全混合日粮，原料必须符合GB 13078—2017的卫生要求，要注意清除原料中的金属、塑料袋（膜）等异物，清除霉败变质和遭受鼠害虫害的饲料原料。另外，还要根据日粮配制的特点，对原料的初加工过程进行质量控制。

（1）青贮饲料 青贮饲料要严格控制原料水分（65%~70%），原料含糖量要高于3%，切碎长度以2~4厘米为宜，要快速装窖和封顶，窖内温度以30℃为宜。

（2）干草类 干草类粗饲料要粉碎或切短，长度以3~4厘米为宜。

（3）糟渣类 糟渣类饲料水分控制在65%~80%。

（4）精料补充料 精料补充料可直接购入或自行加工。

对饲料原料的鉴别，可采用感官鉴定法和化学分析法。青贮饲料质量按照青贮饲料质量评定标准评定，精料补充料质量根据LS/T 3409—1996评定，其他参照NY 5032—2006执行。

3. 原料搅拌与添加

配制全混合日粮的关键机械设备是混合搅拌车。根据外形特点不同，混合搅拌车可分为立式和卧式两种，根据动力设备不同，混合搅拌车可分为移动式（自走式、牵引式）和固定式两种。选择混合搅拌车时，要综合考虑日粮结构组成、牛舍结构及道路特点、经济状况等多种因素。同时，还要根据养殖规模，选择加工量合适的搅拌机。例如，200头以下的肉牛场，可选择4~6米³的搅拌机；200~500头的肉牛场，可选择8~10米³的搅拌机；500~800头的肉牛场，可选择10~12米³的搅拌机；800~1 000头的肉牛场，可选择14~18米³的搅拌机。

（1）搅拌车装载量 按照搅拌车说明，掌握适宜的搅拌量，避免装载过多，影响搅拌效果。通常装载量占总容积的70%~80%为宜。

（2）原料添加顺序 遵循先干后湿、先精后粗、先轻后重的原则，逐渐添加饲料原料。一般添加顺序为：精料→干草→副料→全棉籽→青贮→湿糟类。如果是立式饲料搅拌车，应先添加干草，再添加精料。如果不希望把青贮饲料和干草切得太短，则应先装填精料和其他颗粒小的饲料，尺寸长的粗饲料可在最后装填。

添加过程中要注意观察，防止铁器、石块、塑料袋、包装绳等杂质混入搅拌车，造成车辆损伤。

（3）搅拌时间 全混合日粮配制过程中，要注意掌握适宜的搅拌时间，原则上应确保搅拌后日粮中至少有20%的粗饲料长度大于3.5厘米。一般情况下，最后一种饲料加入后搅拌5~8分钟即可，整个搅拌过程的总时间，控制在25~40分钟为宜。

（4）水分控制 青贮饲料（尤其是露天存放的青贮饲料）的含水量每天都有很大变化，这与饲喂当天的环境条件、玉米的种植区域、不同的收割批次和收割部位有关，随着含水量的上升，干物质含量就会下降，因此，应经常对各种饲料原料进行水分测定。要根据青贮料的含水量，合理控制全混合日粮的水分含量。冬季水分要求在 45% 左右，夏季可在 45%～55%。

三、全混合日粮质量监控

质量监控是配制全混合日粮的关键。质量监控常采用感官鉴定法和化学分析法进行。青贮饲料质量按照青贮饲料质量评定标准评定，精料补充料的质量根据 LS/T 3409—1996 的标准评定，其他参照 NY 5032—2006 执行。

（一）感官鉴定法

搅拌好的全混合日粮，应该是精粗饲料混合均匀，松而不散，色泽均匀，不结块，无异味，新鲜不发热。鉴定方法：随机抓取一些日粮，肉眼估测总重量及不同粒度的比例，要求 3.5 厘米以上的粗饲料超过日粮总重量的 15% 为宜。

（二）宾州筛过滤法

宾州筛由美国宾夕法尼亚州立大学发明，主要用来估计日粮组分粒度大小。宾州筛由三个叠加式的筛子和底盘组成。筛用粗糙塑料做成，饲料颗粒不会斜着滑出筛孔。可用来检查搅拌设备运转是否正常，搅拌时间、上料顺序等操作是否科学，从而制定正确的全混日粮调制程序。各层应保持比例，与日粮组分、精饲料种类、加工方法、饲养管理条件等有关。国内正在进行研究，以确定适合我国饲料条件和牛群特点的全混合日粮制作粒度推荐标准。

测定步骤：从日粮随机取样放上筛，水平摇动 2 分钟，直到只有长颗粒留在上筛，然后称量各层留下的日粮。不同牛群全混合日粮的粒度推荐值见表 2-13。

表 2-13　全混合日粮的粒度推荐值

肉牛日粮种类	各筛层中留下的日粮（%）			
	一层	二层	三层	四层
育肥牛日粮	15～18	20～25	40～45	15～20
后备牛日粮	40～50	18～20	25～28	4～9
繁殖母牛日粮	50～55	15～20	20～25	4～7

（三）化学分析法

饲料采样方法应按 GB/T 14699.1—2005 标准执行；砷按 GB/T 13079—2006 标准执行；铅按 GB/T 13080—2018 标准执行；汞按 GB/T 13081—2006 标准执行；镉按 GB/T 13082—1991 标准执行；氟按 GB/T 13083—2018 标准执行；六六六、滴滴涕按 GB/T 13090—2006 标准执行；沙门氏菌按 GB/T 13091—2018 标准执行；霉菌按 GB/T 13092—2006 标准执行；黄曲霉毒素 B_1 按 GB/T 8381—2008 标准执行。

第三章　肉牛场的生物安全措施

第一节　牛场的隔离卫生

一、完善牛场的隔离卫生设施

（一）防疫消毒设施

1. 隔离沟（墙）

在疫情严重的地区，大型育肥场周围应设隔离沟。隔离沟宽不少于 6 米，沟深不少于 3 米，水深不少于 1 米，最好为有源水，以防止病原微生物传播。育肥场周围应设隔离墙，以控制闲杂人员随意进入生产区。一般隔离墙高不少于 3 米，要把生产区、办公生活区、饲料存放加工区、粪场等场所隔离开，避免相互干扰。

2. 消毒池（室）

外来车辆进入生产区必须经过消毒池，严防把病原微生物带入场内。消毒池宽度应大于一般卡车的宽度，一般为 2.5 米以上，长度为 4~5 米，深度为 15 厘米，池沿采用 15°斜坡，并设排水口。消毒室是为外来人员进入生产区消毒用的，消毒室大小应根据可能的外来人员数量设置。一般为列车式串联两个小间，各 5~8 米^2，其中一个为消毒室，内设小型消毒池和紫外线灯。紫外线灯悬高 2.5 米，悬挂 2 盏，使每立方米功率不少于 1 瓦，另一个为更衣室。外来人员应在更衣室换上罩衣、长筒雨鞋后方可进入生产区。

3. 隔离舍

隔离舍用于隔离外购牛或本场已发现的、可疑为传染病的病牛。以上两种牛应在隔离牛舍观测 10~15 天。隔离牛舍床位数计算方法：年均存栏数÷存栏周期的 2 倍（以月计）。例如：计划肉牛 3 个月出栏，规划圈存肉牛数为 200 头，则隔离牛舍牛床位数应为 200÷（3×2）≈33 个；若计划肉牛 8 个月出栏，则隔离牛舍牛床位数为 200÷（8×2）= 12.5≈13 个。隔离牛舍应在生产区的下风向 50 米以外。

（二）粪污处理设施

1. 堆肥场

堆肥场地一般应由粪便贮存池、堆肥场地以及成品堆肥存放场地等组成。采用间歇式堆肥处理时，粪便贮存池的有效体积应按至少能容纳6个月粪便产生量来计算。养牛场内应建立收集堆肥渗滤液的贮存池；应考虑防渗漏措施，不得对地下水造成污染；应配置防雨淋设施和雨水排水系统。

2. 贮存池

贮存池的总有效容积应根据贮存期确定。贮存期不得低于当地农作物生产用肥的最大间隔时间和冬季封冻期或雨季最长降雨期，一般不得小于30天的排放总量。贮存池应具有防渗漏功能，不得污染地下水。容易侵蚀的部位，应采取防腐蚀措施。贮存池应配备防止降雨（水）进入的措施。贮存池宜配置排污泵。有条件和投资能力的肉牛场，可根据实际情况修建沼气池或建设沼气站。

二、加强牛场的卫生管理

（一）牛场水的卫生管理

1. 场内供水设备

（1）水井 养牛场内水井应选在污染最少的地方；若井水已被污染，可采取过滤法去掉悬浮物，用凝结剂去掉有机物，用紫外线净水器杀灭微生物。若用氯制剂和初生态氧杀灭微生物，则对瘤胃消化不利。如果水中矿物微量元素过量，可采用离子交换法或吸附法除去微量元素。

（2）水塔 养牛场水塔应建在牛场中心。牛场用水周径在100米范围时，水塔高度以不低于5米为宜；牛场用水周径达到200米时，水塔高度应不低于8米。水塔的容积，应不少于全场12个小时的用水量。高寒地区的水塔应作防冻处理。养牛场也可配备相应功率的无塔送水器。供水主管道的直径以满足全场同时用水的需要为度。

2. 饮用水消毒

饮用水的洁净程度直接影响到肉牛的健康，也会影响到牛肉的品质和养牛场的经济效益。养牛场要根据实际情况，制订切实可行的饮用水消毒计划并将责任落实到人，以确保肉牛用上洁净、符合卫生要求的饮水。饮用水的消毒非常关键，常用方法有如下几种。

（1）二氯异氰脲酸钠消毒法 用二氯异氰脲酸钠粉消毒饮用水，一般要求消毒30分钟后余氯不低于0.3毫克/升，生产实际中可视水源水质不同，适当调整二氯异氰脲酸钠的用量。

以消毒威为例（含有效氯30%）。若使用非常洁净的井水，水中几乎不含有机质和病源微生物，对有效氯的消耗较少，每吨水中添加2~3克消毒威，水中有效氯浓度达到0.6~0.9毫克/升，余氯浓度即可符合国家标准；若使用已经消毒过的自来水，按国家标准在出水口余氯不得低于0.05毫克/升，故也需要采用跟洁净井水一样的消毒处理措施；若使用池塘水、河水等含有机质等杂质较多的地表水，携带的病原微生物可能较多，必须先经过净化处理，经沉淀、除去杂质后，再在每吨水中加入4~15克消毒威，使水中有效氯浓度达到4毫克/升，即可达到良好的消毒效果，供肉牛饮用。

消毒威的添加量是否适宜，有个简单的判断方法：加入消毒威处理饮用水10分钟后，以手蘸水，能闻到轻微的氯嗅味为宜。加入消毒威的量不宜太多，太多则氯在水中残留较多，导致饮用水口感不好并有难闻的气味，影响肉牛饮用。

使用二氯异氰脲酸钠（消毒威）时，应先将其用适量水溶解，再倒入水中，以保证消毒剂在水中分散均匀。

（2）二氧化氯消毒法　二氧化氯是一种广谱、高效、速效、低毒的消毒剂，是目前世界卫生组织认定的唯一A1级安全消毒剂，是城市直饮水广泛采用的消毒剂，同样也适用于养牛场的饮水消毒。

以绿力消为例（含二氧化氯8%）。若使用井水、自来水，每吨水中可添加绿力消3~5克；若使用池塘水、河水等地表水，同样需先经过净化处理，沉淀、除去杂质后，再加入绿力消进行消毒，一般以每吨水加入绿力消6~15克为宜。若每吨水中加入15克绿力消，水中二氧化氯浓度为1.2毫克/升，即使是中度污染的水源，也可达到良好的消毒效果。

绿力消加入稍微过量，不会产生难闻的气味。但使用时应先用适量水将其活化使之产生二氧化氯。如果不经活化直接加入大量水中，其中的亚氯酸盐不能转化为二氧化氯，将会影响绿力消的消毒效果。

（3）碘制剂消毒法　碘制剂也是常用的饮用水消毒剂。碘制剂的特点是碘酸所含的碘对病毒有良好的杀灭能力，且在水中易被消耗，不会产生三氯甲烷等副产物，且所含表面活性剂具有持久抑菌能力。

以碘酸为例（碘酸总含量15%）。井水、自来水等洁净水源，每吨水中添加碘酸50克；地表水（池塘水、河水等）经净化处理后视水质状况可适当加量，以每吨水中添加100~200克为宜。

（二）牛场饲料的卫生管理

1. 饲料储藏设施

（1）草料仓库　草料仓库的大小，可根据饲养规模、粗饲料的贮存方式、日粮的精粗比、容重等因素确定。一般情况下，切碎玉米秸的容重为 50 千克/米³。在已知容重情况下，结合饲养规模、采食量大小，对草库大小做出粗略估计。用于贮存切碎粗饲料的草库应建得高一些，一般要求 5~6 米高，草库的窗户离地面也应高一些，至少应在 4 米以上。用切草机切碎后的草料，可直接喷入草库内。新鲜草要经过晾晒后再切碎，不然会发霉。草库应设防火门，外墙上设有消防用具。草料仓库距下风向建筑物应大于 50 米。

（2）饲料加工间　养牛场的饲料加工车间应包括原料库、成品库、饲料加工间等。原料库的大小应能贮存肉牛场 10~30 天所需的各种原料为宜，成品库可略小于原料库。库房内应宽敞、干燥、通风良好。室内地面应高出室外 30~50 厘米，库内以水泥地面为宜。房顶要具有良好的隔热、防水性能，窗户要高，门、窗合适，不但能采光通风，还能防鼠。整体建筑要注意防火。

（3）青贮窖（池）　青贮窖（池）的容积，可根据饲养规模和采食总量而定。青贮饲料的贮备量，可按每头牛每天 20 千克计算，以满足 10~12 个月的需要为度。青贮窖（池）应按 500~600 千克/米³ 的容量进行设计。

2. 饲料卫生管理

饲料在保存期间一定要做好防淋、防潮、防霉、防虫、防鼠、防鸟等工作。饲料要分类保存，饲料原料一定要控制好保存条件，夏季潮湿多雨季节，尤其要注意饲料成品的保存，晴天尤其要注意经常翻晒。无论何时，成品饲料以及饲料原料都应远离鼠药、农药、化肥等各种有毒有害物质。不同用途的饲料要分类保存，不能混淆、掺杂。

饲料发霉大多是由于空气中的湿度引起的，因此，原料防霉首先要控制好库房空气湿度。一般情况下，霉菌的发芽需要大约 75% 的相对湿度，在 80%~100% 的相对湿度条件下，霉菌生长尤其迅速。贮存精饲料，要求仓库内的相对湿度必须低于 70%。大型仓贮基地除使用干燥防霉外，还可以使用低温防霉、气调防霉、射线防霉、防霉剂防霉等先进防霉技术。但如果将仓库内氧气浓度控制在 2% 以下，或者将二氧化碳浓度增高到 40% 以上，或者仓库温度可以进行人工控制或自动控制，在这样的条件之下，霉菌都不容易繁殖，就可以不使用防霉剂。一般情况下，气温越高，湿度越大，贮存时间越长，就越需要使用防霉剂。

牧草保存不善，也会发霉变质，尤其是夏秋季堆垛时遭遇连阴雨天气，草垛的中心和底部常生长大量真菌，春季养牛饲喂这部分草料，就会出现中毒症状。引起肉牛中毒的真菌主要是镰刀菌毒素。镰刀菌可以寄生在稻草、麦秸、甘薯秧、花生秧、多种牧草等草料上。因此，草垛要及时翻晒，保持干燥。取用草垛底部的牧草时，要注意检查，尤其是春雨绵绵的时节，更需细心，发现结块霉烂的草料，应及早抛弃。

（三）牛场空气的卫生管理

牛场空气的卫生措施，包括空气消毒、温度控制、湿度控制、噪声控制等（见"环境控制与福利养牛"部分），这里先介绍尘埃控制知识。

牛舍中的尘埃统称为微粒，可被肉牛吸入呼吸道。微粒大小不一，对肉牛造成的危害也不相同：大于 10 微米的微粒，可对鼻腔黏膜造成机械性刺激；5~10 微米的微粒，可引起支气管炎；5 微米以下的微粒，可引起肺炎。细小的微粒可进入淋巴管内，引起尘埃沉积病。空气中的微粒还可吸附氨气、硫化氢、植物花粉、微生物等，被肉牛吸入后引起更大的危害。微粒还可传播疫病，口蹄疫、炭疽都可通过微粒进行传播。牛舍中每立方米空间的微粒含量，应不超过 0.5~4 毫克为宜。

控制舍内尘埃的方法主要是加大通风量，及时洒水降尘，清粪、扫地、翻动或更换垫料，最好选择肉牛不在圈舍时，要小心操作，动作轻慢一些，尽量避免扬起尘埃。投喂粉状饲料、干粗饲料时也需注意。给肉牛刷拭机体时不要在舍内，最好放到运动场上进行。养牛场内的饲料加工场所要远离牛舍，最好安装防尘设施，防止尘埃四处散播。在养牛场周围种植树木，场内全面绿化，可使场内尘埃减少 30%~50%。

（四）牛场的杀虫和灭鼠

1. 杀虫

很多节肢动物，如蚊、蝇、虻、蜱等都是畜禽疫病和某些人兽共患病的重要传播媒介，因此杀虫在预防和扑灭畜禽疫病、人兽共患病方面具有重要意义。肉牛场必须重视杀虫和灭鼠，及时消灭疫病传播媒介。

（1）杀虫的种类　肉牛场的杀虫可分为预防性杀虫和疫源地杀虫，其操作要求都是一样的，只是时间上有所区别。

预防性杀虫：是指在平时为了预防疫病的发生，而采取的经常性的杀虫措施。按照媒介昆虫的生物学和生态学特点，以消灭滋生地为重点。搞好畜舍内卫生和环境卫生，填平废弃沟塘，排出积水，堵塞树洞，改修或修建符合卫生要求的畜舍、畜圈和厕所，发动群众开展经常性的扑灭，有计划地使用药物杀虫等，以控制和消灭媒介昆虫。

疫源地杀虫：是指在发生虫媒疫病时，在疫源地对有关媒介昆虫所采取的较严格彻底的杀虫措施，以达到控制疫病传播的目的。

（2）杀虫的方法　在杀虫方法上，肉牛场的杀虫分为物理杀虫、化学杀虫和生物杀虫。生产实际上，未达到最好的效果，往往各种方法综合使用。

物理杀虫法：常见的有捕捉法（人工手工捕捉并杀死）、沸水法（用沸水或蒸汽浇烫车船、畜舍、用具、衣物上的昆虫或煮沸衣物杀死昆虫）、火烧法（用火烧昆虫聚居的废物以及墙壁、用具等的缝隙）、干热法（用 100~160℃ 的干热空气杀灭挽具和其他物品上的昆虫及虫卵）、紫外线法（用紫外线灭蚊灯在夜间诱杀成蚊）。

化学杀虫法：化学杀虫需要使用杀虫剂。杀虫剂的作用方式有胃毒作用、触杀作用、熏杀作用、内吸作用。胃毒作用是让节肢动物摄入混有胃毒剂（如敌百虫）的食物时，药物在其肠道内分解而产生毒性使之中毒死亡。触杀作用是通过直接接触虫体，经其体表穿透到体内而使之中毒死亡，或将其气门闭塞使之窒息而死。熏杀作用是通过吸入药物而死亡，但对发育阶段无呼吸系统的节肢动物不起作用。内吸作用是将药物喷于土壤或植物上，被植物根、茎、叶表面吸收，并分布于整个植物体，昆虫在吸食含药物的植物组织或汁液后，发生中毒死亡。常用杀虫剂使用方法见表 3-1。

表 3-1　常用杀虫剂一览表

类别	化学名	商品名	使用浓度	使用方法
拟除虫菊酯类	溴氟菊酯	兽用倍特	25 毫克/升	残留喷洒
	氯氰菊酸	灭百可	2.5%	
	氰戊菊醋	速灭杀丁	10~40 毫克/升	
有机磷类	敌百虫		1%~3%	喷洒
	敌敌畏		0.1 毫升/米²	
	二嗪农	新农、螨净	1:1 000	
	倍硫磷	百治屠	0.25%	
脒类和氨甲基酸酯类	双甲脒	特敌克	0.05%	喷洒
	甲奈威	西维因	2 克/米²	残留喷洒
	残杀威		2 克/米²	残留喷洒
新型杀虫剂		加强蝇必净	100 克/40 米²	涂抹在 13 厘米×10 厘米大小的 10~30 个部位上溶解后浇灌于粪便表层
		蝇蛆净	20 克/20 米²	

生物杀虫法：是利用昆虫的病原体、雄虫绝育技术及昆虫的天敌等方法来杀灭昆虫。生物杀虫既能有效杀灭昆虫，又不会对环境造成危害，是今后重点发展的方向。生物杀虫的途径很多，可利用某种病原体感染昆虫，使其降低寿命或死亡；也可应用辐射使雄性昆虫绝育，然后释放，以减少该种昆虫的繁殖数量；或者使用大量激素，抑制昆虫的变态或脱皮，造成昆虫死亡等。

2. 灭鼠

鼠类不但能偷吃粮食、糟蹋饲料，还能传播多种疫病，是重要的传播媒介和传染源，对养殖业危害很大，灭鼠对减少饲料浪费和防止疫病的传播具有重要意义。灭鼠的方法主要有以下几种。

（1）生态灭鼠（防鼠）法 生态的方法就是以破坏老鼠的生活环境从而降低鼠类数量为主要途径的灭鼠防鼠措施，是最常用的积极而重要的防鼠灭鼠方法。通常是采取捣毁隐蔽场所和安装防鼠设备；经常检查养牛场环境，发现鼠洞要及时堵塞；保持牛舍及周围环境的整洁，及时清除环境垃圾和牛舍内的饲料残渣。将饲料保存在鼠类不能进入的仓库内，这样使鼠类既无藏身之处，又难以得到食物，其繁殖和活动就会受到一定的限制，数量可能降低到最低水平。建筑牛舍、仓库、房舍时，在墙壁、地面、门窗等设施构造上均应考虑防鼠问题。在发生某些以鼠类为贮存宿主的疫病地区，为防止鼠类窜入，必要时可在房舍周围挖防鼠沟或筑防鼠墙。

（2）器械灭鼠法（物理灭鼠法） 器械灭鼠是指利用捕鼠器械，以食物作诱饵，诱捕（杀）鼠类，或用堵洞、灌洞、挖洞等措施捕杀鼠类的方法。

（3）药物灭鼠法（化学灭鼠法） 药物灭鼠效果最好，各地广泛采用。常用的方法有毒饵法、熏蒸法。毒饵法是当前应用较广泛的一种灭鼠方法。常用的经口毒饵药物有磷化锌、毒鼠磷、安妥、灭鼠安、杀鼠灵、敌鼠钠盐等，各种灭鼠药的配制及使用方法见表3-2。

熏蒸灭鼠法是利用经呼吸道吸入毒气而消灭鼠类的方法，养殖场采用相对较少。常用化学熏蒸剂和各种烟剂，用以消灭船舱、火车厢、仓库、冷库、货栈、下水道及鼠洞内等的鼠类。常用的药物有二氧化硫和烟剂。

二氧化硫一般通过燃烧硫黄得到。二氧化硫在常温下为无色气体，其毒力不强，但渗透力颇强，刺激性很大。按每 100 米³ 空间用硫黄 100 克燃烧灭鼠。通常只用于消灭仓库、船舱或下水道中的鼠类。

灭鼠烟剂由灭鼠药、助燃剂和燃料等配制而成。目前灭鼠烟剂的配方很多，可就地取材，因地制宜，选择配方自制。烟剂对人畜无害。常用的有闹羊花烟剂、羊粪末烟剂等。闹羊花烟剂配方：闹羊花（全草）粉末 60 克，硝酸钠或硝酸钾 40 克，混匀即成。羊粪末烟剂配方：羊粪末 60 克，硝酸钠 40 克，混匀即成。制成的烟剂可根据需要量装入纸筒内，用时将其点燃后放入鼠洞，再用土堵塞洞口。烟剂的用量，对黑线姬鼠等小型鼠类，每洞用 10~20 克，沙土鼠每洞30~40 克，黄鼠及兔鼠每洞 40~60 克，旱獭每洞 300~500 克。

表 3-2　常用毒饵灭鼠的配制和使用方法

药剂名称	毒饵浓度（%）	毒饵配制方法	用法	注意事项
磷化锌	家鼠 2~3 野鼠 3~10	通常配制成黏附毒饵。以配制 10 千克 2%毒饵为例：取米饭 9.8 千克，加磷化锌 0.2 千克，搅拌均匀即成，谷粒毒饵的配制参见"毒鼠磷"	室内：每 15 米² 投放毒饵 1~2 堆。野外：在道路、田埂两侧等距（5~10 米）和洞旁放谷粒毒饵，每堆 1~2 克	1. 本药毒力强，应注意人畜安全 2. 长期使用时，出现鼠拒食，应与其他药物交替使用
毒鼠磷	0.5~1.0	以配制 10 千克 0.5%毒饵为例：取毒鼠磷 50 克，加 25 克淀粉或滑石粉稀释，再取大米 9.7 千克，加植物油 250 克拌匀；然后将稀释的药粉分批加到油拌大米中拌匀即成	适用于室内及野外。参见"磷化锌"，每堆投放谷粒毒饵 0.5~1.0 克	本药毒力强，尚无解毒方法，使用应特别注意
安妥	1~3	以配制 10 千克 1%谷粒毒饵为例：取安妥 100 克，加 200 克淀粉或滑石粉稀释；再取 9.7 千克大米，加植物油 250 克拌匀；然后把稀释的药粉分次加入油拌大米中，搅拌均匀即成	适用于室内及野外。参见"磷化锌"	对小家鼠毒力较弱；易产生拒食和耐药性，应与其他化学药剂交替使用
杀鼠灵	0.025~0.05	以配制 10 千克 0.05%谷粒毒饵为例：取杀鼠灵 5 克，加 295 克淀粉或滑石粉稀释；再取 9.7 千克大米，加植物油拌匀，然后把稀释的药粉分次加入油拌大米中，搅拌均匀即成	适用于室内。用法参见"磷化锌"。在室内把谷粒毒饵连投 3 天，每堆 3 克。第一、第二天被吃去的毒饵，在第二、第三天予以补充	
敌鼠钠盐	家鼠 0.025~0.05 野鼠 0.2~0.3	以配制 10 千克 0.05%谷粒毒饵为例：取敌鼠钠盐 5 克，加到 2 千克开水中使之完全溶解，搅匀后再加入大米浸毒饵泡，反复搅拌，待将水吸干后取出晾干即成	适用于室内及野外。用法参见"磷化锌"。室内用 0.025~0.05%连投 3 天，每堆 3 克，第一、第二天被吃去的毒饵，第二、第三天应予以补充。野外用 0.2%~0.3%毒饵，一次投放，每堆 1 克以上	1. 本药作用慢，不适用于处理疫区；2. 一般须多次投毒饵，投毒饵数量也较多

（五）牛场废弃物的处理与综合利用

1. 固体粪便处理

（1）自然腐熟堆肥　是指采用传统的手工操作和自然堆积方式，在好氧条件下，微生物利用粪便中的营养物质在适宜的 C/N 比、温度、通气量和 pH 值等条件下大量生长繁殖，通过微生物的发酵作用，高温杀死粪尿中的疫源微生物和寄生虫及虫卵，把对环境有潜在危害的有机质转变为无害的有机肥料的过程，同时达到脱水、灭菌的目的。在这种自然腐熟堆肥的过程中，有机物可由不稳定状态，转化为稳定的富含氮、磷、钾及其他微量元素腐殖质物质，肥效得到提升。自然腐熟堆肥的方法，是将粪便经过简单处理，堆成长、宽、高分别为 10~18 米、2~5 米、1.5~2 米的长方形粪垛，在 20℃、15~20 天的腐熟期内，将垛堆翻倒 1~2 次，静置堆放 3~5 个月，即可完全腐熟。这是处理牛粪的传统方法，其成本低廉，处理方式简单，但是时间长，占地面积大，如果控制不好，容易污染水体。

（2）人工生物发酵　在粪便中加入微生物复合活菌和辅料，搅拌均匀，控制水分含量在 55%~65% 的范围内，然后将湿粪迅速装入池中踏实，用塑料膜封严，在厌氧条件下发酵。一般气温在 5~10℃需要 10~15 天，气温在 10~20℃需要 6~10 天，超过 20℃需 3~5 天。

（3）利用昆虫分解　先将粪便与秸秆残渣混合后堆沤腐熟，再将其按一定厚度铺平，然后放入蚯蚓、蝇、蜗牛或蛆等昆虫，让其在粪堆中生长繁殖，最终达到既能处理粪便又能生产动物蛋白质的目的。经过处理后的粪便残渣富含无机养分，是种植业的好肥料；同时，还可产生大量动物蛋白，效益显著。试验证明，每平方米培养基的粪便可收获鲜蚯蚓 1.5 万~2 万条，重量为 30~40 千克。

（4）自然干燥　在晴天，将鲜粪摊在塑料布上或直接摊在水泥地上，经常翻动，利用太阳光对粪便进行干燥杀菌，需 30~40 天完成干燥过程。此法投资小、易操作、成本低，是肉牛养殖场最常用的粪便处理方法。但自然干燥法也有不少缺点，那就是受天气及季节影响大，对环境污染大，占地面积大，处理规模小，生产效率低，不能彻底灭菌等。

（5）机械干燥　机械干燥法需要借助相应的机械设备，以加快粪便的干燥过程。目前使用的机械设备有干燥机和微波设备。

干燥机多为回转式滚筒，可将高达 70%~80% 含水量的粪便直接烘干至 13% 的安全贮藏水分。一般将脱水后的粪便加入干燥机后，在滚筒内抄板器翻动下，粪便均匀分散并与热空气充分接触。这种方法干燥速度明显加快，且不受季节、时间影响，能连续、大批量生产，干燥效率高、灭菌除臭效果好，能保留牛粪中的养分，同时达到除去杂草种子、减少环境污染等效果。干燥机干燥法占地面积小、操作简单、便于保养，缺点是一次性投入大、能耗大、处理粪便时易产生恶臭。

微波干燥是将牛粪倒入大型微波设备，在微波产生的热效应作用下，牛粪中的水分蒸发，达到干燥、灭菌的效果。微波干燥的缺点是对原料含水量要求高、能耗大，投资、处理成本高。

2. 污水处理

养殖场污水处理的方法，一般是先通过固液分离，然后再进行厌氧处理或好氧处理。

（1）固液分离 养牛场排放出来的废水中固体悬浮物含量高，相应的有机物含量也比较高。通过固液分离，可使液体部分的污染物负荷量大大降低。通过固液分离，还可防止较大的固体物进入后续处理环节，防止设备的堵塞损坏等。此外，在厌氧消化处理前进行固液分离，也能增加厌氧消化运转的可靠性，减小厌氧反应器的尺寸及所需的停留时间。

固液分离技术一般包括：筛滤、离心、过滤、浮除、沉降、沉淀、絮凝等工序。目前，我国已有成熟的固液分离技术和相应的设备，其设备类型主要有筛网式、卧式离心机、压滤机以及水力旋流器、旋转锥形筛和离心盘式分离机等。

（2）厌氧处理 厌氧处理技术成为养殖场粪污处理中不可缺少的关键技术。对于养殖场这种高浓度的有机废水，采用厌氧消化工艺，可在较低的运行成本下，有效地去除大量的可溶性有机物，而且能杀死传染病菌，有利于养殖场的防疫。

厌氧消化即沼气发酵技术，已被广泛地应用于养殖场废物处理中。我国已成为世界上拥有沼气装置数量最多的国家之一。在过程建设上虽然不乏失败的例子，但这一技术不失为解决畜禽粪便污水无害化和资源化问题最有效的技术方案。畜禽粪便和养殖场产生的废水是有价值的资源，经过厌氧消化处理，既可以实现无害化，同时还可以回收沼气和有机肥料，因此，建设沼气工程将是中小型养殖场污水治理的最佳选择，肉牛养殖场更是如此。

（3）好氧处理 利用好氧微生物处理养牛场废水，这种技术可分为天然好氧生物处理和人工好氧生物处理两大类。

天然好氧生物处理是利用天然的水体和土壤中的微生物来净化废水，主要有水体净化和土壤净化两种。水体净化主要有氧化塘（好氧塘、兼性塘、厌氧塘）和养殖塘等；土壤净化主要有土地处理（慢速渗滤、快速渗滤、地面漫流）和人工湿地等。这种方法不仅基建费用低，动力消耗少，而且对难以生化降解的有机物、氮磷等营养物和细菌的去除率，往往高于常规处理。天然好氧生物处理的主要缺点是占地面积大和处理效果易受季节影响。

人工好氧生物处理是采取人工强化供氧以提高好氧微生物活力的废水处理方法。该方法主要有活性污泥法、生物滤池、生物转盘、生物接触氧化法、序批式活性污泥法（SBR）、厌氧/好氧（A/O）及氧化沟法等。一般接触氧化法和生物转盘处理效果优于活性污泥法，中等规模的养牛场可选择这种方法。

3. 粪污的利用

（1）生产沼气　利用固液分离技术把粪渣和污水分开，粪液经过进一步净化处理达标排放或用于发酵沼气。沼气供生活使用或发电，沼液供农业灌溉、浸种、杀虫或养鱼；粪渣经过发酵、加工制成有机肥。这样不仅使粪污得到净化处理，而且可以获得沼气，排放的废渣和废液还可用于农业生产，减少化肥、农药的使用量，使粪渣、沼液得到充分利用。

（2）高温堆肥　牛粪堆肥发酵可有效处理牛场废弃物，且在改良土壤和绿色食品生产方面发挥着重要作用。但普通堆肥发酵在牛粪降解过程中会产生有害气体，如氨、硫化氢等，对大气构成威胁。因而，牛粪便需经无害化处理后，再适度用于农田。无害化处理最常用的方法是高温堆肥，即将粪便堆积，控制相对湿度为70%左右，形成发酵的环境，微生物大量繁殖，有机物分解为能被植物吸收利用的无机物和腐殖质，抑制臭气产生，同时发酵的高温（50~70℃）可杀灭病原微生物、寄生虫卵、杂草种子等，达到无害化处理的目的。

（3）循环利用　将牛粪与猪、鸡粪按一定比例制成优质食用菌栽培料，种植食用菌，再将种植食用菌的废渣加工成富有营养价值的生物菌糠饲料。多次重复循环利用，不仅治理了牛场的污染，还充分利用了资源，创造出更高的经济效益。

4. 病死牛无害化处理

肉牛场的病死牛无害化处理，主要是指对病死牛尸体或其组织脏器、污染物和排泄物等消毒后，用深埋或焚烧等方法进行无害化处理的方式，无害化处理的根本目的是防止病原体传播、扩散。

（1）深埋　应选择地势高燥、远离牛场（100米以上）、居民区（1 000米以上）、水源、泄洪区、草原及交通要道，避开岩石地区，位于主导风向的下方，不影响农业生产，避开公共视野的地区，修建掩埋坑。掩埋坑的大小取决于机械、场地和所须掩埋物品的多少。深度以2~7米为宜，应保证被掩埋物的上层距离地表1.5米以上。宽度应能让机械平稳地水平填埋处理为宜。长度则应由填埋尸体的多少来定。坑的容积一般不应小于动物总体积的2倍。

在坑底撒漂白粉或生石灰等消毒剂。消毒剂用量可根据掩埋尸体的量确定（0.5~2.0千克/米²）。掩埋尸体量大的应多加消毒剂，反之可少加或不加。病死牛尸体先用10%漂白粉上清液喷雾（200毫升/米²），作用2小时后，等待填埋。

将处理过的病死牛尸体投入坑内，使之侧卧，并将污染的土层和运尸体时的有关污染物如垫草、绳索、饲料和其他物品等一起填埋入坑。先用40厘米厚的土层覆盖尸体，然后再放入未分层的熟石灰或干漂白粉 20~40 克/米^2（2~5 厘米厚），然后覆土掩埋，平整地面。覆盖土层厚度不应少于 1.5 米。掩埋场应标志清楚，并得到合理保护。

应对掩埋场地进行必要的检查，以便在发现渗漏或其他问题时，能及时采取相应的处理措施。在场地可被重新开放载畜之前，应对无害化处理场地再次复查，以确保对牲畜的生物安全和生理安全。复查应在掩埋坑封闭后 3 个月进行。

需要注意的是，石灰或干漂白粉切忌直接覆盖在病死牛尸体上，因为在潮湿的条件下，熟石灰会减缓作用；任何情况下都不允许人到坑内去处理病死牛尸体。掩埋工作应在现场督察人员的指挥、控制下，严格按程序进行，所有工作人员在工作开始前必须接受相关培训。

（2）焚烧　焚烧法处理病死牛尸体费钱费力，只有在不适合用掩埋法处理尸体时采用。焚化可采用的方法有柴堆火化、焚化炉火化和焚烧窑火化等。这里主要介绍最常用的柴堆火化法。

火化地点应远离居民区、建筑物、易燃物品，上面不能有电线、电话线，地下不能有自来水、燃气管道的地区，周围应有足够的防火带，位于主导风向的下方，能避开公共视野。

具体焚烧火化方法有"十"字坑法、单坑法、双层坑法等。

"十"字坑法应按十字形挖两条坑，其长、宽、深分别为 2.6 米、0.6 米、0.5 米，在两坑交叉处的坑底堆放干草或木柴，坑沿横放数条粗湿木棍，将尸体放在架上，在尸体的周围及上面再放些木柴，然后在木柴上倒些柴油，并压以砖瓦或铁皮。

单坑法应挖一条长、宽、深分别为 2.5 米、1.5 米、0.7 米的坑，将取出的土堆堵在坑沿的两侧。坑内用木柴架满，坑沿横架数条粗湿木棍，将尸体放在架上，以后处理同上。

双层坑法应先挖一条长、宽各 2 米、深 0.75 米的大沟，在沟的底部再挖一长 2 米、宽 1 米、深 0.75 米的小沟，在小沟沟底铺以干草和木柴，两端各留出 18~20 厘米的空隙，以便吸入空气，在小沟沟沿横架数条粗湿木棍，将尸体放在架上，以后处理同上。

把尸体横放在火床上，尸体背部向下而且头尾交叉，尸体放置在火床上后，可切断四肢的伸肌腱，以防止在燃烧过程中肢体伸展。当尸体堆放完毕且气候条件适宜时，用柴油浇透木柴和尸体。用煤油浸泡的破布引火，保持火焰的持续燃烧，在必要时要及时添加燃料。焚烧结束后，掩埋燃烧后的灰烬，表面撒布消毒剂。填土高于地面，场地及周围消毒，设立警示牌，查看。

需要注意的是，点火前所有车辆、人员和其他设备都必须远离火床，点火时应顺风向点火。进行自然焚烧时应注意安全，须远离易燃易爆物品，以免引起火灾和人员伤害。运输器具应当消毒。焚烧人员应做好个人防护。焚烧工作应在现场督察人员的指挥、控制下，严格按程序进行，所有工作人员在工作开始前必须接受培训。

（3）发酵　此法是将病死牛尸体抛入专门的尸体发酵池内，利用生物方法将尸体发酵分解，以达到无害化处理的目的。地点应选择远离住宅、动物饲养场、草原、水源及交通要道的地方。发酵池深 9~10 米，直径 3 米，池壁及池底用不透水材料制作成。池口高出地面约 30 厘米，池口做一个盖，盖平时落锁，池内有通气管。尸体堆积于池内，当堆至距池口 1.5 米处时，将此池封闭发酵，同时启用另一个发酵池，两池轮换使用。发酵时间，夏季不少于 2 个月，冬季不少于 3 个月。待尸体完全腐败分解后，可以挖出作肥料。

三、环境控制与肉牛福利

肉牛生活的舍内小环境，包含温度、湿度、通风、光照等要素，这些要素相互作用，构成了一个相对独立的舍内小气候系统。肉牛的生产性能及养牛场的经济效益，与牛舍小气候密切相关。在适合肉牛生物学特性的舒适环境中，肉牛食欲旺盛、代谢正常、机体健壮、免疫力强，生产潜力得到最大限度的发挥，养牛场经济效益可以达到最大化。营造舒适的牛舍小气候，除了在建筑养牛场时需要充分考虑场址位置、牛舍结构、场内布局以外，关键环节在于日常管理，只要管理用心、措施到位，舍内环境适宜，即使没有很高的设备投入，也能获得理想的养殖效果。从另一个角度看，控制好了养殖环境，就是给肉牛最大的福利待遇。

（一）保持舍内温度舒适

1. 舍温对肉牛的影响

肉牛最重要的生物学特性是相对耐寒而不耐热。牛舍温度控制在适宜温度范围内，肉牛的增重速度最快，饲料利用率最高，抗病力最强，饲养效益最好。超出适宜温度范围，会对肉牛的生产性能造成不良影响。温度过高，影响食欲，瘤胃微生物发酵能力下降，饲料消化利用率不高，对育肥极为不利；温度过低，一方面降低饲料消化率，另一方面，肉牛要提高代谢率，以增加产热量来维持体温，从而显著增加饲料的消耗。犊牛、病弱牛受低温、高温影响产生的负面效应更为严重。

相对来说，肉牛对低温的适应能力强于高温。当环境温度超过 27℃ 时，肉牛采食量减少，生长发育受到影响；当环境温度低于 8℃ 时，肉牛的维持需要增加，虽然采食量增加，但饲料消耗增多，增重速度减慢。过低的气温，对肉牛危害很大，如：成年肉牛长时间在零下 8℃ 环境中，会浑身发抖，饮食欲受到严重影响；瘦弱肉牛在 -5℃ 环境中，会冻得站立不稳；低温对新生犊牛危害最大，若裸露在 1℃ 环境中待 2 小时，便可能冻昏，时间再长可能会冻僵甚至冻死。

2. 肉牛最适温度

研究表明，肉牛适宜的环境温度为 5~21℃。最适温度范围与肉牛的生长阶段有关，一般牛最适温度范围为 10~20℃，育肥牛为 10~15℃，哺乳犊牛为 12~15℃，产期母牛为 15℃。牛舍内温度应基本保持均衡一致，地面同天花板附近的温差以不超过 3℃ 为宜，墙壁附近与牛舍中央的温差不能超过 3℃。牛舍内，夏季应做好防暑降温，冬季要注意防寒保暖。

3. 舍内温度的控制措施

不同的肉牛品种和个体，对环境温度要求不一样，地区温度差异也会给肉牛生产带来很大影响。要针对具体情况，在牛舍的建筑设计上进行合理调整，在生产实际中采取不同的管理控制措施。南方地区的特点是夏季高温高湿，因此，南方地区建造牛舍，应着重考虑防暑防湿功能，牛舍环境条件的控制重在降温，可使用风扇、排气扇及喷雾降温设备；北方地区冬季比较寒冷干燥且无霜期很长，因此，北方地区建造牛舍，应重点考虑防寒功能，牛舍环境条件的控制重在保温，可使用暖棚、草帘等防寒设施和火炉、火炕、暖风机等取暖设备。

（二）保持舍内湿度合适

1. 舍内湿度对肉牛的影响

空气湿度过小，舍内容易起灰尘，肉牛皮肤、黏膜防御能力降低，易得皮肤病和呼吸道疾病，对健康极为不利；空气湿度过大，有害微生物大量滋生，肉牛也容易发病。保持舍内合适的相对湿度，是肉牛生产过程中需要高度重视的问题。肉牛对舍内环境湿度要求为 55%~75%，一般情况下，舍内相对湿度以不超过 80% 为宜。在适宜的温度条件下，育肥公牛、繁殖母牛、青年牛舍内相对湿度不能高于 85%，哺乳犊牛、产房牛舍内相对湿度不能高于 75%。

现实生产中，湿度往往与温度共同影响着肉牛的生产性能。无论是高温高湿，还是低温高湿，都不利于肉牛生产。在高温高湿的环境中，肉牛体表散热受阻，体温上升加快，严重时可导致呼吸困难，甚至会导致死亡；高温高湿环境使肉牛抵抗力减弱，肢蹄病发病率增加，传染病容易蔓延。在低温高湿的环境中，肉牛体热散发很快，导致体温下降，影响生长发育，降低饲料报酬，增加生产成本；低温高湿环境使肉牛易患感冒、风湿病、关节炎、肌肉炎等疾病。

2. 舍内湿度的控制措施

在牛舍四周墙壁的阻挡下，牛舍内空气流通不畅，肉牛体内排出的水汽堆积在牛舍内，潮湿物体表面蒸发的水分，再加上阴雨天气的影响，往往使得牛舍内空气湿度远高于舍外，对肉牛的生长发育造成不利的影响。所以，无论是在高温条件下，还是在低温条件下，养牛场都要高度关注肉牛舍内的湿度。

要保持肉牛舍内合适的湿度，重点在于加强通风管理、控制冲刷地面的次数、及时清理舍内粪便污水；在舍内地面上铺撒生石灰，使其吸水降湿，同时还可发挥消毒作用；低于20℃的水管通过潮湿的牛舍时，舍内的水蒸气会在水管上凝结为水珠，如果舍内多设几趟水管，同时做好排水设施，就可有效降低舍内潮湿的程度；对于犊牛，则需要勤换干净的垫草，必要的时候可给予干燥的破布或地毯。

（三）保持舍内空气新鲜

1. 通风的意义

新鲜的空气，是促进肉牛新陈代谢的必需条件，还可避免灰尘飞扬和病原菌繁殖，减少疾病的传播。

通风是保持肉牛舍内温度合适的关键措施。通风可使肉牛舍内的空气与外界气体对流交换，带走牛体产生的热量，调节牛体温度和舍内温度。正常情况下，肉牛舍内的气流速度以0.2~0.3米/秒为宜。在气温超过30℃的酷热天气，气流速度可提高到0.9~1米/秒，以加快降温速度、排出污浊气体。有专家建议，当舍外温度为-20℃时，为保证舍内温度在5~10℃、湿度在70%~90%范围内，牛舍的通风量应达到2.64~4.35米³/秒。

2. 舍内通风的控制措施

舍内通风与保温是一对矛盾，生产上要采取灵活机动的管理措施，协调处理好这一对矛盾。例如：炎热的夏季，可使用电风扇、排气扇等设备，以加强肉牛舍内的涡流速度，加大舍内空气与舍外空气的流动交换；而在冬季寒风袭击时，则需适当关闭门窗，将牛舍四周用蓬布遮挡，使舍内气温保持相对稳定，减少肉牛呼吸道、消化道疾病的发生。

通风是保持肉牛舍内空气清新的重要措施。在敞棚、开放式或半开放式牛舍内，空气流动性大，牛舍中的空气成分与外界大气相差不大。但在封闭式牛舍中，空气流动不畅，如果设计不当（墙壁没有透气孔、过于封闭）或管理不善，肉牛排出的粪尿、呼出的气体以及排泄物和饲槽内剩余残渣发生腐败分解，会导致牛舍内有害气体（如氨气、硫化氢、二氧化碳）增多，引发中毒和呼吸道疾病，继发多种疾病，严重影响肉牛的生产力。从这个角度看，也必须重视牛舍通风换气，保持牛舍空气清新卫生。一般要求牛舍中二氧化碳的含量不超过1 500毫克/米³，硫化氢不超过8毫克/米³，氨气不超过20毫克/米³。

消毒和清理粪便，是保持肉牛舍内空气清新的辅助措施。喷雾消毒不但能杀灭病原微生物，还能起到沉降灰尘的作用，使肉牛舍内空气清新；干燥天气，配合喷雾消毒，还可提高肉牛舍内的相对湿度。牛舍每月应至少消毒 1 次，转饲、转舍时必须消毒牛舍，产房在每次产犊时都要消毒。及时清理舍内粪便，可大幅度降低有害气体的产生和聚集。炎热的夏季，粪便容易发酵，寒冷的冬季，通风减少，有害气体容易聚集，及时清理粪便都显得非常重要。

（四）保证舍内光照充足

1. 光照对肉牛的影响

太阳光的辐射具有光热效应、光电效应和光化学效应，保持舍内一定的直射阳光和充足的散射阳光，对肉牛生长发育和保持健康有十分重要的意义。阳光照射能提高舍内温度，还可刺激并扩张肉牛毛细血管，促进血液循环，有利于新陈代谢；紫外线能杀灭病原微生物，阳光照射牛舍可达到杀菌消毒的目的，减少疾病的发生；紫外线可使皮肤中的 7-脱氢胆固醇转变为维生素 D，促进日粮中钙、磷的吸收，有利于骨骼的正常生长和代谢；阳光照射的强度与每天照射的时间变化，还可使肉牛脑神经中枢发生相应的反射，对提高肉牛繁殖性能和生产性能有一定作用。试验证明，采用 16 小时光照 8 小时黑暗，可使育肥肉牛采食量增加，日增重得到明显改善。

2. 舍内光照的控制措施

肉牛舍内光线是否充足，可通过"采光系数"客观反映出来。采光系数实际上就是窗户采光面积与舍内地面面积的比值。肉牛舍的采光系数要求为 1∶(12~16)，犊牛舍为 1∶(10~14)，同时还要求入射角（窗户上沿至牛舍跨度中央一点连线与地面水平线之间的夹角）不小于 25°，透光角（窗户上、下沿分别至牛舍跨度中央一点连线之间的夹角）不小于 5°，应保证冬季牛床上每天有 6 小时的光照时间。简略地说，为了保持采光效果，牛舍窗户面积应接近于墙壁面积的 1/4，以稍大些为佳。生产实际中，开放式和半敞开式牛舍采光效果较为理想，还有利于通风和清理粪便，冬季架设塑料暖棚取暖效果也很好；采用钟楼式或半钟楼式设计，调整牛舍后墙高度和钟楼的高低，可达到采光的最优效果。

（五）控制舍外环境噪声

1. 噪声对肉牛的影响

噪声影响肉牛的采食、反刍、休息等行为习惯，最终影响生产性能的发挥。强烈的噪声会使肉牛受到惊吓而变得烦躁不安，出现噪声应激等不良现象，导致肉牛休息不好、食欲下降，从而抑制增重、降低生长速度，影响养殖效益。公牛处于噪声环境中，繁殖力将会受到影响。因此，牛舍应远离噪声源，养牛场内要保持安静。一般要求肉牛舍内的噪声水平，白天不能超过 90 分贝，夜间不超过 50 分贝。

2. 噪声的来源

肉牛舍内的噪声分为两类。一类噪声来自舍内，主要是牛群生活的叫声、排气扇产生的噪声以及铲除粪便时造成的声音。监测结果表明，牛舍排气扇的噪声为 75~85 分贝，牛群叫唤声则为 50~60 分贝，这些噪声对肉牛的影响相对较小。另一类噪声来自舍外环境，包括刹车声、机器轰鸣声、爆炸声等，这些噪声强度高、危害大，需要重点管控。

3. 养牛场噪声控制措施

减少噪声污染的措施，关键在于建筑规划与设计。养牛场应远离公路、铁路、工矿企业等噪声污染区域；场内规划要合理，汽车、拖拉机等不能靠近牛舍。牛舍内墙面装饰泡沫塑料或微孔板消声器，消弱噪声的效果特别好，缺点是前期投入较大，很多养牛场可能无法或不愿承受。养牛场周围大量植树，既有利于降低风速，又能减少养殖场有害气体，还可使外来噪声降低 10 分贝以上。平时饲养管理人员在养牛场内活动时，要小心一些，尽量避免产生大的声响。清理舍内粪便和垫草时，应将肉牛赶出牛舍。

第二节　牛场的驱虫

一、驱虫药的选择

（一）常见驱虫药

用于肉牛业的驱虫药较多，生产上可根据本场实际灵活选择使用。如：驱杀线虫可选用左咪唑、敌百虫、伊维菌素；驱杀吸虫可选用硫双二氯酚；驱杀血吸虫可选用吡喹酮；驱杀绦虫可选用吡喹酮、硫双二氯酚，但临床上选用最多的还是灭绦灵和硫酸铜。防治蝇蛆可选用环丙氨嗪。

（二）常见驱虫中草药

中草药来源广泛，价格低廉，驱虫效果明显。使用中草药驱杀肉牛体内外寄生虫，既有利于安全生产，也有利于降低药物投入。

1. 主要用于驱杀线虫的中草药

（1）使君子　是君子科植物使君子的果实，性温，味甘。临床主要用于驱杀蛔虫，也可用于驱杀蛲虫。用量为 30~60 克。

（2）川楝子　是楝科植物川楝的果实，性寒，味苦，有毒。其主要功效是杀虫、理气、止痛。可用于驱杀蛔虫、蛲虫，用量为 20~45 克。但临床驱虫少用果实而多用根皮，用量一般为 100~150 克。

（3）石榴皮　是安石榴科植物石榴的果皮，性温，味酸涩。其主要功效是驱杀蛔虫、蛲虫，也可驱杀绦虫。用量为 20~40 克。

（4）蛇床子　是伞形科植物蛇床的果实，性温，味辛、苦。可用于驱杀蛔虫。用量为 15~30 克。

（5）鹤虱　是菊科植物天名精或伞形科植物野胡萝卜的果实，性平，味苦、辛，有毒。可用于治疗多种肠道寄生虫病，但较多用于驱杀蛔虫、蛲虫、钩虫，也可用于驱杀绦虫。用量为 15~30 克。

（6）大蒜　性温，味辛。主要用于驱杀蛲虫、钩虫，但需与槟榔、鹤虱等配伍。用量为 60~120 克。

另外，乌梅、花椒、百部、野棉花、鹤鸪菜、丝瓜子、榧子等都具有驱杀蛔虫的作用，临床上都可就地取材用于驱杀蛔虫。

2. 主要用于驱杀绦虫的中草药

（1）鹤草芽　是蔷薇科植物龙牙草（仙鹤草）的冬芽，性凉，味苦、涩。鹤草芽是驱杀绦虫的药，单用研粉，空腹投服，一般服药后 5~6 小时即可排出绦虫。用量为 100~200 克。

（2）槟榔　是棕榈科植物槟榔的果实，性温，味辛、苦。其主要成分槟榔碱对绦虫神经系统有显著的麻痹作用，具有很好的驱除绦虫的作用，对蛔虫、姜片吸虫、结节虫等寄生虫也有一定效果。用量为 15~60 克。

（3）雷丸　是多孔菌科雷丸菌的干燥菌核，性寒，味苦，有毒。主要用于驱杀绦虫，也能驱杀蛔虫、钩虫。用量为 30~60 克。

（4）南瓜子　是葫芦科植物南瓜的种子，性平，味甘。南瓜子能麻痹绦虫中后段节片，还能抑制幼虫的生长发育，临床主要用于驱杀绦虫，可以单用，若与槟榔同用，效果更好。也可用于治疗血吸虫病。用量为 250~500 克。

（5）贯众　是鳞毛蕨科植物贯众的干燥根茎及叶柄残基，性寒，味苦，有毒。贯众的主要成分绵马素有驱虫作用，临床主要用于驱杀绦虫，也可用于驱杀蛲虫、钩虫。用量为 30~90 克。

3. 主要用于驱杀原虫的中草药

常山是虎耳草科植物黄常山的根，性寒，味苦、辛，有毒。其主要成分常山酮对疟原虫有较强的抑制作用，临床主要用于杀灭疟原虫，也可用于杀灭球虫。用量为 25~50 克。

近几年的研究证明，青蒿、柴胡、苦参等用于治疗球虫病，都有比较明显的临床效果。

4. 外用驱虫中草药

除虫菊是菊科植物除虫菊的全草，性凉，味苦，有毒。其主要成分除虫菊素具有很强的杀虫效力，能麻痹昆虫的神经，生产上多制成煤油浸剂或熏烟剂，用于驱杀蚊、蝇、虱等体外寄生虫，全草研粉调敷患处，可治疗疥癣。

另外，烟叶（或烟油）、八角香（蜘蛛草）、土槿皮（荆皮树）、大风子

（麻风子）、马桑等，外用都具有理想的杀虫效果。

二、驱虫药物使用方法

（一）常见驱虫药的使用方法

1. 敌百虫

敌百虫属于广谱驱虫药，对各类消化道线虫以及肺丝虫、胃蝇幼虫、姜片吸虫均有良好的杀灭作用。每千克体重用量为 20~40 毫克。敌百虫气味较大，拌料饲喂有难度，最好研末混水灌服。使用时必须严格遵守剂量要求，不可过量使用，以防止中毒。如果水中碱性物质较多，会使敌百虫转化成敌敌畏而增强毒性。若出现中毒反应，可肌内注射阿托品解救。肉牛屠宰前 7 天应停药。

2. 阿维菌素

阿维菌素是一种抗生素（商品名叫虫克星），是强力、广谱驱杀肠道线虫药，对多种线虫有作用，对体外寄生虫如蜱、螨、虱、蝇也有杀灭作用，但对吸虫、绦虫没有作用。皮下注射，每千克体重用量 260 微克。宰前 35 天停药。

3. 伊维菌素

伊维菌素是人工合成的阿维菌素的衍生物（商品名叫害获灭或灭虫丁），对体内线虫具有良好的驱杀作用，是高效、广谱驱线虫药，对蜱、虱、蝇、螨等也有驱杀作用。内服剂量，每千克体重 100~200 微克；注射剂量，每千克体重 0.2 毫克。本品安全可靠，但用药后 35 日内不能屠宰食用。

4. 硫双二氯酚

硫双二氯酚又名别丁，对肝片吸虫、前后盘吸虫、莫尼茨绦虫均有效，但对成虫效果好，对未成熟虫体效果差。内服，每千克体重用量为 40~60 毫克。用药后有时会出现腹泻、精神沉郁、食欲减退等不良反应，但一般可自行恢复。

5. 吡喹酮

吡喹酮为吡嗪啉化合物，高效低毒，是人用的最为理想的抗血吸虫药物，对血吸虫的幼虫、童虫及成虫均具有杀灭作用。对牛绦虫和囊尾蚴也具有良好的驱杀作用。可使用 10%吡喹酮注射液，10 毫克/千克体重，一次肌内注射或第三胃注射；也可使用片剂，每千克体重 50 毫克，一次内服，或每千克体重 10 毫克，每天 1 次，连用 10 天。

6. 丙硫咪唑

本品为噻苯咪唑类药物，易由消化道吸收，从尿中排出 47%，其中 28%在 24 小时内排出，对线虫、吸虫、绦虫均有效，对消化道线虫的成虫驱除效果最好。内服用量，每千克体重 10~15 毫克。牛用本品的致死剂量为 300 毫克/千克体重。宰前 14 天停药。

7. 芬苯达唑

芬苯达唑为苯并咪唑类驱虫药，广谱、高效、低毒，适口性好，不仅对胃肠道线虫成虫及幼虫有高度驱虫活性，而且对网尾线虫、片形吸虫和绦虫有良好效果，还有极强的杀虫卵作用。内服用量，每千克体重 7~9 毫克。每千克体重使用 7.5~10 毫克，连用 6 日，对肝片吸虫成虫及前后盘吸虫童虫均有良好效果。

8. 灭绦灵

灭绦灵又名氯硝柳胺，对多种绦虫有效，毒性很小，安全范围很大，每千克体重用量为 60~70 毫克。也可使用氯硝柳胺哌嗪（驱绦灵），每千克体重 60~65 毫克。但用药前应空腹一夜。

9. 硫酸铜

硫酸铜主要对犊牛莫尼茨绦虫、牛捻转血矛线虫有效，但对绦虫仅能驱除其链体，不能驱除头节，必须隔 2~3 周后进行二次驱虫。一般制成 1% 溶液口服，犊牛每千克体重使用 2~3 毫升，3~6 月龄犊牛一次可用 120~150 毫升。为提高药效，可在每 1 000 毫升溶液中加入 1~4 毫升盐酸，灌药前禁饮 12~24 小时，禁食 12 小时，灌药后禁饮 2~3 小时。

10. 环丙氨嗪

环丙氨嗪是一种新型的昆虫生长调节剂，对双翅目昆虫幼虫体有杀灭作用，尤其对在粪便中繁殖的几种常见的苍蝇幼虫（蛆）有很好的抑制和杀灭作用。本品混入饲料进入肉牛体内，随粪便排出体外，分布均匀，效果显著。1 吨饲料添加 5 克环丙氨嗪，连用 4~6 周。

（二）常见驱虫中草药典型方剂

1. 万应散

槟榔 30 克、大黄 60 克、皂角 30 克、苦楝根皮 30 克、黑丑 30 克、雷丸 20 克、沉香 10 克、木香 15 克。主治蛔虫病、姜片吸虫病、绦虫病。

2. 肝蛭散

苏木 30 克、肉豆蔻 20 克、茯苓 30 克、贯众 45 克、龙胆草 30 克、木通 20 克、甘草 20 克、厚朴 20 克、泽泻 20 克、槟榔 30 克。主治肝片吸虫病。

有试验证明，将苦参 20~100 克、贯众 20~100 克、槟榔 10~50 克、苦楝皮 10~30 克、焦三仙各 30~50 克、龙胆草 10~30 克，混合研为细末，开水冲服，治疗牛羊肝蛭病（肝片吸虫病）疗效显著。

3. 化虫散

鹤虱 30 克、使君子 30 克、槟榔 30 克、芜黄 30 克、雷丸 30 克、贯众 30 克、乌梅 30 克、百部 30 克、诃子 30 克、大黄 30 克、榧子 30 克、干姜 15 克、附子 15 克、木香 15 克。上药研为细末，蜂蜜 250 克为引，开水冲服，空腹服用，服后 1 小时再灌植物油或石蜡油 500 毫升。主治肠道寄生虫病。

4. 贯众散

贯众 60 克、使君子 30 克、鹤虱 30 克、芜荑 30 克、大黄 40 克。主治胃肠道寄生虫病。

5. 槟榔散

槟榔 24 克、苦楝根皮 18 克、枳实 15 克、朴硝（后下）15 克、鹤虱 9 克、大黄 9 克、使君子 12 克。主治蛔虫病。

6. 擦疥方

狼毒 120 克、牙皂 120 克、巴豆 30 克、雄黄 9 克、轻粉 6 克。上药研为细末，用热油调匀涂擦疥癣，具有灭疥止痒的功效。

三、驱虫时注意事项

（一）明确驱虫目标

牛的寄生虫很多，常见寄生虫有蛔虫、肝片吸虫、绦虫、牛虱、牛蜱、牛疥螨、牛附红细胞体等。在使用药物驱虫前，要根据临床症状判断寄生虫的种类，做到有的放矢、对症下药，切忌盲目用药，以免达不到效果甚至出现药害。

（二）正确选用药物

熟悉驱虫药药性，选用广谱、高效、低毒的驱虫药物，才能达到理想的驱虫效果。要熟知所用驱虫药的药性、安全范围、最小中毒量、致死量和特效解救药。选择原则是高效、低毒、经济方便，用药要做到心中有数，有备无患。驱虫药种类繁多，但虫克星（阿维菌素）往往是驱虫首选药物，因为虫克星对牛体内的几十种线虫及虱、螨、蜱、蝇蛆等体内外寄生虫均有效。一般每季度进行 1 次驱虫，最好是丙硫咪唑和伊维菌素同时使用。

（三）先做药物试验

驱虫药的选择原则是高效、低毒、经济方便，用药要做到心中有数，有备无患。如果是大面积驱虫，先要选取少量肉牛做药物试验，以判断药物的安全性，确定最佳用药量。为避免寄生虫产生耐药性，也便于驱除体内的成虫、幼虫、虫卵等，应间隔一段时间后交替使用不同的驱虫药。

（四）用量必须准确

驱虫药的投药量以牛的体重为基准进行计算，因此，准确估量肉牛的体重，对提高驱虫效果和保障肉牛安全至关重要。药量不足，驱虫效果不理想；药量过大，容易造成中毒，危及肉牛生命。最准确的方法是用电子磅秤；一般养殖场可采用目测方法估重。内服用药时，在饲料中添加驱虫药物一定拌匀，免得个别牛吃不到，影响驱虫效果，或者其他牛采食过多导致中毒。

（五）备足解救药物

由于对牛体重估测的误差和牛个体对药物耐受性有差异，养牛场在进行群体驱虫时，难免会有个别牛发生中毒现象，因此，必须备有解救药以备急用。用药时不可随意加大剂量，一旦发现不良反应，应立即停止用药，对症状严重的肉牛，必须请兽医及时对症治疗。

（六）确定最佳时间

投药时间直接影响到驱虫效果，过早达不到驱虫作用，过迟则可能影响肉牛的发育。因此，根据各类虫体的发生季节进行驱虫显得尤为重要，一般情况下，当肉牛体重达到 30 千克左右时可进行首次驱虫，这段时间用药，可以同时将几种寄生虫一并驱除掉。

刚入舍的肉牛，由于环境变化、运输、惊吓等原因，容易发生应激反应，可在饮水中加入少量食盐和红糖，连饮 1 周，同时多投喂优质青草或青干草，2 天后添加少量麸皮。注意观察牛群的采食、排泄及精神状况，待牛群整体稳定后再进行驱虫。

（七）加强驱虫管理

驱虫最好安排在下午或晚上进行，肉牛在第 2 天白天排出虫体后，便收集处理。驱虫前，肉牛应禁食 12~18 小时，然后在晚上 7~8 点钟时，将药物和饲料混合，其中可添加少量盐水和糖精，便于肉牛采食。驱虫期一般为 6 天，其间要固定饲喂地点，便于后期进行粪便清理和消毒，以免排出体外的虫体和虫卵重新被肉牛食入而造成感染。最好是在使用驱虫药后，隔离饲养 2 周。粪便及病原物可以采用生物发酵、焚烧等方式处理，圈舍、墙壁和食槽等，可使用 5% 的生石灰水进行消毒。驱虫后应注意观察，一旦发现呕吐、腹泻等症状，应立即饲饮半熟的绿豆汤；如出现腹泻症状，则需用木炭或锅底灰 50 克，拌入饲料中喂服。另外，因为药物会残留在肉牛体内，除有特别说明的外，使用驱虫药后，一般需要在 21 天后才能宰杀。

第三节　牛场的消毒方法

一、消毒的种类与方法

（一）消毒的种类

消毒的目的是消灭被传染源散播于外界环境中的病原体，以切断传播途径，阻止疫病的蔓延。养牛场的消毒分为预防性消毒、临时消毒和终末消毒。

1. 预防性消毒

平时对养牛场圈舍、场地、道路、用具、器械、设备和饮水等进行定期消毒，以达到预防一般疫病的目的。

2. 临时消毒

是指在发生疫病后到解除封锁期间，疫源地内有传染源存在，为了及时消灭由传染源排出的病原体而进行的反复多次的消毒。消毒对象是患病牛及带菌（毒）牛的排泄物、分泌物以及被其污染的圈舍、用具、场地和物品等。

3. 终末消毒

是指疫源地内的患病牛解除隔离、痊愈或死亡后，或者疫区解除封锁时，为了消灭疫区内可能残存的病原体而进行的一次全面彻底的大消毒。消毒对象是传染源污染和可能污染的所有圈舍、饲料饮水、用具、场地及其他物品等。

（二）养牛常用消毒法

1. 机械性清除

主要是通过清扫、洗刷、通风、过滤等机械方法清除病原体。本法是一种普通而又常用的方法，只起到清洁并清除部分微生物的作用，不能达到彻底消毒的目的，作为一种辅助方法，须与其他消毒方法配合进行。

2. 物理消毒法

（1）日光消毒 是利用阳光光谱中的紫外线、热线及其他射线进行消毒的一种常用方法。其中，紫外线具有较强的杀菌能力，阳光的灼热和蒸发水分造成的干燥也有杀菌作用。本法对于牧场、草地、运动场、畜栏、饲养用具及环境等的消毒很有实际意义。但日光消毒受季节、时间、地势、天气等很多条件的影响，因此，必须掌握时机、灵活运用，才能收到明显的效果。一般病毒和非芽孢性病原菌，在直射阳光下照射几分钟至几小时即可被杀死；抵抗力强的细菌、芽孢，在强烈的日光下反复暴晒，也可使毒力减弱或被杀灭。

（2）焚烧、烧灼、烘烤 是一种简单易行可靠的消毒方法。常在发生烈性疫病，如炭疽、气肿疽时，对病畜尸体及其污染的垫草、草料等进行焚烧，对厩舍墙壁、地面可用喷灯进行喷火消毒。金属制品可用火焰烧灼和烘烤进行消毒。

（3）煮沸消毒 是日常最为常用而且效果确实的消毒方法。一般病原菌的繁殖体在60~70℃经30~60分钟或100℃的沸水中5分钟内即可死亡。多数芽孢在煮沸15~30分钟内即可死亡，煮沸1~2小时可以消灭绝大多数的病原体。常用于耐煮的金属器械、木质和玻璃器具、工作服等的消毒。在煮沸金属器械和玻璃器械时，可加1%~2%苏打或0.5%肥皂等碱性物质，以提高沸点，增强杀菌效果。塑料、皮革制品容易变形，不宜煮沸消毒。

（4）蒸汽消毒　相对湿度80%～100%的热空气，能携带许多能量，遇到消毒物品时凝集成水并放出大量热能，从而达到消毒的作用。

3. 化学消毒法

是用化学药物杀灭病原体的方法，常用化学药品的溶液或蒸气进行消毒，在防疫工作中最为常用。选用消毒药的标准：杀菌谱广，有效浓度低，作用快，效果好；对人畜无害；性质稳定，易溶于水，不易受有机物和其他理化因素影响；使用方便，价廉，易于推广；无味，无嗅，不损坏被消毒物品；使用后残留量少或副作用小。

二、牛场消毒误区与消毒的实施

（一）牛场消毒的误区

1. 药物选不准

不同的微生物对消毒剂的敏感性存在很大差异，进行消毒必须选准药物，选不准药物，既造成浪费，还会带来危害。如：欲杀死病毒、芽孢，应选用具有较强杀灭作用的氢氧化钠、甲醛等消毒剂；欲进行皮肤、用具消毒或带畜空气消毒，应选用无腐蚀、无毒性的表面活性剂类消毒剂，如新洁尔灭、洗必泰、度米芬、百毒杀等；欲进行饮水消毒，应选用容易分解的卤素类消毒剂，如漂白粉、次氯酸钙等。

2. 配制不恰当

为了增强杀菌效果或减少药物用量，可以将2种或2种以上的消毒剂配合使用，如：可以使用高锰酸钾与甲醛进行熏蒸消毒，可以将1%高锰酸钾混入1.1%盐酸溶液中，可以将氯化铵或硫酸铵与氯胺以1：1的比例配合使用。但如果配合不恰当，就容易产生物理性或化学性的配伍禁忌，严重影响消毒效果。如：酸性消毒剂不能与碱性消毒剂配合使用，肥皂、合成洗涤剂等阴离子表面活性剂不能与新洁尔灭、洗必泰等阳离子表面活性剂配合使用。

另外，消毒药一般不能用井水稀释配制，因为普通井水中含有较多的钙、镁等离子，这些离子会与消毒药中释放出来的离子发生化学反应，使药效降低，所以，在配制消毒药时，应尽量使用自来水或白开水。

3. 浓度不合理

有人主观地认为，消毒剂浓度越高杀菌作用越强，其实，这是一个很大的误区。事实并非如此。如：乙醇（酒精）的最适消毒浓度是70%～75%，低于50%或高于80%都会影响杀菌效果。另外，消毒剂的浓度调制，必须符合说明书和消毒目标的要求，如：同是过氧乙酸，用于环境、料槽、车辆消毒时，应配制0.5%的浓度，用于玻璃、搪瓷、橡胶制品消毒时，应配制0.04%～0.2%的浓度。

4. 用法不合适

强酸类、强碱类、强氧化剂类消毒剂，对人畜均有很强的腐蚀性，使用这几类消毒药对地面、墙壁进行消毒后，最好再用清水冲刷一遍，然后将肉牛放进去，防止残留药液灼伤牛体（尤其是幼牛）。石灰只能加水制成石灰乳进行消毒，若直接将生石灰铺撒于干燥的地面上，不但没有消毒作用，反而会危害肉牛蹄部，使蹄部干燥开裂。熏蒸消毒时产生的气体和烟雾均对人畜有毒害作用，即使熏蒸后遗留的废气，对人畜的眼结膜、呼吸道黏膜也可能造成伤害，所以，熏蒸消毒后必须将废气彻底排净，方可放进肉牛，而带牛消毒时尽量不要选择熏蒸法。

带牛消毒时，应将喷头高举空中，喷嘴向上喷出雾粒，雾粒可在空中悬浮一段时间后缓缓下降，除与病原体物接触外，还可起到除尘、净化除臭等作用，在夏季有降温作用。

5. 温度不适宜

消毒剂的杀菌作用与环境温度成正比例关系，即环境温度越高，消毒剂的杀菌效力越强，一般情况下，温度每提高 10℃，消毒效果将增加 1 倍。因此，冬季进行消毒时，应设法提高环境温度，以增强杀菌效果。但是，以氯和碘为主要成分的消毒剂，在高温条件下，有效成分会很快消失，所以，这些消毒剂不宜在高温季节使用。

6. 湿度不合适

很多牛场在进行消毒时，从不考虑控制环境中的湿度。其实，空气太干燥会影响消毒效果，如：使用甲醛溶液进行熏蒸消毒或使用过氧乙酸进行喷雾消毒时，最适相对湿度为 60%~80%，如果湿度太低，应先喷水提高湿度。

7. 水质不够好

养牛场进行消毒时，如果不考虑水质问题，消毒可能就会白费功夫。因为水质的酸碱度与一些消毒剂的杀菌效果密切相关，如：在碱性环境中，洗必泰等季胺盐类消毒剂杀菌作用增强，复合碘类消毒剂则要求 pH 在 2~5 范围内使用，但苯甲酸、过氧乙酸等酸性消毒剂必须在酸性环境中才有效。

8. 消毒时间不够

消毒没有计划，不考虑提前量，现用现消毒，仓促而行，效果往往不好。一般情况下，消毒剂与微生物接触的时间越长，灭菌效果越好，如：用石灰乳进行粪便消毒时，石灰乳与粪便接触至少应在 2 小时以上；使用高锰酸钾与福尔马林进行舍内空气熏蒸消毒时，应密闭门窗 10 小时。

9. 消毒前不清洁

消毒前不做清洁工作，严重影响消毒效果。因为消毒剂与粪污中的有机物（尤其是与蛋白质）可结合成为不溶性的化合物，阻碍消毒作用的发挥，而消毒剂被大量的有机物消耗后，则会明显降低对病原微生物的作用浓度。因此，消毒前必须消除污物，既能机械性地清理掉一部分微生物，也能防止污物阻碍消毒剂与病原体接触而降低消毒效果。

10. 使用单一消毒剂

养殖场应注意轮换或交叉使用不同类型的消毒药，这不是担心病原体会产生耐药性的问题，主要原因是，不同的消毒药有不同的杀菌范围，长期使用某一种或几种消毒药，有些病原体可能无法被杀死。如：复合酚类消毒药对细菌、真菌、有囊膜病毒、多种寄生虫卵都具有杀灭作用，但对无囊膜病毒如细小病毒、腺病毒、疱疹病毒等无效，季胺盐类消毒药属于阳离子表面活性剂，对无囊膜病毒消毒效果也不好，如果养殖场长期只使用复合酚类消毒药或季胺盐类消毒药，无囊膜病毒（如口蹄疫病毒、圆环病毒、细小病毒等）就容易泛滥。无囊膜病毒必须使用碱类、醛类、过氧化物类、氯制剂才能确保有效杀灭。

（二）消毒的实施

实施消毒离不开必要的设施设备。养牛场常用的消毒设施，主要包括养殖场和生产区大门的大型消毒池、牛舍入口的小型消毒池、人员进入生产区的更衣消毒室及消毒通道、消毒处理病死牛尸体坑以及粪污发酵场、发酵池等；常备的消毒设备主要有喷雾器、高压清洗机、高压灭毒器、煮沸消毒器、火焰消毒器等。

1. 门卫消毒

车辆进出养牛场大门，必须经过车辆消毒池。消毒池内投入 2%～3% 苛性钠溶液或其他消毒液，药液深度保持 10～20 厘米，一般每周更换或添加 1 次消毒液。还要根据下雨和天晴等情况，适当增减添加药液的次数。

2. 环境消毒

牛舍周围及运动场，每周用 2% 氢氧化钠或生石灰消毒 1 次；牛场周围、场内污水池、下水道等，每月用漂白粉消毒 1 次。牛舍入口设消毒池，使用 2% 氢氧化钠溶液或生石灰消毒，原则上每天更换 1 次。

3. 人员消毒

行人消毒室内安装紫外灯，设洗手盆。人员需经紫外灯消毒 10～15 分钟，更换专用生产区工作服和靴子，喷雾消毒 30 秒钟，靴子必须踏入消毒池，方可进入生产区。

在紧急防疫期间，禁止外来人员进入生产区参观，其他时间进入生产区时，也必须经过严格的门卫消毒。喷雾消毒和洗手应用 0.2%～0.3% 过氧乙酸药液或其他有效药液，每天更换 1 次。

4. 用具消毒

饲喂用具和料槽等要定期进行消毒，消毒药可选用 0.1%新洁尔灭或 0.2%~0.5%过氧乙酸。日常用具，如兽医用具、助产用具、配种用具等，在使用前后，均按规定要求进行彻底清洗和消毒。

5. 牛舍消毒

牛舍在每批肉牛出槽后应彻底清扫干净，用高压水枪冲洗后，进行喷雾消毒和熏蒸消毒。全进全出系统中的空栏消毒程序可分为以下步骤：清扫—高压水冲洗—喷洒消毒剂—清洗—熏蒸—干燥或火焰消毒—喷洒消毒剂—转入牛群。

定期进行带牛环境消毒，有利于减少环境中的病原微生物。可用于带牛环境消毒的药物有 0.1%的新洁尔灭、0.3%的过氧乙酸、0.1%的次氯酸钠等。

6. 设施消毒

定期用 0.1%新洁尔灭、0.3%过氧乙酸或 0.1%次氯酸钠等，对圈舍进行消毒。每年春秋两季，用 0.1%~0.3%过氧乙酸或 1.5%~2%氢氧化钠对圈舍进行 1 次全面大消毒，牛床和采食槽每月消毒 1~2 次。饮水池 7~10 天进行一次清洗和消毒。每 3~5 天更换一次足浴池的消毒药液。夏季时，用生石灰铺撒肉牛过道，对蹄肢进行干燥和消毒。草料存放处等，每月进行清扫、洗刷和药物消毒。

7. 粪便消毒

养牛场会产生大量的粪、尿、污水、废弃物、甲烷、二氧化碳等，如果控制与处理不当，将对环境造成严重污染。据报道，1 000 头规模的肉牛场，日产粪尿达 20 吨，这些粪尿、污水及废弃物，除部分作为肥料外，相当数量都排放在养牛场周围，污物产生的臭气及滋生的蚊蝇，严重影响周边环境。肉牛粪便消毒，常采用粪池发酵法、堆积发酵法、掩埋消毒法。

（1）粪池发酵法　在距牛场 200 米以外无居民、河流及水井的地方，挖好发酵池（大小根据实际需要而定），池的边缘与池底用砖砌后再抹以水泥，使其不透水。然后将每天清除的粪便及污物等倒入池内，直到快满时，在粪便表面铺一层杂草，上面用一层泥土封好，经过 1~3 个月的自然发酵后，即可取出作肥料使用。

（2）堆积发酵法　在距牛场 100 米以外的地方设堆粪场，在地面挖深约 20 厘米、宽约 1 米的沟，长度随粪便多少而定。先将秸秆堆至 25 厘米厚，其上堆放欲消毒的粪便、垫草及污物等，高可达 1~1.5 米，然后在粪堆外面再铺上 10 厘米厚的谷草，并覆盖 10 厘米厚的黄土，如此堆放 3 周后，即可用作肥料。需要注意的是，牛粪含有机质较少，不容易发酵，需要掺入其他动物的粪便或杂草，两者的比例为 4∶1。

（3）掩埋消毒法　选择地势高燥、地下水位较低的地块，挖一个深坑，坑的深度应达到 2 米以上，坑的大小应视粪便的多少而定，要使掩埋后的粪便表面距地表 50 厘米为宜。消毒剂可选用漂白粉或新鲜的生石灰。可以采用混合消毒的办法，将消毒剂与污染的粪便充分混合，倒入坑内；也可先将坑内撒入一层消毒剂，然后将污染的粪便倒入，每倒入 4~5 厘米的粪便，就撒入一层消毒剂，粪便顶部撒入一层消毒剂，然后覆土掩埋，顶部堆成土堆。5~6 个月后，可以挖出充当肥料。

第四节　牛场防疫制度化

肉牛养殖场的防疫计划，应当包括常发传染病的免疫计划、寄生虫病的驱虫计划、疾病治疗计划以及消毒计划等。国家标准化养殖小区示范创建活动，要求养殖场应在规定工作岗位上，张贴防疫计划和消毒防疫制度，并应有详细规范的记录，这些均有利于评价防疫计划的有效性和合理性。不同的养殖场，防疫计划内容会有差异，但养牛场场主应充分了解当地主要流行的疾病情况，严格分类并按照其重要性进行排序，然后，有针对性地制定相应的防疫计划。

一、牛场防疫制度与防疫计划的编制方法

搞好养牛场的各项防疫是控制牛病的关键。而良好的防疫，来自于严格的防疫制度和严密的防疫计划的编制与实施。编制牛场的防疫制度和防疫计划，有许多需要注意的问题。

（一）牛场防疫制度的制定

1. 防疫制度编写的内容

① 场址选择与场内布局。

② 饲养管理。饲料、饮水符合卫生标准和营养标准。

③ 检疫。产地检疫、牛群进场前的隔离检疫、牛群在饲养过程中的定期检疫。

④ 消毒。消毒池的设置，消毒药品采购、保管和使用；生产区环境消毒；牛圈舍消毒和牛体消毒，产房的消毒；粪便清理和消毒；人员、车辆、用具的消毒。

⑤ 预防接种和驱除牛只体内、外寄生虫。疫苗和驱虫药的采购、保管、使用；强制性免疫的动物疫病的免疫程序，免疫检测；免疫执照的管理；舍饲、放牧牛只的驱虫时间、驱虫效果。

⑥ 实验室工作。

⑦ 疫情报告。

⑧ 染病动物及其排泄物、病死或死因不明的动物尸体处理。

⑨ 灭鼠、灭虫，禁止养犬、猫。

⑩ 谢绝参观和禁止外人进入。

2. 防疫制度编制注意事项

① 防疫制度的内容要具体、明了，用词准确。如"牛场入口处设立消毒池""场内禁止喂养狗、猫""利用食堂、饭店等餐饮单位的泔水作饲料必须事先煮沸""购买饲料、饲草必须在非疫区"等。

② 防疫制度要贯彻国家有关法律、法规。如动物防疫法中规定实施强制免疫的动物疫病、疫情报告、染疫动物及其排泄物、病死或死因不明动物尸体的处理必须列入制度内。

③ 根据生产实际编制防疫制度。大型牛场应当制定本场综合性的防疫制度，规范全场防疫工作。场内各部门可根据部门工作性质，编写出符合部门实际的防疫制度，如化验室防疫制度、饲料库房防疫制度、诊疗室防疫制度等。

（二）牛场防疫计划的编制

1. 防疫计划的编制内容

① 基本情况。简述该场与流行病学有关的自然因素和社会因素。动物种类、数量，饲料生产及来源，水源、水质、饲养管理方式。防疫基本情况，包括防疫人员、防疫设备、是否开展防疫工作等。本牛场及其周围地带目前和最近两三年的疫情，对来年疫情防疫的预测等。

② 预防接种计划。应根据养牛场及其周围地带的基本情况来制订，对国家规定或本地规定的强制性免疫的动物疫情，必须列在预防接种计划内。并填写预防接种计划表（表3-3）。

③ 诊断性检疫计划。其格式见表3-4。

④ 兽医监督和兽医卫生措施计划。包括消灭现有疫病和预防出现新疫病的各种措施的实施计划，如改良牛舍的计划；建立隔离室、产房、消毒池、药浴池、贮粪池等的计划；加强对牛群饲养全程的防疫监督，加强对饲养员等饲养管理人员的防疫宣传教育工作。

⑤ 生物制剂和抗生素计划表。其格式见表3-5。

⑥ 普通药械计划表。其格式见表3-6。

⑦ 防疫人员培训计划。培训的时间、人数、地点、内容等。

⑧ 经费预算。也可按开支项目分季列表表示。

表 3-3　　____年预防接种计划表

单位名称：　　　　　　　　　　　　　　　　　　　　　　　　　　　　　第　页

接种名称	畜别	应接种头数	计划接种的头数				
			第一季度	第二季度	第三季度	第四季度	合计

表 3-4　　____年检疫计划表

单位名称：　　　　　　　　　　　　　　　　　　　　　　　　　　　　　第　页

检疫名称	畜别	应检疫头数	计划检疫的头数				
			第一季度	第二季度	第三季度	第四季度	合计

表 3-5　　____年生物制剂、抗生素及贵重药品计划表

单位名称：　　　　　　　　　　　　　　　　　　　　　　　　　　　　　第　页

药剂名称	计算单位	全年需用量					库存情况		需要补充量					备注
		第一季度	第二季度	第三季度	第四季度	合计	数量	失效期	第一季度	第二季度	第三季度	第四季度	合计	

表 3-6　　____年普通药械计划表

单位名称：　　　　　　　　　　　　　　　　　　　　　　　　　　　　　第　页

药械	用途	单位	现有数	需补充数	要求规格	代用规格	需用时间	备注

2. 防疫计划编制注意事项

① 编好"基本情况"。要求编制者不仅熟悉本场一切情况，包括现在和今后发展情况，如养殖规模扩大等，更要了解养殖场所在区域与流行病学有关的自然因素和社会因素，特别要明确区域内疫情和本场应采取的对策。

② 防疫人员的素质。根据实际需要对防疫人员进行防疫知识、技术和法律、法规培训，以提高动物防疫人员的素质。条件具备的养殖场，可利用计算机等现代设备，模拟各种情况下的防疫演习，特别是发生疫情时的扑灭疫情演习，使防疫人员能掌握各环节的要领和要求。防疫人员的培训应纳入防疫计划中。

③ 要符合经济原则。制定防疫计划，要考虑养殖场经济实力，避免浪费，

如药品器械计划，对一些用量较大的，市场供应紧缺、生产检验周期长以及有效期长的药品和使用率高的器械，适当多做计划，尽量避免使用贵重药械。

④ 要有重点。根据养殖场的技术力量、设备等条件，结合防疫要求，将有把握实施的措施和国家重点防制的疫病作为重点列入当年计划，次要的可以结合平时工作来实施。

⑤ 应用新成果。制定计划要考虑科研新成果的应用，但不能盲目。市场上新型广谱消毒药、抗寄生虫药种类繁多，对那些效果良好又符合经济原则的，应体现在计划中。

⑥ 时间安排恰当。平时的预防必须考虑到季节性、生产活动和疫情的特性，既避免防疫和生产冲突，也要把握灭病的最佳时期。如预防牛肝片吸虫病，在牧区，每年春季先驱虫，再放牧，既起到防治作用，又便于处理粪便；防止粪中的虫卵污染草地，扩散病原。秋收后再驱虫，保证牛能安全过冬。

二、肉牛常用疫苗及用法

（一）牛瘟疫苗

牛瘟疫苗有 3 种，分别是牛瘟兔化活疫苗、牛瘟山羊化兔化活疫苗、牛瘟绵羊化兔化活疫苗。

1. 牛瘟兔化活疫苗

鲜红色、细致均匀的乳液，静置后下部稍有沉淀，但不至于阻塞针孔。冻干苗为暗红色海绵状疏松团块，易与瓶壁脱离，加稀释液迅速溶解成红色均匀混悬液。必须保存时，不得超过下列期限：15℃以下，24 小时有效；15～20℃，12 小时有效；21～30℃，6 小时有效；淋巴、脾组织块于 0～4℃ 保存，不得超过 4 日。

液体苗用前摇匀，不论年龄、体重、性别，一律皮下或肌内注射 1 毫升。冻干苗用前按瓶签标示，用生理盐水稀释，不分年龄、体重、性别，一律皮下或肌内注射 1 毫升。接种后 14 日产生坚强免疫力，免疫保护期 1 年。

牦牛、朝鲜黄牛、临产前 1 个月的孕牛、分娩后尚未康复的母牛，不宜注射牛瘟兔化活疫苗。个别地区有易感性强的牛种，应先做小区试验，证明疫苗安全有效后，方可在该地区推广使用。

2. 牛瘟山羊化兔化活疫苗

淋巴、脾混合液体疫苗为鲜红、细致、均匀的乳液，静置后下部稍有沉淀物，但不至于阻塞针孔。冻干苗为暗红色或淡红色、海绵状疏松团块，加稀释液后迅速溶解成均匀混悬液。用蔗糖脱脂乳做稳定剂的疫苗，应在 5 分钟内溶解成均匀的混悬液，用血液做稳定剂的疫苗，应在 10～20 分钟内完全溶解。

液体苗一律肌内注射 2 毫升，冻干苗一律肌内注射 1 毫升。接种后 14 天产生坚强免疫力，免疫保护期 1 年。

3. 牛瘟绵羊化兔化活疫苗

形状、用法用量、免疫期同牛瘟山羊化兔化活疫苗。但临产前 1 个月的孕牛、产后尚未复原的母牛、可疑病牛以及未满 6 个月的牦牛、犏牛犊，均不宜注射。

（二）牛副伤寒灭活菌苗

本苗静置时上部为灰褐色澄明液体，下部为灰白色沉淀物，振摇后成均匀混悬液。用于预防牛副伤寒及沙门氏菌病。注射后 14 天产生免疫力，免疫保护期为 6 个月。

1 岁以下的小牛肌内注射 1~2 毫升，1 岁以上的牛注射 2~5 毫升。为增强免疫力，对 1 岁以上的牛，在第一次注射 10 日后，可用相同剂量再注射一次。孕牛应在产前 1.5~2 个月注射，新生犊牛应在 1~1.5 月龄时再注射 1 次。

已发生副伤寒的牛群，对 2~10 日龄的犊牛，可肌内注射 1~2 毫升。

（三）牛巴氏杆菌灭活菌苗

本品静置后，上层为淡黄色澄明液体，下层为灰白色沉淀，振摇后成均匀乳浊液。主要用于预防牛出血性败血症（牛巴氏杆菌病）。在 2~15℃冷暗干燥处保存，有效期 1 年；28℃以下阴暗干燥处保存，有效期为 9 个月。

皮下或肌内注射，体重 100 千克以下的牛，注射 4 毫升，100 千克以上的牛，注射 6 毫升。病弱牛、食欲或体温不正常的牛、怀孕后期的牛，均不宜注射。

（四）牛肺疫活菌苗

液体苗为黄红色液体，底部有白色沉淀，冻干苗为黄色、海绵状疏松团块，易与瓶壁脱离，加稀释液后迅速溶解成均匀混悬液。在 0~4℃低温冷藏，有效期 10 天；在 10℃左右的水井、地窖等冷暗处保存，有效期 7 天。主要用于预防牛肺疫（牛传染性胸膜肺炎）。免疫保护期为 1 年。

用 20% 氢氧化铝胶生理盐水稀释液按 1：500 倍稀释，为氢氧化铝苗；用生理盐水按 1：100 倍稀释，为盐水苗。氢氧化铝苗臀部肌内注射，成年牛 2 毫升，6~12 个月小牛 1 毫升。盐水苗尾端皮下注射，成年牛 1 毫升，6~12 个月小牛 0.5 毫升。

（五）口蹄疫 O 型、A 型活疫苗

用口蹄疫 O 型、A 型毒株制成，为暗红色液体，静置后瓶底有部分沉淀，振摇后成均匀混悬液。注苗后 14 天产生免疫力，免疫保护期 4~6 个月。12~24

月龄的牛每头注射 1 毫升，24 月龄以上的牛每头注射 2 毫升。12 月龄以下的牛不宜注射。

注苗后的牛应控制 14 天，不得随意移动，以便进行观察，也不得与猪接触。接种后若有多数牛发生严重反应，应严格封锁，加强护理。经常发生口蹄疫的地区，第一年注射 2 次，以后每年注射一次即可。防疫人员的衣物、工具、器械、疫苗瓶等，都要严格消毒处理。

（六）牛口蹄疫活疫苗

本品为略带红色或乳白色的黏滞性液体，在 4~8℃阴暗条件下保存，有效期 10 个月。用于牛 O 型口蹄疫的预防接种和紧急免疫。免疫保护期 6 个月。肌内注射，1 岁以下的牛每头 2 毫升，成年牛每头 3 毫升。

（七）狂犬病灭活疫苗

用于预防狂犬病，免疫保护期 6 个月。后腿或臀部肌内注射，牛用量为 25~30 毫升。紧急预防时，可间隔 3~5 天注射 2 次。

（八）伪狂犬病活疫苗

用于预防伪狂犬病，接种后第 6 天产生免疫力，免疫保护期 1 年。2~4 月龄的牛第一次注射 1 毫升，断奶后再接种 2 毫升，5~12 月龄犊牛 2 毫升，12 月龄以上和成年牛 3 毫升。

（九）牛环形泰勒虫活虫苗

本品在 4℃冰箱内保存时，呈半透明、淡红色胶冻状，在 40℃温水中融化后无沉淀、无异物。用于预防牛环形泰勒虫病。注射后 21 天产生免疫力，免疫保护期 1 年。

疫苗有 100 毫升、50 毫升、20 毫升瓶装，每毫升内含 100 万个活细胞。临用前，在 38~40℃温水内融化 5 分钟，振摇均匀后注射。不论年龄、性别、体重，一律在臀部肌内注射 1~2 毫升。

（十）抗牛瘟血清

黄色或淡棕色澄明液体，久置瓶底微有灰白色沉淀。用于治疗或紧急预防牛瘟，免疫保护期 14 天。肌内或静脉注射，预防量，100 千克以下的牛 30~50 毫升，100~200 千克的牛 50~80 毫升，200 千克以上的牛 80~100 毫升。治疗量加倍。

三、肉牛常用免疫程序

由于各地流行的牛病不尽相同，因此，肉牛的免疫接种程序会有较大差别，以下免疫程序仅供参考。

（一）犊牛免疫程序

1 日龄：牛瘟弱毒苗超免，犊牛生后在未采食初乳前，先注射一头份牛瘟弱毒苗，隔 1~2 小时后再让犊牛吃初乳，这适用于常发牛瘟的牛场。

7~15 日龄：气喘病苗、炭疽疫苗。

10 日龄：传染性萎缩性鼻炎疫苗，肌内注射或皮下注射。

10~15 日龄：犊牛水肿苗。

20 日龄：肌内注射牛瘟苗。

25~30 日龄：肌内注射伪狂犬病弱毒苗。

30 日龄：肌内注射传染性萎缩性鼻炎疫苗。

35~40 日龄：犊牛副伤寒菌苗，口服或肌内注射（在疫区，首免后，隔 3~4 周再二免）。

60 日龄：牛瘟、肺疫、丹毒三联苗，2 倍量肌内注射。

3~4 月龄：牛口蹄疫疫苗，皮下或肌内注射。

4.5~5 月龄：牛巴氏杆菌灭活疫苗、牛魏氏梭菌病灭活疫苗，皮下或肌内注射。

6 月龄：牛气肿疽灭活疫苗，皮下或肌内注射。

（二）后备公牛与母牛免疫程序

配种前 1 个月肌内注射细小病毒疫苗。

配种前 20~30 天注射牛瘟、牛丹毒二联苗（或加牛肺疫的三联苗），4 倍量肌内注射。

每年春天（3~4 月），肌内注射乙型脑炎疫苗 1 次。

配种前 1 个月接种 1 次伪狂犬疫苗。

（三）经产母牛免疫程序

空怀期：注射牛瘟、牛丹毒二联苗（或加牛肺疫的三联苗），4 倍量肌内注射。

每年肌内注射一次细小病毒灭活苗，3 年后可不注。

每年春天 3—4 月肌内注射 1 次乙脑苗，3 年后可不注。

产前 2 周肌内注射气喘病灭活苗。

产前 45 天、15 天，分别注射 K88、K99、987P 大肠杆菌苗。

产前 45 天，肌内注射传染性胃肠炎、流行性腹泻二联苗。

产前 35 天，皮下注射传染性萎缩性鼻炎灭活苗。

产前 30 天，肌内注射犊牛红痢疫苗。

产前 25 天，肌内注射传染性胃肠炎、流行性腹泻二联苗。

产前 13 天，肌内注射牛伪狂犬病灭活苗。

（四）配种公牛免疫程序

在做好犊牛阶段免疫后，每年春、秋各注射 1 次牛瘟、牛丹毒二联苗（或加牛肺疫的三联苗），4 倍量肌内注射。

每年 3—4 月肌内注射乙脑苗 1 次，3 年后可不注。

每年肌内注射气喘病灭活苗 2 次。

春、秋各肌内注射 1 次牛伪狂犬病疫苗。

每年肌内注射 2 次牛繁殖与呼吸综合征疫苗。

第四章 肉牛各阶段饲养管理技术

第一节 犊牛饲养管理技术

一、新生犊牛饲养管理

（一）犊牛培育的目的意义

1. 改良牛群品质，提高生产水平

犊牛的培育工作，是肉牛生产的重要环节。犊牛时期的生理机能正处于急剧变化阶段，可塑性较大。犊牛本身继承了双亲的遗传特性，但这些特性不一定会在生命过程中全部显现出来，关键在于人们的生产实践活动能够对犊牛个体进行塑造。所以，犊牛时期饲养管理的质量，直接影响成年牛的体型结构和终生的生产性能。科学的饲养管理，可促使某些优良性能充分显示出来，并进一步得到巩固和提高，也可促使某些缺陷得到不同程度的改善与消除。总之，加强犊牛培育，是加速育种进度、提高牛群质量的重要技术措施。

2. 力争全活全壮，不断扩大数量

犊牛初生阶段，对外界环境条件适应性差，机体代谢能力需要经过一段时间才逐渐强化。如果饲养管理不当，生长发育不良，往往容易感染疾病，甚至造成死亡。因此，必须采取各种有效措施，加强护理，搞好防疫，提高犊牛的成活率。只有犊牛的成活率提升了，肉牛的群体数量才能有良好的保障。

（二）新生犊牛的消化特点

犊牛在哺乳期内其胃的生长发育经历了一个成熟过程，出生最初 20 天的犊牛，瘤胃、网胃和瓣胃的发育极不完全，三胃的容积总和，仅占全胃总容积的 30%，而皱胃则占 70%，前三个胃没有任何消化功能。7 天以后开始尝试咀嚼干草、谷物和青贮料，出现反刍行为，瘤胃内的微生物区系开始形成，瘤胃内壁的乳头状突起逐渐发育，瘤胃和网胃开始增大。到 3 个月龄时，小牛四个胃的比例已接近成年牛的规模。到 6 月龄时，前三个胃的容积之和则占全胃总容积的 70%，而皱胃仅占 30%。以后，瘤胃继续增大，到 12 月龄时，接近成年水平。

人为的干预，可改变这个过程，使前胃发育时间缩短，为肉牛整体的生长发育和后期育肥打下良好的基础。

（三）犊牛接产

1. 分娩的基本知识

（1）分娩的发动　当怀孕期满胎儿发育成熟，机体就会发动分娩。分娩的发动是由胎儿及母体内分泌的变化、胎儿对母体的机械性神经性刺激和母体的免疫排斥反应等多种因素相互作用、彼此协调所促成的。由于个体、环境、营养等差异，预产期前后几天分娩都属正常。

（2）分娩的三要素　分娩过程顺利与否，取决于产力、产道和胎儿这3个因素。如果这3个因素正常或相互适应，分娩就能顺利进行；否则就需要人工干预。

产力，一是来自于母体子宫收缩的力量（阵缩），是分娩的主要动力；二是来自母体腹壁肌和膈肌收缩的力量（努责），与阵缩协同对胎儿娩出起很大的作用。

（3）产犊过程的划分　① 子宫开口期（又称第一产程）。从子宫开始阵缩到子宫颈充分开张为止。在开口期，母畜出现临产前的行为变化，如子宫颈管黏液塞开始软化，透明索状吊在阴门外，离群静卧或时起时卧、尾根抬起常作排尿姿势。如发生子宫扭转，子宫颈不能开张。观察不到位就会出现胎儿死亡气肿。

② 胎儿排出期（又称第二产程）。从子宫颈充分开张，胎囊及胎儿前置部分进入阴道，母畜开始努责，到胎儿完全排出为止。此时母畜一般侧卧，四肢伸直，强烈努责；当胎儿头部通过盆腔及阴门时，努责非常强烈并哞叫；助产绝大多数在此期间，因粗鲁操作、操作不当出现较多的问题。

③ 胎衣排出期（第三产程）。胎儿排出后努责停止，子宫肌继续收缩促进胎衣排出。如果母体继续有强烈努责，可能预示有双胎之一滞留，或预示将要发生子宫脱出，应采取适当措施。

2. 接产技术

（1）接产前准备　产房内所有接产物品、药品及器械配套。如缩宫素、止血药、抗菌药、静脉补液药及急救药品；消毒药，如碘酊棉、75%酒精棉、新洁尔灭、来苏尔等，长臂手套、产科钳、石蜡油助产器、照明设备。

将出现产犊征兆（举尾、尿频、起卧不安、漏乳等）的牛及时转入产房，在产床上进行分娩。注意在转群之前发现浆泡或浆泡破裂的牛禁止转群。

（2）正常分娩　在巡查产房过程中登记浆泡出现时间，观察母牛体质情况，之后不间断地观察牛在每15分钟内的产犊进展，浆泡破裂后，如果胎儿正常时，三件（唇及二蹄）俱全，表明胎位胎式正常，此时只需给予关注，让其自然分娩，不必人工干预。

（3）不正常情况的助产处理 所谓不正常情况，是指在严密观察跟进的前提下，在预定的时间没有达到预定的产程。

出现不正常情况应该及时进行检查，以确定胎儿及产道情况，再决定对策。

不正常情行的干预：① 当母牛出现不安或反复起卧等临产征兆 4 小时后仍未见露泡；② 当露泡 1 小时仍不见胎蹄出现；③ 当胎蹄露出 1 小时仍不见大的进展；④ 母牛强力努责超过 30 分钟没有见胎蹄露出或努责时胎蹄露出，停止努责后又退缩回去；⑤ 仅一只胎蹄露出或两只露出阴门的胎蹄蹄底朝上（可能是倒生）。

3. 难产的助产

助产的目的是保全母子平安，避免母牛生殖器官与胎儿的损伤。

（1）助产原则 要根据难产原因确定助产方法，不能随便强拉或打针。胎位不正的要进行调整矫正，产力缺乏的可进行牵拉或注射催产素。

（2）助产步骤 ① 消毒。当母牛即将分娩时，用绷带缠好尾根，拉向一侧系于颈部。再将阴门、肛门、尾根及后躯擦洗干净，用 0.1%高锰酸钾消毒。接产人员指甲剪短磨光，手臂消毒。

② 胎位矫正。随着母牛的阵缩，胎包和胎儿逐渐进入产道，待破水后应通过直肠或阴道来检查胎位，胎位不正者应及时调整。

头颈弯向一侧、两腿已伸出产道。如果胎小，产道润滑，扭转不严重时，可用手将其头搬正。反之，胎大，产道干燥，扭转严重，先将已伸出的两肢推回，同时将弯向一侧的头颈搬正。

头颈下弯，头颈弯于两前肢之间或侧面。将伸出产道的胎肢送回子宫，手沿着胎畜的腹侧深入，至胎畜嘴唇端时以手兜着胎畜嘴唇和下颌，用助产叉顶住胎畜的肩部将躯干顶进，将胎头拉出伸直，扳正胎头。

头向后仰或头颈扭转。如胎头稍偏，用手握住唇部将头拉正位即可。如胎头后仰或扭转严重，先将胎畜推进子宫，并进行矫正后，再以正位拉入产道。

前肢以腕关节屈曲伸向产道引起难产时，将胎畜推回子宫，术者手伸入产道，握住不正前肢的蹄子，尽力向上抬，再将蹄子拉入骨盆腔内，就可拉直前肢。

后肢姿势不正，多发于倒生胎畜的后腿髋关节屈曲，伸向前方，称坐生，此时，和前肢的矫正方法相同，矫正后要尽快强行拉出胎儿，拉出后，要倒控胎儿，使羊水从鼻孔和口腔排出。

③ 牵拉。若产程过长或产力不足，胎水已排出而胎头未露时，应及时牵拉。

如一人牵拉有困难，可用产科绳套住胎畜的前肢或某一部位，助手帮助牵拉。牵拉时要配合母牛努责的节律，来确定牵拉的力量、方向和时间，不能持续用猛力，以免损伤产道，胎儿臀部将要排出时，应慢用力，以防子宫脱出；头部通过阴门时，应用手护住阴唇，避免撑破撕裂。

④ 药物使用。产力不足者可配合注射催产素 8~10 毫升，必要时 20~30 分钟后可重复注射一次。产道不滑润的，可注入消毒过的石蜡油。

⑤ 胎儿护理。当胎儿唇部或头部露出阴门外时，如果上面覆盖着羊膜，可将其撕破，并把胎儿鼻孔内的黏液擦净，以利呼吸。

⑥ 果断措施。矫正胎位无望以及子宫颈狭窄、骨盆狭窄，拉出确有困难的，可实行剖腹产术或截胎术（弃子保母），胎畜已死的同样采取截胎术。

4. 助产后的护理

产后的母牛用 0.1%高锰酸钾冲洗产道及阴户，还可用青霉素粉撒入产道，胎衣不下的要及时治疗。产后的母牛应尽快饮给 35~38℃ 的"麸皮盐钙"汤，饮足为止。

胎儿产出后，立即将其口鼻内的羊水擦干，身体上的羊水可让母牛舔干，这样母牛可因吃入羊水（内含催产素）而使子宫收缩加强，利于胎衣排出，并可增强母子关系。脐带未断的及时断脐，注意不要留得太长。一般距胎儿的腹壁 5~8 厘米处进行钝性剥离。断脐后将脐带在 5%碘酒内浸泡片刻或在其外面涂以碘酒，如脐带有持续出血，须加以结扎。

胎儿产出后，应尽早吃上初乳，对暂时不能站的胎儿可进行人工挤奶，用犊牛专用大奶瓶实行人工哺乳。

（四）新生犊牛的护理

犊牛由母体产出后应立即做好如下工作：即消除犊牛口腔和鼻孔内的黏液，剪断脐带，擦干被毛，饲喂初乳。

1. 清除黏液

犊牛自母体产出后，应立即清除其口腔及鼻孔内的黏液，以免妨碍正常呼吸或者将黏液吸入气管及肺内导致疾病。首先要清除口鼻内黏液；至于躯体上的黏液，正常分娩时，母牛会立即舔舐，否则需要人工擦拭，以免犊牛受凉，尤其是在环境温度较低时，更应及时进行清理。母牛舔食犊牛身上的黏液，有助于犊牛呼吸，唾液中的溶菌酶还可预防疾病，而且黏液中的催产素可促进母牛子宫收缩，有利于排出胎衣和加强乳腺分泌活动。

若犊牛产出时将黏液吸入气管内，造成呼吸困难时，可握住犊牛的两后肢，将其提起，让犊牛头部向下，轻轻拍打犊牛胸部，迫使犊牛吐出黏液并开始自主呼吸。若一人操作有困难，可两人合作完成这个过程。也可用稻草搔挠小牛鼻孔或将冷水洒在小牛头部，以刺激其主动呼吸。

若犊牛产出时已无呼吸，但尚有心跳，说明处于"假死"状态，可在清除其口腔及鼻孔黏液后，将犊牛在地面摆成仰卧姿势，头侧转，按每 6 ~ 8 秒一次的节奏，按压与放松犊牛胸部，帮助进行人工呼吸，直至犊牛能自主呼吸为止。

2. 正确断脐

在清除犊牛口腔及鼻孔黏液以后，如其脐带尚未自然扯断，应进行人工断脐。方法是挤出脐带潴留的血液，在距离犊牛腹部 8 ~ 12 厘米处，两手卡紧脐带，往复揉搓脐带 1 ~ 2 分钟，然后，在揉搓处的远端，用消毒过的剪刀剪断脐带，挤出脐带中的黏液，并将脐带的残部放入 5% 的碘酊中浸泡 1 分钟进行消毒。

犊牛脐带在生后 1 周左右自然干燥脱落。犊牛出生 2 天后，应检查脐部情况，当发现不干燥并有炎症迹象时，可用碘酊消毒，不干且肿胀者，可确定为脐炎，应及时请兽医进行治疗。发生脐炎时，小牛表现沉郁，脐带区红肿并有触痛感。脐带感染能很快发展成败血症，若治疗不及时，常引起死亡，造成不应有的损失。

3. 编号、称重、标记

犊牛出生后应称初生重，对犊牛进行编号，对其毛色花片、外貌特征（有条件时可对犊牛进行拍照）、出生日期、谱系等情况作详细记录。

标记的方法有画花片、剪耳号、打耳标、颈环数字法、照相、冷冻烙号、剪毛及书写等数种，可根据养牛场实际情况选用。

4. 早喂初乳

犊牛出生后，要尽快让犊牛吃上初乳，这是保证犊牛成活率的关键措施。

初乳是母牛产犊后 5 ~ 7 天内所分泌的乳汁，颜色深黄，形状黏稠，成分和 7 天后所产常乳差别很大，尤其第一次初乳最重要。第一次初乳所含干物质是常乳的 2 倍，其中，维生素 A 是常乳的 8 倍，蛋白质是常乳的 3 倍。初乳中含有丰富的盐类，其中镁盐比常乳高 1 倍，使初乳具有轻泻性，犊牛吃进充足的初乳，有利于排出胎便。初乳酸度高，进入犊牛的消化道后，能抑制肠胃有害微生物的活动。另外，初乳中含有的溶菌酶和 K-抗原凝集素，也具有杀菌作用。初乳的这些特性和营养物质，是初生犊牛正常生长发育必不可少的，并且其他食物难以取代。

最为重要的是，初乳中含有大量免疫球蛋白，具有抑制和杀死多种病原微生物的功能，使犊牛获得最初的免疫力；而初生犊牛的小肠黏膜又能直接吸收这些免疫球蛋白，这种特性随着时间的推移而迅速减弱，大约在犊牛生后 36 小时即消失。研究证实，出生最初几个小时的犊牛，对初乳中免疫球蛋白的吸收率最高，平均达20%（范围为6%~45%），而后急速下降，生后24小时，犊牛就无法吸收完整的抗体。所以，犊牛应在出生后1小时内吃到初乳，而且越早越好，越充足越好。

出生1小时初乳的喂量应为2千克，12小时内再喂2千克，以后可随犊牛食欲的增加而逐渐提高，出生的当天（生后24小时内）饲喂3~4次初乳，一般初乳日喂量为犊牛体重的8%。从第4天开始，每天饲喂4千克，分2次饲喂。

所以，犊牛出生后，应尽量早喂初乳和多喂初乳。待前期的工作（如清除黏液、断脐、称重、编号、标记）完成后，只要能自行站立，就应引导犊牛接近母牛乳房寻食母乳。一般情况下，犊牛可以自行完成，若有困难，则需要进行人工辅助哺乳。如果母牛分娩后死亡，可以从其乳房中把初乳全部挤出，温热后（切不可超过40℃）喂给犊牛。若因母牛患病或其他原因导致初乳不能喂用时，可用同期产犊的其他母牛作保姆，或按每千克常乳中加入50毫克新霉素（或等效其他抑菌素）、1个鸡蛋、4毫升鱼肝油，配成人工初乳代替，并喂一次蓖麻油（100毫升）以代替初乳的轻泻作用。5天以后，只维持每千克奶加入35毫克新霉素，直至犊牛生长发育正常为止（21~30天）。人工初乳效果远不如天然初乳。

二、哺乳期犊牛饲养管理

（一）哺乳期犊牛的饲养

1. 饲喂常乳

犊牛哺乳1周后，即可转入哺喂常乳，可采用随母哺乳、保姆牛哺乳和人工哺乳等3种方法进行哺喂。

（1）随母哺乳法　让犊牛和其生母待在一起，从哺喂初乳至断奶，一直采用自然哺乳。为促进犊牛发育和减轻母牛泌乳负担，有利于产后母牛正常发情，可在母牛栏旁边设置犊牛补饲栏，单独给犊牛补饲草料。

（2）保姆牛哺乳法　选择健康无病、气质安静、乳及乳头健康、产奶量中下等的乳用牛做保姆牛，按其产奶量，安排1~3头其母缺乳或母亲已死亡的犊牛，调教相认后，自由哺乳。犊牛栏内要设置饲槽及饮水器，以利于补饲。调教保姆牛接受犊牛，可把保姆牛的尿液或生殖道分泌物或其亲犊的尿液，涂于寄养犊的臀部和尾巴上。对于脾气暴躁的母牛，第一次让寄养犊吮乳时，要把保姆牛后肢捆绑起来，经多次吮乳，如果保姆牛已经承认寄养犊，就可停止捆绑。

（3）人工哺乳法　找不到合适的保姆牛或乳牛场淘汰的犊牛，多采用人工哺乳法。新生犊牛结束5~7天的初乳期后，开始哺喂常乳。哺乳时，可先将装有牛乳的奶壶，放在热水锅中进行加热消毒，不能直接在锅内煮沸，以防止乳清蛋白在锅底沉淀糊锅降低奶的营养价值并增加有害因子。煮沸后，待冷却至38~40℃时哺喂。1周龄内每天喂奶3~4次；1~3周龄每天喂奶3次；4周龄以上，每天喂奶2次。

人工哺乳的喂乳量，1~2周龄时，小型牛3.7~5.1千克，大型牛4.5~6.5千克；3~4周龄时，小型牛4.2~6千克，大型牛5.7~8.1千克；5~6周龄4.4~6千克；7~9周龄3.6~4.8千克；10~13周龄2.6~3.5千克；14周龄以后1.5~2.1千克。全期用奶量为400~540千克。

2~3周龄以内的犊牛，宜用带橡皮奶嘴的奶壶喂奶。可用小刀在橡皮奶嘴顶端割一个"十"字形裂口，目的是在犊牛吃奶时，必须用力吮吸奶嘴才能吸到乳汁。当犊牛用力吮吸橡皮奶嘴时，由于分布在口腔的神经感受器受到刺激，可使食管沟完全闭合成管状，乳汁由食管沟全部流入皱胃。同时，由于吮吸速度较慢，乳汁在口腔中能充分与唾液混匀，到达皱胃时，能较快凝固成疏松的乳块，有利于乳汁的消化。

若把橡皮奶头剪成孔状或裂口过大时，由于吸奶毫不费劲，会使犊牛饮奶过急，食管沟往往闭合不全，乳汁进入瘤胃，使犊牛生病。乳汁在口腔中未能与唾液充分混合，到达皱胃后凝固成较坚硬的凝乳块，难于消化，甚至会堵塞皱胃与十二指肠连接的幽门，使皱胃内容物不能下移，造成皱胃扩张、小肠梗塞，严重时甚至导致死亡。

若改用桶喂时，要用手顶着犊牛嘴，以控制其吮乳速度，使每头犊牛吃奶时间不短于半分钟，最好1分钟以上。

喂奶前，应该将犊牛拴系牢固，使其不能互相舔吮。每次喂奶之后，要用干净毛巾将犊牛口、鼻周围残留的乳汁擦干净，一直拴系到其吸吮反射停止后再放开（约10分钟）。犊牛吃奶后若互相吸吮，常使被吮部位发炎或变形，或者将牛毛吞咽到胃肠中缠成毛团，堵塞肠管，危及生命。若形成恶癖，则可用细竹条（切忌用粗棒）抽打嘴头，多次即可纠正。

要经常观察犊牛的精神状态及粪便。健康的犊牛，体形舒展，行为活泼，被毛柔顺而有光泽；若被毛杂乱而蓬松，垂头弓腰，行走蹒跚，咳嗽，流涎，叫声凄厉，则是有病的表现。若犊牛粪便变白、变稀，往往是消化不良的表现，与吃奶过多有关，此时只需减少20%~40%的喂奶量，并在奶中加入30%的温开水饲喂，配合减慢吮乳速度，不必使用药品，也可很快痊愈。

2. 早期断奶

为减少犊牛用奶量，把哺乳期缩短到3个月以下，可早期进行断奶。最短的哺乳期，是喂3天初乳之后，改用代用乳。但目前多采用5周龄断奶，总用奶量约为 100 千克，这种方法较为经济易行。哺乳期越短，喂犊牛的代用乳质量要求越高，成本也就随之而增加。例如，吃 7 天初乳后断奶，喂用人工代乳粉的配方是：脱脂乳粉 69%，乳化脂肪 24%，乳糖 5.3%，磷酸钙 1.2%，每千克代乳粉中加入 35 毫克新霉素及适量维生素 A 和维生素 D。使用时，每千克代乳粉中加入 7.5 千克水，按正常喂奶量喂给犊牛，也可干喂。具体断奶方案见表 4-1。

表 4-1　犊牛早期断奶方案　　　　　　　　　　　　　　（千克/天）

日龄	0~7	8~14	15~21	22~35	36~63	64~91	92~180
牛奶	3.5~4.0	4.0~5.0	3.5~4.0	2.0~2.5	0	0	0
代乳料	0	0	随意采食		1.4~2.5	2.0~3.0	
犊牛料	0	0	0	0	0	0	2.5~3.5
青干草	自由采食						

　　干喂法，是从 15 日龄开始在代乳料中拌入少量奶，引诱犊牛采食，待犊牛会吃后停止加奶。犊牛代乳料可按表 4-2 配方。早期断奶的犊牛，在饲喂人工乳或代乳料初期，易发生消化不良以至下痢。为减少这些疾病的发生，必须在 7~15 日龄接种瘤胃微生物，即在成年牛反刍时，将其口腔内食物取出，塞少许到犊牛口中。对初生重过小或瘦弱的犊牛，可延长哺乳期。气温过低的季节，也应适当延长哺乳期。犊牛日增重方案见表 4-3。

表 4-2　犊牛代乳料　　　　　　　　　　　　　　　　（%）

熟谷物	熟黄豆	熟豆粕	糠麸类	乳清粉	脱脂奶粉	乳化脂肪	糖蜜	酵母蛋白粉	磷酸氢钙	食盐	维生素A (IU/千克)	微量元素	鲜奶香精 (毫克/千克)	适用范围
				20	40	20	8	10		1				30日龄内
31	40			15			8	3	2	1	10~20	适量	10~20	90日龄内
33		32		15		10	5	3	2	1				
33		35	10	5			5	0	10	1	1			90日龄后

表4-3　理想犊牛日增重　　　　　　　　　　　　（千克）

种类	哺乳期	性别	0~30日龄	31~60日龄	61~90日龄	91~120日龄	121~150日龄	151~180日龄
大型牛	哺乳6个月	公牛	0.90	1.10	1.20	1.30	1.30	1.35
		母牛	0.80	0.85	0.90	0.95	1.00	1.05
	哺乳35天早期断奶	公牛	0.90	0.40	0.50	0.60	0.70	0.80
		母牛	0.80	0.35	0.45	0.55	0.65	0.70
改良牛	哺乳6个月	公牛	0.70	0.85	0.90	1.00	1.00	1.05
		母牛	0.60	0.65	0.65	0.70	0.75	0.80
	哺乳35天早期断奶	公牛	0.70	0.30	0.40	0.45	0.55	0.60
		母牛	0.60	0.25	0.35	0.40	0.50	0.55
良种肉牛	哺乳6个月	公牛	0.65	0.80	0.85	0.95	0.95	1.00
		母牛	0.50	0.55	0.60	0.65	0.65	0.70
	哺乳35天早期断奶	公牛	0.65	0.30	0.35	0.40	0.50	0.60
		母牛	0.50	0.25	0.30	0.35	0.45	0.45
良种黄牛	哺乳6个月	公牛	0.45	0.50	0.60	0.65	0.65	0.70
		母牛	0.40	0.45	0.45	0.50	0.50	0.55
	哺乳35天早期断奶	公牛	0.45	0.20	0.25	0.30	0.35	0.40
		母牛	0.40	0.18	0.23	0.28	0.32	0.35

3. 及时补饲

为满足犊牛营养需要和早期断奶，促进犊牛前胃发育并锻炼消化能力，应及时补饲植物性饲料，可从7~10日龄开始训练采食干草。在犊牛栏草架上放置优质干草，供其随意采食。

从7天起，训练采食精饲料。开始时，在喂完奶后，将料涂在牛嘴唇上诱其舔食。精料可用玉米面加少量食盐煮成稀粥，并加入少量牛乳。也可将玉米、麦麸、大麦混合粉碎，加入骨粉、食盐，混合成干粉料或煮粥使用。经2~3日后，可在犊牛栏内放置饲料盘，任其自由采食，当犊牛每天采食量超过0.5千克时，按培育方案及抽查日增重，决定每日补料量。

需要注意的是，8周龄前的犊牛，不宜多喂青贮饲料，也不宜喂秸秆饲料，可以补给少量切碎的胡萝卜等块根、块茎饲料，开始时，每日喂量20~30克，到2月龄时，每日喂量1~1.5千克，到3月龄时，每日喂量可增加至2~3千克。青贮饲料可从2月龄时饲喂，喂量也要由少到多，3月龄每日喂量1.5~2千克，4~6月龄增加到4~5千克。

4. 充足饮水

牛奶中的水分含量不能满足犊牛正常代谢的需要，必须让犊牛尽早饮水。开始时，可在两次喂奶之间，饮 36~37℃ 的温开水；10~15 日龄后，改饮常温水；5 周龄后，可在运动场内备足清水，任犊牛自由饮用。

（二）哺乳期犊牛的管理

1. 去角

犊牛去角的好处，一是便于统一管理，二是防止成年后相互攻击造成损伤。去角的适宜时间是生后 7~10 天，此时，牛角生长不完善，容易去除。牛犊具有一定的抵抗能力，去角一般不会产生疾病。

常用的去角方法有电烙法和固体苛性钠法 2 种。

（1）电烙法　需要使用 200~300 瓦的电烙器。将电烙器的烙头砸扁，使其宽度刚好与牛角生长点相称，加热到一定温度，牢牢地压在牛角基部，直到其下部组织烧灼成白色为止。烧烙时间不宜太长，以防烧伤下层组织。烙完后，涂以青霉素软膏或硼酸粉。随母哺乳的犊牛，最好采用电烙法去角。

（2）苛性钠法　在牛角刚鼓出但未硬时进行操作，并且需要在晴天且哺乳后进行。具体方法是：先剪去牛角基部的被毛，再用凡士林涂一圈，防止苛性钠药液流出伤及头部和眼部，然后用棒状苛性钠沾水涂擦牛角基部，直到表皮有微量血渗出为止。

用苛性钠处理完后，要将犊牛单独拴系，以免其他犊牛舔食伤处腐蚀口舌造成伤害；也能避免犊牛感觉不舒服磨擦伤处，那样会增加渗出液、延缓痊愈期。同时，还要防止犊牛淋雨，以免雨水将苛性钠冲入犊牛眼中。苛性钠去角后，伤口一般需要 1~3 天才能变干，在伤口未变干前，不宜让犊牛吃奶，以免腐蚀母牛乳房皮肤。

夏季蚊蝇多，犊牛去角后，要经常进行检查，若发现去角处化脓，初期可用双氧水冲洗，再涂以碘酊；若已出现由耳根到面部肿胀的症状，须进一步采取消炎措施。

2. 编号

给肉牛编号便于管理。将编号记录于档案之中，以利于育种工作的进行。

养牛数量较少时，可以给每头牛命名，从牛毛色和外形的差异上，可以把牛清楚地区分开来。但养牛数量多时，想清楚地把牛区分开，可能就比较困难了。所以，将编号可靠地显示在牛的身上（也称为打号），就是一个简便易行且十分有效的区分办法。给肉牛编号，最常用的方法是按肉牛的出生年份、牛场代号和该牛出生的顺序号等进行编号。习惯上，将头两个号码确定为出生年，第 3 位号码代表分场号，以后为顺序号，例如 981103，表示 98 年出生、1 分场、第 103

号牛。有些编号方法，是在数码之前还列字母代号，表示性别、品种等。各养牛场可根据本场实际，确定适合本场的编号原则。

生产上常用的打号方法有剪耳法、金属耳标法、塑料耳标法、热烙打号法、冷冻打号法等多种。

（1）剪耳法　用剪号钳在牛的耳朵不同部位剪上豁口，以表示牛的编号。小型牛场可采用此法。剪耳法宜在犊牛断奶之前进行。剪口要避开大血管，以减少流血。剪后用5%碘酒处理伤口。剪耳编号的原则是：左大右小，下1上3，公单母双。剪耳编号标识比较容易，缺点是容纳数码位数少，远处难看清，外观上也不美观。

（2）金属耳标法　通常用合金铝冲压成阴阳两片耳标，用数字钢錾在阴阳两片外侧面分别打上牛的编号，然后把阴片中心管穿过牛耳朵下半部毛发较稀、无大血管之处，阳片在耳朵另一侧，把中心管插入对侧穿过来的阴片中心管中，再用专用耳号钳端凸起夹住两侧耳标中心孔用力挤压，使阴阳两片中心管口撑大变形加以固定。手术处需要用5%的碘酒消毒。此法美观、经济，但金属耳标面积小，如果不抓住牛仔细辨认，就很难看清编号。

（3）塑料耳标法　用耐老化、耐有机溶剂的塑料，制成软的耳标，用塑料染色笔把牛的编号写到耳标正面，然后，把耳标拴在牛耳下侧血管稀少处，穿透牛耳穿过耳标孔，把耳标卡住。此法由于塑料可制成不同色彩，使其标志更加鲜明，并可利用不同颜色代表一定内容。由于耳标面积较大，所以数码字也较大，标识比较清晰，即使距离2米也能看清，故此法使用较广，但缺点是放牧时易丢失，所以要及时检查，一旦发现丢失应及时补挂。

（4）热烙打号法　在犊牛阶段（近6月龄时），将犊牛绑定牢靠，把烧热的号码铁按在犊牛尻部，烫焦皮肤，痊愈后，烫焦处会留下不长毛的号码。使用这种方法，热烙打号时肉牛很痛苦，会极力挣扎，从而影响操作，常会将皮肤烫成一片焦灼而不显字迹；同时，若烫后感染发炎，也会使字迹模糊不好辨认。但此法也有优点，那就是编号能终身存在于肉牛体表，字体随肉牛生长而变大，几米以外均可看清，并且成本低，所以，生产上使用较多。

（5）冷冻打号法　冷冻打号法是以液态氮将铜制号码降温到-197℃，让犊牛侧卧，把计划打号处（通常在体侧或臀部平坦处）尽量用刷子清理干净，用酒精湿润后，把已降温的字码按压在该处。冷冻打号时，肉牛不感到痛苦，容易获得清晰的字迹。缺点是操作繁琐，成本较高。

3. 分栏分群

肉用犊牛大都随母哺乳，一般不需要分群管理。少数来源于乳牛场淘汰的公犊，在采用人工哺乳方法时，应按年龄分群分栏饲养，以便喂奶与补饲管理。

4. 防暑防寒

冬季天气严寒、风大，特别是在我国北方地区，恶劣的气候条件对肉牛影响很大，要注意人工饲喂犊牛舍的保暖，防止穿堂风。若是水泥或砖石地面，应多铺垫麦秸、锯末等较为松软的垫料，舍温不可低于0℃（没有穿堂风，可不低于-5℃），防止冻伤。夏季炎热季节，运动场内应有凉棚等防暑设施，让肉牛乘凉休息，防止发生中暑。

5. 刷拭

犊牛基本上在舍内饲养，其皮肤易被粪便及尘土所黏附，形成脏污不堪的皮垢，这样不仅降低皮毛的保温与散热能力，也会使皮肤血液循环受阻，容易患病。所以，刷拭牛体很有必要。每日应至少刷拭1次牛体，保持犊牛身体干净清洁。

6. 运动

运动对促进犊牛的采食量和健康发育都很重要。随母哺乳的犊牛，3周龄后可安排跟随母牛放牧。人工哺乳的犊牛，应安排适当的运动场。犊牛从生后8～10日龄起，即可开始在犊牛舍外的运动场做短时间的自由运动，以后逐渐延长运动时间。如果犊牛出生在温暖的季节，开始运动日龄还可早些。活动时间的长短，应根据气候及犊牛日龄来掌握，冬天气温低的地方及雨天，不要使1月龄以下的幼犊到室外活动，防止受寒后应激发生疾病。

7. 消毒防疫

要及时打扫牛舍，保持舍内清洁卫生。犊牛舍或犊牛栏要定期进行消毒，可用2%火碱溶液进行喷洒，同时用高锰酸钾液冲洗饲糟、水槽及饲喂工具。对于犊牛，还应根据当地疫病特点，及时进行防疫注射，防止发生传染性疾病。

8. 建立档案

后备母犊应建立档案，记录其系谱、生长发育情况（体尺、体重）、防疫及疫病治疗情况等。

第二节 育成牛饲养管理

5～6个月龄断奶以后，直到2.5岁左右的正在生长发育的牛，习惯上称之为育成牛。育成牛正处于生长发育较快的阶段，一般到18月龄时，其体重应该达到成年时的70%以上。育成阶段生长发育是否正常，直接关系到牛群的质量和养牛场的经济效益，因此，必须对育成牛群给予合理的饲养管理。

一、繁殖场育成牛的饲养管理

（一）育成母牛的饲养管理

1. 育成母牛的特点

（1）生长发育速度快　牛的头、腿、骨骼、肌肉等，在育成阶段迅速生长，体型发生巨大变化。但因年龄不同，其生长发育程度也有差异。育成牛按月龄不同，可分为小育成牛（6~12月龄）、大育成牛（12~18月龄）和青年牛（18月龄到初产前）。据研究，6月龄时，育成牛体高比初生时增长36.4%，体长增长51%，胸围增长63%，腹围增长92%，体重增长4.3倍。12月龄时，育成牛体高比初生时增长55.4%，体长增长79%，胸围增长100%，腹围增长130%，体重增长7.7倍。18月龄时，育成牛体高比初生时增长70%，体长增长98.6%，胸围增长125%，腹围增长155%，体重增长10.7倍。

（2）瘤胃发育变化大　12月龄时，瘤胃容积占胃总容积的75.5%，接近成年牛的容积。

（3）生殖器官变化多　6~9月龄时，母牛的卵巢上出现成熟的卵泡，开始发情排卵。15~16月龄时接近体成熟。16月龄后，体重增加很快，有的已达到360~400千克，可开始配种。育成母牛妊娠后，生殖系统发生急剧变化，乳腺组织生长迅速，乳腺导管数量增加。到妊娠后期，乳房结构达到活动乳腺的标准状态。

2. 育成母牛的饲养

在不同年龄阶段，育成母牛的生理变化与营养需求不同。断奶至周岁的育成母牛，逐渐达到生理上的最高生长速度，而且在断奶后，幼牛的前胃相当发达，只要给予良好的饲养条件，即可获得理想的日增重。

（1）饲料搭配　在组织育成母牛日粮时，宜采用较好的粗料与精料搭配饲喂。粗料可占日粮总营养价值的50%~60%，混合精料占40%~50%，到周岁时，粗料逐渐加到70%~80%，精料降至20%~30%。

用青草作粗料时，采食量折合成干物质增加20%。在放牧季节，可少喂精料、多食青草。舍饲期中，应多用干草、青贮和根茎类饲料，干草喂量（按干物质计算）为体重的1.2%~2.5%。青贮和根茎类饲料，可代替干草量的50%。

不同的粗料，要求搭配的精料质量也不同。用豆科干草作粗料时，精料需含8%~10%的粗蛋白质；若用禾本科干草作粗料，精料蛋白质含量应为10%~12%；用青贮料作粗饲料，精料应含12%~14%的粗蛋白质；以秸秆为粗料，要求精料蛋白质水平更高，应该达到16%~20%。

1周岁以上的育成母牛，消化器官的发育已接近成熟，消化力与成年牛相似，饲养粗放一些，能促进消化器官的机能。至初配前，粗料可占日粮总营养价值的 85%~90%。如果吃到足够的优质粗料，一般都能满足营养需要；如果粗料品质较差，要补喂一些精料。在此阶段，由于母牛运动量加大，所需营养也加大，配种后至预产前 3~4 个月，为满足胚胎发育及营养贮备的需要，可适当增加精料喂量；与此同时，日粮中还须注意补充矿物质和维生素 A，以免影响胎儿发育，防止造成产后胎衣不下。

（2）放牧饲养　无论对任何品种的育成牛，放牧均是首选的饲养方式，养牛场应根据当地青绿饲料的特点，对育成牛群进行放牧饲养。放牧有如下好处。

① 有利于获得多种营养。育成牛放牧饲养，可以让牛吃到多种多样的野生天然饲草，既能增进食欲，促进瘤胃消化功能进一步完善，又有利于满足肉牛对各种营养物质的需要。放牧饲养还能在一定程度上改善牛肉的风味，有利于提升产品质量。

② 有利于保持体质健壮。育成牛野外放牧，牛群运动充足，有利于增强体质，特别是能够减少消化系统疾病和肢蹄病的发生；野外环境空气新鲜、光照充足，有利于牛群保健。另外，野外放牧可以进行充足的日光浴，这会使肉牛皮肤中的 7-脱氢胆固醇转化成为维生素 D，促进钙的吸收和利用，促进骨骼钙化和肉牛生长发育。

③ 有利于降低饲养成本。育成牛野外放牧，既利用了营养丰富、优质廉价的各种天然饲草，又节省了劳力资本和精料、粗料的资金投入，从而可以达到降低饲养成本、提高经济效益的目的。这是育成牛放牧饲养的基本目标。

放牧注意事项。

1）按性别组群放牧。育成牛放牧饲养具有多种优势，因此，除冬季严寒、枯草期缺乏饲草的地区外，其他合适的区域和季节均应放牧饲养。6 月龄以后的育成牛，必须按性别分别组群放牧。分群放牧的主要目的，是避免野交杂配和小母牛过早配种。野交乱配会出现近亲交配现象，或者与无种用价值的小牛交配，导致肉牛后代体质和生产性能退化。同时，若母牛过早交配，还会影响其正常的生长发育，使肉牛成年时达不到应有的体重标准，影响产品性能指标，而其所生育的犊牛也会先天不足、生产能力低下。这些无疑都会给肉牛生产造成不必要的损失。

若牛群数量较小，没有条件将公母分群，可对部分育成公牛作副睾切割手术（相当于输精管切割，需要专业兽医操作），这样做，可以在保留睾丸并维持其分泌性激素生理功能的前提下，避免随机交配产生的意外受孕现象。在合理的营养条件下，公牛的增重速度、饲料转化效率、胴体瘦肉率等，均明显高于阉牛，另外，公牛肉的滋味和香味也比阉牛好一些。因此，饲养公牛生产牛肉，成本低、收益高、效果好。

2）放牧后补饲。放牧青草能让育成牛吃饱时，日增重大多能达到 400～500 克，在这种情况下，肉牛回圈舍后，可不必另行补饲干草或精料。但在春季牧草返青或初冬牧草枯萎时，牧草量少、营养不足且适口性差，放牧牛群必须每天补饲干草或精料（补饲量及配方见表 4-4、表 4-5）。补饲时机应选在牛群回圈休息一段时间之后，一般在夜间补饲为好。如果回圈后立即补饲，往往会使牛群养成回圈路上拥挤奔跑的习惯，这样会使牛群体力消耗过大，从而影响增重效果。另外，夜间补饲不会降低白天放牧采食量，有利于充分利用野生牧草资源。

表 4-4　育成牛日补料量 （千克）

饲养条件		肉用品种及改良牛	
		大型牛	小型牛（包括非良种牛）
放牧	春天开牧头 15 天	0.5	0.3
	16 天到当年青草季	0	0
	枯草季	1.2	1.0
舍饲	粗料为青草	0	0
	粗料为青贮	0.5	0.4
	氨化秸秆、野青草、黄贮、玉米秸	1.2	0.8
	粗料为麦秸、稻草	1.7	1.5

表 4-5　育成牛精料配方 （%）

玉米	高粱	棉仁饼	菜籽饼	胡麻饼	糠麸	食盐	石粉	适用范围
67	10	2	8	0	10	2	1	放牧青草，饲喂氨化秸秆等日粮
62	5	12	8	0	10	1.5	1.5	饲喂青贮等日粮
52	5	12	8	10	10	1.5	1.5	放牧枯草，饲喂玉米秸秆等日粮

注：以秸秆、氨化秸秆等为主日粮时，每千克精料中应加入 8 000～10 000 单位维生素 A。

3）注意时间安排。放牧并非一年四季都可进行，要注意选择合适的时间。冬天气候寒冷，不宜放牧，最好采取舍饲的方法，以秸秆为主，稍加精料，以维持牛群健康的体质和较好的日增重。春天牧草刚返青时，尽量不要放牧，以免肉牛"跑青"造成体力透支而影响增重。另外，刚返青的牧草不耐践踏和啃咬，过早放牧会加快草地退化，不但影响当年的产草量，还会影响草场以后的产草量，不利于草场的可持续发展。一般情况下，在牧草平均生长到超过 10 厘米时，即可开始放牧。最初放牧 15 天，通过逐渐增加放牧时间和放牧范围，让肉牛慢慢适应，如果不加限制，肉牛突然大量采食青草，往往会发生臌胀、水泻等疾病，严重影响体质健康和日增重。每次放牧的时间，视牛群采食情况而定，夏季应早出晚归，避开炎热的中午，避免牛群在烈日下长时间暴晒。

4）注意补充矿物质。肉牛饲料中需要添加食盐及其他矿物元素，这些添加物要准确配合在饲料中，保证让每头牛每天都能食入合适的矿物剂量。矿物元素不能集中饲喂，尤其是铜、硒、碘、锌等微量元素，日常所需剂量很小，饲料中添加剂量稍大便会引起中毒，甚至导致死亡，而在缺乏时，则明显影响肉牛的生长发育。常用的矿物添加制剂，主要产品形式是舔砖。最普通的舔砖只含有食盐，可让肉牛自行舔食，肉牛感觉满足需要后即可停止舔食，一般不会引起中毒。功能较全的舔砖，除食盐外，还含有各种矿物元素，虽然营养全面，但在使用时，应注意微量元素种类和含量是否适合当地土壤和水源的特点，不能盲目采购、胡乱使用。还有含尿素、双缩脲等增加非蛋白氮的特种舔砖，也可根据实际情况合理选用。舔砖外形方圆不等，每块重 5~10 千克，一般放置在肉牛喝水和休息的地方，肉牛即可自行舔食。

5）供给充足饮水。水是牛体组织的重要组成部分，犊牛体内含水量高达70%，成年牛体内含水量也达 50%以上。清洁的饮水，对肉牛十分重要，缺水不但影响饲料的消化和营养物质的吸收，还会引起瓣胃阻塞，甚至导致肉牛死亡。肉牛体格高大，每日需水量较多，按成年牛计算（6 个月以下犊牛相当于 0.2 头成年牛，6 个月至 2 岁半小牛相当于 0.5 头成年牛），每头牛每天需喝水 10~50千克。

肉牛每日饮水量，与气候、饲料组成等因素密切相关，吃青草时饮水较少，吃干草、枯草、秸秆时饮水相对较多，采食高蛋白、高能量、矿物质丰富的日粮时，需水量较平时增加 22%~100%；夏天饮水多，冬天饮水少，气温在 10℃以下，每采食 1 千克干物质需要 3.1~3.5 千克水，而在 27℃以上的环境条件下，每采食 1 千克干物质则需要 5.5 千克水。放牧肉牛，要重视解决饮水问题，只有饮水充足，才能让肉牛吃得饱长得好。饮水地点距放牧地点要近些，最好不要超过 5 千米，水质要符合卫生标准。每天让肉牛饮水 2~3 次。若放牧地没有泉水、溪水等可靠的水源，也可修筑蓄水池，以利于积蓄雨水供肉牛饮用。

6）选好放牧地。放牧地的临时牛圈，要选在高旷、易排水、坡度小（2%~5%）的地方，夏天有阴凉之处，春秋应背风、向阳、暖和，不得选在悬崖边、山崖下、雷击区、河流边、低洼处或坡度过大处。1 周岁之前的育成牛、带犊母牛、妊娠最后两个月的母牛以及瘦弱的肉牛，可在牧草较丰盛、地区较平坦、离临时牛圈较近的区域放牧，尽量不要让其走远路。为减少牧草浪费和提高草地（山坡）载畜量，可分区轮牧，每年都留出一部分地段，让其在秋季处于休牧状态，让优良牧草有开花结籽、扩大繁殖的机会。若有其他家畜同时在区域内放牧，为减少牧草浪费，可采取先牧马、再牧牛、后牧羊的次序进行放牧。

7）组群合适。放牧牛群的组成数量，要因地制宜。水草丰盛的草原地区，可选100~200头牛组成一群，农区、山区，可选50头左右的牛组成一群。群大可节省劳动力、提高生产效率、增加经济效益，但管理难度相对较大，管理者需要有丰富的经验。群小好管理，在产草量低的情况下，仍能维持适合于牛群特点的放牧行走速度，牛群生长发育比较一致。

（3）舍内饲养　舍饲可分为小围栏饲养、定时拴系饲养、大群散放饲养等几种形式。

① 小围栏饲养。每栏10~20头牛不等，平均每头牛占7~10米²。栏杆处设置饲槽和水槽，定时饲喂草料、自由饮水。利用牛群的竞食性，使采食量提高，可获得群体较好的平均日增重，但个体间不均匀，饲草浪费大。

② 定时拴系饲养。我国采用最广泛的方法。此法可针对个体情况来调节日粮，使生长发育均匀，节省饲草，但劳动力和厩舍设施投入较大。

③ 大群散放饲养。全天自由采食粗料，定时补精料，自由饮水。此法与小围栏相似，但由于全天自由采食粗料，使饲养效果更好，省人工，便于机械化，但饲草浪费更大。我国很少采用此法。

舍饲牛上下槽要准时，如果随意更变上下槽时间，会使牛群的采食量下降，饲料转化率降低。每日3次上槽效果较2次好。

3. 育成母牛的管理

（1）分群　育成母牛最好在6月龄时分群饲养。公母分群，即将育成母牛与育成公牛分开，同时应以育成母牛年龄为标准，分阶段进行饲养管理。

（2）定槽　圈养拴系式管理的牛群，定槽是必不可少的管理措施，只有这样，才能使每头牛都有自己的牛床和食槽。

（3）刷拭　肉牛新陈代谢旺盛，主要通过毛孔、皮肤散发热量，又加上皮肤分泌物较多，因此，刷拭牛体很有必要。刷拭牛体既能清除体表污垢和寄生虫，保证皮肤毛孔不受堵塞、不受侵害，还能增加皮肤血液循环，保持皮肤健康。同时，每天定时刷拭皮肤，还能及时发现创伤，采取必要的处置措施。舍饲牛群每天应刷拭1~2次，每次3~5分钟。要细心刷拭牛体的每一个部位，刷下的毛发应收集起来，不能让牛舔食，刷下的灰尘不能落入饲料内。

（4）转群　育成母牛在不同生长发育阶段，生长强度不同，应根据年龄、发育情况合理分群，并按时转群，一般在12月龄、18月龄、定胎后或至少分娩前两个月共3次转群。转群前，结合称重与体尺测量，淘汰生长发育不良的个体，剩下的转群。最后一次转群，是育成母牛走向成年母牛的标志。

（5）初配　在18月龄左右，可根据生长发育情况，决定育成母牛是否接受配种。配种前一个月，应注意育成母牛的发情日期，以便在以后的 1~2 个情期内进行配种。放牧牛群发情有季节性，一般春夏季节发情（4—8 月），生产上要注意观察，当母牛生长发育达到适配时间（体重达到品种平均的 70%），应予以配种。

（6）防疫　春秋季节进行驱虫，并按期进行检疫和防疫注射。放牧的肉牛，最容易感染肝片吸虫、姜片吸虫、绦虫等寄生虫病，必须在放牧开始前和结束后，分别进行一次驱虫。

（7）防暑防寒　在建筑牛舍时，就应根据当地气候特点，考虑防暑防寒问题，同时，还应有计划地搞好场区绿化，为夏季防暑做好准备。在气温达到30℃时，应考虑搭凉棚或遮阴网等措施进行防暑。在北方地区则主要考虑防寒问题。整体来看，防暑重于防寒。

（二）育成公牛的饲养管理

1. 育成公牛的饲养

育成公牛的生长比育成母牛快，需要的营养物质较多，尤其需要以补饲精料的形式，给肉牛提供足够的营养，以促进生长发育和性欲发展。对种用后备育成公牛，应在满足一定量精料供应的基础上，喂以优质青粗饲料，但在青粗饲料的供应上，应注意控制喂给量，防止形成草腹影响种用性能。非种用后备公牛，可不必控制青粗饲料的喂量，其追求目标是经济效益，要求在低精料饲养条件下，仍能获得较大日增重。

育成种公牛的日粮中，精、粗料的比例依粗料的质量而异。以青草为主时，精、粗料的干物质比例约为 55：45；以青干草为主时，其比例为 60：40。在饲喂豆科或禾本科优质牧草的情况下，对于 1 周岁以上的育成公牛，混合精料中粗蛋白质的含量以 12%左右为宜。

从断奶开始，育成公牛即与母牛分开饲养。育成种公牛的粗料不宜用秸秆、多汁类与渣糟类等体积大的粗料，最好用优质苜蓿干草，青贮可少喂些。6 月龄后，日喂量应以月龄乘以 0.5 千克为准；周岁以上，日喂量限量为 8 千克；成年牛限量为 10 千克，以避免出现草腹。另外，酒糟、粉渣、麦秸之类的粗饲料，以及菜籽饼、棉籽饼等饼类饲料，不宜用来饲喂育成种公牛。维生素 A 对睾丸的发育、精子的密度和活力等都有重要影响，应注意补充，不能缺乏。冬春季没有青草时，可使用大麦芽、白菜、萝卜、胡萝卜等饲料，以胡萝卜为例，每头育成种公牛日喂量为 0.5~1 千克即可。日粮中还要补充完善各种矿物质成分。

2. 育成种公牛的管理

（1）分群　育成种公牛应与母牛分群饲养管理。育成公牛与育成母牛发育不同，对管理条件要求不同，如果公母混养，会造成饲料浪费，影响经济效益；同时，育成公牛活泼好动，其行为容易干扰母牛的成长。

（2）穿鼻　为便于管理，在育成公牛达到 8~10 月龄时，就应进行穿鼻带环。穿鼻用的工具是穿鼻钳，穿鼻的部位在鼻中膈软骨最薄的地方，穿鼻时将牛保定好，用碘酒将工具和穿鼻部位消毒，然后从鼻中膈正直穿过，在穿过的伤口中塞进绳子或木棍，以免伤口长住。伤口愈合后先带一小鼻环，以后随年龄增长，可更换较大的鼻环。鼻环以不锈钢的为最好。用皮带拴系好，沿公牛额部固定在角基部，不能用缰绳直接拉鼻环。牵引时，应坚持左右侧双绳牵导。对烈性公牛，需用勾棒牵引，由一个人牵住缰绳的同时，另一人两手握住勾棒，勾搭在鼻环上以控制其行动。

（3）刷拭　育成公牛上槽后进行刷拭，每天 1~2 次，每次 3~5 分钟，保持牛体清洁。

（4）试采精　从 12~14 月龄后即应进行试采精。开始时，每月采精 1~2 次，到 18 月龄时，每周可采精 1~2 次。采精后，及时检查采精量、精子密度、精子活力及有无畸形精子，并试配一些母牛；看后代有无遗传缺陷，以决定是否留作种用。

（5）运动　育成公牛的运动关系到体质健壮，因为育成公牛有活泼好动的特点，加强运动可以提高体质，增进健康。一般上下午各进行一次，每次 1.5~2 小时，行走距离为 4 千米，运动方式有旋转架、套爬犁或拉车等，也可在运动场自由运动。实践证明，运动不足或长期拴系，会使公牛性情变坏、体质下降、易患肢蹄病和消化道疾病。但运动过度或使役过劳，公牛的健康和质量同样会受到不良影响。

（6）防疫　同育成母牛一样，对育成公牛也应定期进行驱虫和防疫注射，以防止寄生虫病和传染病造成危害。

二、育肥场育成牛的饲养管理

（一）育成牛的饲养

育成牛是经过犊牛培育，由高营养水平转到较低的饲养水平，这一过渡要逐步进行。有充足草地放牧的条件，比较好饲养；草地条件较差时，应补饲优质干草或精料，使牛的生长发育不会受阻。补料水平依牛的体重和粗饲料质量而定，每头每日 1~2 千克，牧草质量不好则补 2.5~3.5 千克。为降低饲养成本，混合精料中可加入一定比例的非蛋白氮（表 4-6）。

表 4-6　青年牛精料配方示例

原料	配比（%）	原料	配比（%）
玉米	35	盐	1.5

（续表）

原料	配比（%）	原料	配比（%）
大麦	20	石粉	1
麦麸	20	骨粉	1
青糠	5	碳酸氢钠	1
菜籽饼	5	矿物元素添加剂	0.5
糊化淀粉尿素	10		

饲料供给不足，牛的个体小，不能按时发情，喂得太肥也不易受孕。重要的是要达到正常初配体重。地方牛种和杂交牛要求 18 月龄体重达到或接近成年牛体重的 70%，大型乳用品种生长速度快，14～15 月龄体重达成年体重的 60%，只要正常发情，可以进行配种，因为此时体重多数达到 350 千克。为此有的养牛户在预计配种时间之前 15～20 天，每天给牛补料 1～2 千克，为了使牛达到一定体重，容易受孕。

放牧是饲养育成牛常用的方法，首先放牧有季节性，即使在雨、热资源丰富的亚热带地区，也有伏旱等干旱季节。利用天然草地，要测定牧草产量，根据载畜数量，估计牧草是否充足，如果不够，应给予补饲。人工草地要实行分区轮牧，并留出割草地调制干草收贮备用。有条件时，天然牧场也要分区轮牧，因为牛的放牧，要求牧草有一定高度，通常 20 厘米左右，如果牧草低，牛吃不饱还践踏草地，降低牧草产量。其次由舍饲到放牧注意逐步转变。舍饲期间采食秸秆、干草和精料，到春季可以放牧时往往出现所谓"跑青"现象，互相追逐挑选，不认真采食。或因贪食青草太多引起瘤胃臌胀、拉稀等消化道疾病，为此，一是早春控制放牧时间，逐渐延长；二是先喂少量秸秆再出牧。

育成牛需要各种矿物质元素，放牧期间，牧场上设立矿物质盐块舔砖，舍饲期间可放置一个盐盒和一个矿物质元素混合盐盒，让牛自由舔食。

（二）育成牛的管理

1. 公母分群

混群放牧影响牛的增重，乱配会降低后代质量，在无法分群的情况下，给公牛去势，请兽医按规定的操作执行，摘除睾丸。若为了育肥效果好，可做部分副睾的切割。舍饲时公母分舍饲喂，以提高饲养效果。

2. 驱虫

驱虫是正常的防疫保健手段。对放牧牛更为重要，至少春、秋两季进行驱虫，用片剂、针剂或按兽医的要求进行，驱虫前停食，提高驱虫的效果，驱虫后集中饲养，以便收集和处理排出的粪便，重点在第 2~4 天，驱虫后牛的饲养或肥育效果均会提高。

3. 称体重

生长牛饲养的目的是促进健康和快速生长发育，无论奶用或肉用牛都要通过体重和体尺来评定牛的生长发育状况，检查饲养效果，改进饲养方法。乳用品种母牛的体重是遗传选育的主要指标，要按规定的时间测定，并与同一品种合理饲养条件下的数据或品种标准进行对比。

鉴于家畜体重测量是一项重要的管理手段，是标志家畜生长发育程度和家畜生产性能的极为重要的经济指标，因此，测量是饲养者定期要做的工作。测量方法可以采用地磅、磅秤或电子秤直接称量。注意要在早晨喂料或放牧之前进行；如果对该数据要求准确性很高，则应连续两个早晨进行称重，取其平均值视为该家畜的体重。此外做好记录，包括时间、地点、家畜耳号、每次的重量（皮重、毛重等）、称量人员姓名等，以备日后查询、核对。

由于家畜体重指标非常重要，在不具备地磅和磅秤的情况下，可以通过测量家畜体尺估测体重。这一方法是经过科学技术人员反复试验研究出来的。考虑到家畜体重受体型条件、膘情、饲料种类及人为因素等的影响，估测的体重仍然比不上实际称量的准确，但在没有地磅与地秤的条件下，用同一估测方法所得结果，可作为家畜相互比较的依据，仍然具有实际应用价值。各地设计的估测公式很多，大多运用回归分析的方法，随着影响体重的因素变化，推导出的系数各不相同，这里只介绍较为常用的方法供参考。

牛体重估测方法如下。

测量体尺，让被测量的牛站在平坦地面上，设法使家畜站立姿势保持端正，用软尺（卷尺）进行操作，测量记录单位用米，测定部位如下。

体斜长：从肩胛骨前缘端点至坐骨结节后缘端点的直线距离。

胸围：肩胛骨后缘垂直绕体一周的距离（图 4-1）。

（1）凯透罗氏法

体重（千克）= 胸围长度（米）^{2}×体斜长（米）×87.5

此公式可用于乳牛和乳肉兼用牛。

（2）约翰逊法

体重（千克）= 胸围长度（厘米）^{2}×体斜长（厘米）÷10 800

此法以往多用于黄牛，此公式所估测的体重与实测重差异较大，故不适用。

体重（千克）= 胸围长度（厘米）^{2}×体斜长（厘米）÷11 420

此公式估测黄牛（秦川牛）活重的结果，与实重相差均在 5% 以下。

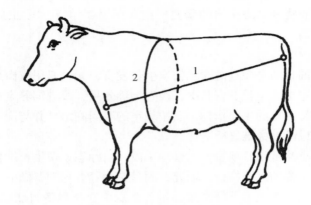

图 4-1　牛体尺测量部位
1. 体斜长　2. 胸围

　　上述约翰逊估重公式中的系数（10 800），不适于我国黄牛品种及各种年龄的黄牛。因此必须在实践中进行核对，予以修正，以求得比较适用的系数。制定校正系数的方法是选择体型、大小不整齐，但与被测牛群接近的牛 6~10 头，先用磅秤实测体重，再量体尺按公式之一计算，然后将结果的平均值代入公式三，计算出校正系数，结果取小数后 4 位。

　　体重估测公式：体重（千克）＝胸围长度（厘米）²×体斜长（厘米）÷估测系数

　　估测系数＝胸围长度（厘米）²×体斜长（厘米）×实际体重（千克）

　　各种年龄的黄牛，均可按此公式求得其估测系数，可获得与实际体重误差较小的估测体重，比约翰逊公式估测法精确。

第三节　繁殖母牛饲养管理

一、妊娠母牛饲养管理

　　牛群繁殖母牛按照生理状况分为妊娠母牛、泌乳母牛和空怀母牛。生产上，要根据各阶段母牛的生理特点和营养需要，合理进行饲养与管理。

　　处于妊娠阶段的母牛，不仅本身生长发育需要营养，满足胎儿生长发育也需要大量营养，同时，还要为产后泌乳进行营养蓄积。所以，加强妊娠期母牛的饲养管理，保证充足的营养供给，使其能正常产犊和哺乳，意义重大。妊娠母牛饲养管理的重点，在于保持适宜的体况、做好保胎工作。

（一）妊娠母牛的特点

1. 食欲旺盛

母牛配种 20~30 天后不再发情，证明已经怀孕。怀孕后的母牛食欲旺盛、饮水量增加，被毛逐渐变得光亮，体重增加很快。随妊娠天数增加，孕牛开始喜食矿物质饲料。

2. 性情安静

怀孕母牛表现性情温顺，行动谨慎，举止安静，不乱跑乱跳，喜欢安静的环境。

3. 腹围增大

随妊娠时间延长，妊娠母牛腹围逐渐增大。由于胎儿发育需要大量氧气，而胎儿的增大又会压迫横膈膜，所以，孕牛会出现呼吸加快的表现，并且越到怀孕后期，呼吸加快的现象越明显，呼吸方式也由胸腹式呼吸变为腹式呼吸。

4. 粪尿频繁

妊娠中后期，母牛子宫不断扩大，腹腔容积减少，腹腔中内脏器官承受的压力越来越大，致使排粪排尿量少而频繁。

5. 胎动明显

母牛怀孕中期，乳房明显增大，乳头变粗。母牛怀孕后期（8 个月后），从体表即可看到胎动，胎动在饮用冷水或进食时更加明显。孕牛角上出现环状的凹沟。分娩前有初乳泌出。临产前，尻部陷下，有黏液从阴户流出。

母牛配种后，及时进行妊娠诊断很有必要，可以及时检出未妊娠母牛。一般可在配种后 60~90 天，采用直肠检查法。有条件的养牛场，可在配种后 30~60天，采用超声波诊断；或在配种后 22~24 天，应用放射免疫或酶联免疫进行早期妊娠诊断；还可在配种后 30~60 天，取子宫颈口黏液加碱煮沸进行诊断等。

（二）妊娠母牛的饲养

1. 妊娠前期

妊娠前期是指母牛从受胎到怀孕 26 周这段时间。母牛妊娠初期，由于胎儿生长发育较慢，其营养需求相对较少，一般按空怀母牛进行饲养即可，可以优质青粗饲料为主，适当搭配少量精料补充料。但这并不意味着妊娠前期可以忽视营养物质的供给，若胚胎期胎儿生长发育不良，出生后就难以补偿，不但增重速度减慢，而且饲养成本增加。对怀孕母牛，只要保持中上等膘情即可，如果怀孕母牛过肥，也会影响胎儿的正常发育。

（1）放牧　妊娠前期的母牛，如果是在青草的季节，应尽量延长放牧时间，一般可不补饲；若是在枯草季节，则应根据牧草质量和牛的营养需要，确定补饲草料的种类和数量。孕牛如果长期吃不到青草,维生素 A 缺乏,可用胡萝卜或维生素 A 添加剂来补充,冬季每头每天喂 0.5~1 千克胡萝卜,另外应补足蛋白质、能量及矿物质。精料补加量每头每天 0.8~1.1 千克,精料配比,玉米占 50%、糠麸占 10%、油饼粕占 30%、高粱占 7%、石粉占 2%、食盐占 1%,每千克饲料中另加维生素 A 10 000 国际单位。

(2)舍饲　妊娠期舍饲时,应以青粗料为主,参照饲养标准,合理搭配精饲料。以蛋白质含量较低的玉米秸、麦秸等秸秆饲料为主时,要搭配 1/3~1/2 的优质豆科牧草,再补加饼粕类饲料。没有优质牧草时,每千克补充精料加 15 000~20 000 单位维生素 A。每昼夜可饲喂 3 次,每次喂量不可过多。采取自由饮水方式,水温应不低于 10℃,严禁饮过冷的水。

2. 妊娠后期

妊娠后期一般指怀孕 27 周到分娩这段时间。此阶段主要以青粗饲料为主,适当搭配少量精料补充料。母牛妊娠最后 3 个月,是胎儿增重最多的时期,这段时间的增重,占犊牛初生重的 70%~80%,胎儿需要从母体吸收大量营养,才能完成发育过程,所以,母牛怀孕后期,营养供应必须充足。同时,产后的泌乳也需要孕期沉积营养,一般在母牛分娩前,至少要增重 45~70 千克,才能保证产犊后的正常泌乳与发情。因此,从妊娠第 5 个月起,就应加强饲养,对中等体重的妊娠母牛,除供给平常日粮外,每日需补加 1.5 千克精料,妊娠最后两个月,每天应补加 2 千克精料。需要注意的是,万万不可将妊娠母牛喂得过肥,否则,会影响正常分娩,甚至导致难产。

(1)放牧　除了临近产期的母牛,其他母牛均可放牧饲养,放牧不但有利于采食营养丰富的牧草,保证母牛营养全面,同时,还有利于新陈代谢,有利于顺利生产。临近产期的母牛行动不便,放牧易发生意外,最好改为留圈饲养,并给予适当照顾,给予营养丰富、易消化的草料。

(2)舍饲　舍饲的怀孕母牛,应以青粗料为主,合理搭配精饲料。妊娠后期,禁喂棉籽饼、菜籽饼、酒糟等饲料,严禁饲喂变质、腐败、冰冻的饲料,以防引起流产。饲喂次数可增加到每天 4 次,但每次喂量不可过多。自由饮水,水温不低于 10℃。

(三)妊娠母牛的管理

1. 定槽饲养

除放牧母牛外,一般舍饲母牛配种受胎后即应专槽饲养,以免与其他牛抢槽、抵撞,造成损伤、导致流产。

2. 打扫卫生

每日坚持打扫圈舍,保持妊娠母牛圈舍清洁卫生,对圈舍及饲喂用具要定期消毒。

3. 刷拭牛体

每天至少 1 次，每次 5 分钟，以保持牛体卫生。

4. 适当运动

妊娠母牛要适当运动，以增强母牛体质、促进胎儿生长发育，还可防止难产。妊娠后期 2 个月，可适当牵遛孕牛走上、下坡道路，这种运动方式可以促使胎位正常。

5. 料水合适

保证饲料、饮水清洁卫生，不喂冰冻、发霉的饲料，不饮脏水、冰水。要做到"三不"饮水，即清晨不饮、空腹不饮、出汗后不急饮。

6. 注意观察

平时就应注意观察妊娠母牛，妊娠后期的母牛尤其更应给予过多关照，一旦发现临产征兆，就要估计分娩时间，及时准备接产工作，认真作好产犊记录。

7. 及时接产

产前 15 天，将母牛转入产房，自由活动。母牛分娩时，应左侧位卧倒，用 0.1% 高锰酸钾清洗外阴部，出现异常则进行助产。

（四）母牛不孕的原因及解决措施

1. 先天性不孕

很多母牛由于先天性或后天以及遗传的原因，导致生殖器官的异常，或者发育畸形导致不孕。

解决措施：对于先天性的疾病而导致没有生育能力的母牛，建议尽快淘汰，更换新的母牛繁育。

2. 营养性不孕

母牛在生长时需足够的营养，如果饲喂时以粗饲为主，精料的饲喂量不足，或者精料配比不合理，导致母牛营养不良而发生不孕。但如果全部饲喂精料，而草料饲喂量不够，导致营养过剩，同样会导致母牛不孕。

解决方法：科学配制精料，定时定量饲喂精料，保持料槽里有草，青草干草搭配饲喂为最好，一般每天青年母牛喂食粗饲料 4~6 千克，而精料时 3 千克以内。

3. 管理性不孕

圈舍的环境卫生条件差、饲养方法不当这些原因都会引起母牛不孕，还有长期实行拴养模式，导致母牛的运动量少，也会导致不孕，在母牛产仔后，要及时断奶，否则前胎哺乳期较长，母牛身体机能下降，可能会导致下次不孕。

解决措施：做好圈舍的卫生环境，定时定期清扫消毒，做好圈舍的通风工作，增加母牛的运动量，及时断奶。

4. 衰老性不孕

不仅仅是母牛，其他的动物家畜都有这种状况，到了衰老的年龄阶段就会不孕了，这是因为母牛的生殖器官萎缩、生殖机能衰退，所以会不孕。

解决措施：和先天性不育原因一样，及时将衰老的母牛淘汰，更换年轻有活力的母牛。淘汰母牛进行育肥，按照育肥牛的精料饲喂标准去喂，生长速度远超青年牛生长速度，育肥后出售，卖个好价钱。

5. 疾病性不孕

母牛在怀孕和哺乳期这段时间，身体机能下降，较为虚弱，易受疾病的侵扰，最为常见的是流产、死胎引起的子宫、输卵管、卵巢等疾病，还有很多的疾病都会引起母牛不孕。

解决措施：要做好疾病防治工作，尤其在产后的护理，在授精时用生理盐水对母牛的子宫冲洗，预防流产、死胎情况。

二、哺乳母牛饲养管理

（一）分娩前后的护理

临近产期的母牛行动不便，应停止放牧和使役。这期间，母牛消化器官受到日益庞大的胎胞挤压，有效容量减少，胃肠正常蠕动受到影响，消化力下降，应给予营养丰富、品质优良、易于消化的饲料。产前半个月，最好将母牛移入产房，由专人饲养和看护，并准备接产工作。

1. 分娩前的变化

母牛分娩前乳房发育迅速，体积增加，腺体充实，乳房膨胀；阴唇在分娩前一周开始逐渐松弛、肿大、充血，阴唇表面皱纹逐渐展开；在分娩前1~2周，母牛骨盆韧带开始软化；分娩前1~2天，阴门有透明黏液流出；产前12~36小时，母牛荐坐韧带后缘变得非常松软，尾根两侧凹陷；临产前母牛表现不安，常回顾腹部，后蹄抬起碰腹部，排粪尿次数增多，每次排出量少，食欲减少或停止。上述征兆是母牛分娩前的一般表现，由于饲养管理、品种、胎次和个体间的差异，往往表现不一致，必须全面观察、综合判断、正确估计。

2. 分娩时的护理

正常分娩母牛可将胎儿顺利产出，不需人工辅助，对初产母牛、胎位异常及分娩过程较长的母牛，要及时进行助产，以保母牛及胎儿安全。

母牛产犊后应喂给温水，在水中加入一小撮盐（10~20克）和一把麸皮，以提高水的滋味，诱使母牛多饮，防止母牛分娩时体内损失大量水分腹内压突然下降、血液集中到内脏而产生"临时性贫血"。

母牛产后易发生胎衣不下、食滞、乳房炎和产褥热等症，应经常观察，发现病牛，及时请兽医治疗。

（二）泌乳母牛的特点

哺乳母牛的主要任务是产奶，供应犊牛生长需要的营养物质。母牛在哺乳期消耗的营养比妊娠后期还多，每产1千克含脂率4%的乳汁，约相当于消耗0.3~0.4千克配合饲料的营养物质。1头大型肉用母牛在自然哺乳时，平均日产奶量可达6~7千克，产后2~3个月达到泌乳高峰；本地黄牛产后平均日产奶2~4千克，泌乳高峰多在产后1个月出现，此时若不给母牛增加营养，不但会使泌乳量下降，影响犊牛的生长发育，也会损害母牛的健康。在哺乳期，母牛能量饲料的需要比妊娠干奶期高出50%，蛋白质、钙、磷的需要量加倍。

营养不足对繁殖力影响明显，必须引起足够的重视。早春产犊母牛，正处于牧地青草供应不足的时期，为保证母牛产奶量，要特别注意泌乳早期（产后70天）的补饲。除补饲作物秸秆、青干草、青贮料和玉米等，每天最好补喂饼粕类蛋白质饲料0.5~1千克。同时注意补充矿物质和维生素，保证母牛产后顺利发情与配种。头胎泌乳的青年母牛，除泌乳需要外，还要满足本身继续生长的营养需要。产后母牛，一定要饲喂品质优良的禾本科及豆科牧草，精料搭配多样化，但也不要大量饲喂精料。

（三）舍饲泌乳母牛的饲养管理

母牛分娩前一个月和产后70天，这是非常关键的100天，饲养得好坏，对母牛的分娩、泌乳、产后发情、配种受胎、犊牛的初生重和断奶重、犊牛的健康和正常发育等，都十分重要。在这个阶段，热能需要量增加，蛋白质、矿物质、维生素需要量均增加，缺乏这些物质，会引起犊牛生长停滞、下痢、肺炎和佝偻病等，严重时还会损害母牛健康。

分娩后的最初几天，母牛身体尚处于恢复阶段，此时食欲不好，消化失调，应限制精料及块根、块茎类料的喂量。如果此期饲养过于丰富，特别是精饲料喂量过多，易加重乳房水肿或发炎，有时钙磷代谢失调发生乳热症等。这种情况在高产母牛比较常见。所以，对产犊后的母牛应进行适度饲养。

如果母牛体质较弱，则产后3天内只喂优质干草，4天后可喂适量精饲料和多汁饲料，根据乳房及消化系统的恢复状况，逐渐增加给料量，但每天增加料量不超过1千克。待乳房水肿完全消失后，即产后6~7天，可增至正常量。要注意各种营养平衡搭配。

如果母牛产后乳房没有水肿，体质健康、粪便正常，在产犊后第一天，就可喂给多汁饲料，到6~7天时，便可增加到足够的喂量。

据试验，泌乳母牛每日饲喂3次，日粮营养物质消化率比2次高3.4%，但

2 次饲喂可降低劳动消耗。有人提议每天饲喂 4 次，生产中一般以日喂 3 次为宜。

需要特别注意的是，变换饲料时不宜太突然，一般应有 7~10 天的过渡期；饲料要清洁卫生，不喂发霉、腐败、含有残余农药的饲料，注意清除混入草料中的金属、玻璃、农膜、塑料袋等异物。

每天刷拭牛体，清扫圈舍，保持圈舍、牛体卫生。夏防暑、冬防寒。拴系缰绳长短适中。

（四）放牧带犊母牛的饲养管理

有放牧条件的地区，对泌乳母牛应以放牧饲养为主。青绿饲料中含有丰富的粗蛋白质、各种维生素、酶和微量元素，放牧期间，充足的运动、经常的阳光浴及牧草中丰富的营养，可促进母牛新陈代谢、改善繁殖机能、提高泌乳量，增强母牛和犊牛的健康。经过放牧，母牛体内血液中血红素含量增加，机体内胡萝卜素和维生素 D 贮备充足，可明显提高抗病力。

但考虑到母牛的运动量和犊牛的适应能力，放牧带犊母牛时，应尽量选择近牧，同时，参考放牧距离及牧草情况，在夜间适当进行补饲。

一般情况下，放牧地最远不宜超过 3 千米，放牧地距水源要近；建立临时牛圈时，应避开水道、悬崖边、低洼地和坡下等处；放牧前或放牧时，注意清除牧地中的有毒植物；放牧人员要随身携带蛇药和少量的常用外科药品，一旦发生意外，能有效应对；母牛从舍饲到放牧，要逐步进行，一般需 7~8 天的过渡期；放牧牛要及时补充食盐，但不能集中补，一般以 2~3 天补一次为好，每头牛每次用量以 20~40 克为宜。

三、空怀母牛饲养管理

空怀期母牛不妊娠、不泌乳、无负担，在很多人眼中不是饲养管理的重点，生产上往往被忽视。其实，空怀期母牛的营养状况，直接影响着发情、排卵及受孕情况，如果营养好、体况佳，则母牛发情整齐、排卵数多、繁殖力高。加强空怀期母牛的饲养管理，尤其是配种前的饲养管理，对提高母牛的繁殖力十分关键。

在配种前，繁殖母牛应具有中上等膘情，过瘦或过肥都会影响繁殖。在日常饲养实践中，倘若喂给过多精料而又运动不足，易使牛群过肥导致不发情，在肉用母牛饲养中，这是最常见的现象，必须注意避免。但在饲料缺乏、母牛瘦弱的情况下，也会使母牛不发情而影响繁殖。实践证明，如果母牛前一个泌乳期内给以足够的平衡日粮，同时劳役较轻，管理周到，则能提高母牛的受胎率。瘦弱的母牛，配种前 1~2 个月加强饲养，适当补饲精料，也能提高受胎率。

　　母牛发情应及时配种，防止漏配和失配。对初配母牛应加强管理，防止野交早配。经产母牛产犊后3周内，要注意观察发情情况，对发情不正常或不发情者，要及时采取措施。一般母牛产后1~3个情期，发情排卵比较正常，随着时间的推移，犊牛体重增大，消耗增多，如果不能及时补饲，母牛往往膘情下降，发情排卵受到影响，常会造成暗发情（卵巢上虽有卵泡成熟排卵，但发情征兆不明显），错过发情期，影响受胎率。

　　母牛空怀的原因，既有先天性因素，也有后天性因素。先天性不孕，大多是母牛生殖器官发育异常（如子宫颈位置不正、阴道狭窄、幼稚病等）引起。避免这类情况，需要加强育种管理，及时淘汰隐性基因携带者。后天性不孕，主要是营养缺乏、饲养管理和使役不当及生殖器官疾病所致，具体应根据不同情况加以处理。

　　成年母牛因饲养管理不当造成不孕，在恢复正常营养水平后，大多能够自愈。犊牛期由于营养不良以致生长发育受阻，影响生殖器官正常发育造成的不孕，则很难用饲养方法来补救。若育成母牛长期营养不足，则往往导致初情期推迟，初产时出现难产或死胎，也会影响以后的繁殖力。

　　晒太阳和加强运动，可以增强牛群体质，提高母牛生殖机能。牛舍内通风不良，空气污浊，含氨量超过20毫克/米³，夏季闷热，冬季寒冷，过度潮湿等恶劣环境，都会危害牛体健康，敏感的母牛很快停止发情。因此，改善饲养管理条件十分重要。另外，空怀期的母牛，也应作好驱虫和检疫防疫工作。

　　肉用繁殖母牛以放牧饲养成本最低，目前，国内外多采用此方式，但放牧饲养也有一定的缺点，要注意合理调节、取长补短。

第四节　育肥牛饲养管理

一、育肥方式

1. 育肥的概念

所谓育肥，就是使日粮中的营养成分高于肉牛本身维持和正常生长发育所需，让多余的营养以脂肪的形式沉积于肉牛体内，获得高于正常生长发育的日增重，缩短出栏年龄，达到育肥的目的。对于幼牛，其日粮营养应高于维持营养需要（体重不增不减、不妊娠、不产奶，维持牛体基本生命活动所必需的营养需要）和正常生长发育所需营养；对于成年牛，只要大于维持营养需要即可。

2. 育肥的核心

提高日增重是肉牛育肥的核心问题。日增重会受到不同生产类型、不同品种、不同年龄、不同营养水平、不同饲养管理方式的直接影响。同时，确定日增重的大小，也必须考虑经济效益、肉牛的健康状况等因素。过高的日增重，有时也不太经济。在我国现有生产条件下，最后3个月育肥的日增重，以1.0~1.5千克最为经济划算。

3. 育肥的方式

肉牛肥育方式的划分方法很多。按肉牛的年龄，可分为犊牛肥育、幼牛肥育和成年牛肥育；按肉牛的性别，可分为公牛肥育、母牛肥育和阉牛肥育；按肉牛肥育所采用的饲料种类，可分为干草肥育、秸秆肥育和糟渣肥育等；按肉牛的饲养方式，可分为放牧肥育、半舍半牧肥育和舍饲肥育；按肉牛肥育的时间，可分为持续肥育和吊架子肥育（后期集中肥育）；按营养水平，可分为一般肥育和强度肥育。生产上常用的划分方法主要还是以持续肥育和后期集中肥育为主。

（1）持续肥育　持续肥育是指在犊牛断奶后，立即转入肥育阶段，给以高水平营养进行肥育，一直到出栏体重时出栏（12~18月龄，体重400~500千克）。使用这种方法，日粮中的精料可占总营养物质的50%以上，既可采用放牧加补饲的肥育方式，也可采用舍饲拴系肥育方式。持续肥育较好地利用了牛生长发育快的幼牛阶段，日增重和饲料利用率高，生产的牛肉鲜嫩，品质仅次于小白牛肉，而成本较犊牛肥育低，是一种很有推广价值的肥育方法。

（2）后期集中肥育　后期集中肥育是在犊牛断奶后，按一般饲养条件进行饲养，达到一定年龄和体况后，充分利用肉牛的补偿生长能力，利用高能量日粮，在屠宰前集中3~4个月的时间进行强度肥育。这种方法适用于2岁左右未经肥育或不够屠宰体况的肉牛，对改良牛肉品质、提高肥育牛经济效益有较明显的作用。但若吊架子阶段较长，肌肉生长发育过度受阻，即使给予充分饲养，最后的体重也很难与合理饲养的肉牛相比，而且胴体中骨骼、内脏比例大，脂肪含量高，瘦肉比例较小，肉质欠佳，所以，这种方法有时也很不合算。

虽然肉牛的肥育方式较多，划分方法各异，但在实际生产中，往往是各种肥育类型相互交叠应用。这里按肉牛年龄阶段不同，讲述肉牛的具体育肥技术体系。

二、幼牛育肥

（一）犊牛育肥

将犊牛进行育肥，是指用较多数量的奶饲喂犊牛，并将哺乳期延长到4~7月龄，断奶后即可屠宰。育肥的犊牛肉，粗蛋白质比一般牛肉高63%，脂肪低95%，犊牛肉富含人体所必需的各种氨基酸和维生素。因犊牛年幼，其肉质细嫩，肉色全白或稍带浅粉色，味道鲜美，带有乳香气味，故有"小白牛肉"之称，其价格高出一般牛肉 8~10 倍。

小牛肉的生产在荷兰较早，发展很快，其他如欧共体、德国、美国、加拿大、澳大利亚、日本等国也都在生产，现已成为大宾馆、饭店、餐厅的抢手货，成为一些国家出口创汇和缓解牛奶生产过剩、有效利用小公牛的新途径。在我国，进行小白牛肉生产，可满足星级宾馆、高档饭店对高档牛肉的需要，是一项具有广阔发展前景的产业。

1. 犊牛在育肥期的营养需要

犊牛育肥时，由于其前胃正在发育过程中，消化粗饲料的能力十分有限，因此，对营养物质的要求比较严格。初生时所需蛋白质全为真蛋白质，肥育后期真蛋白质仍应占粗蛋白质的 90% 以上，消化率应达 87% 以上。

2. 犊牛育肥方法

育肥犊牛品种应选择夏洛来、西门塔尔、利木赞或黑白花等优良公牛与本地母牛杂交改良所生的杂种犊牛。优良肉用品种、肉乳兼用和乳肉兼用品种犊牛，均可采用这种育肥方法生产优质牛肉。但由于代谢类型和习性不同，乳用品种犊牛在育肥期较肉用品种犊牛的营养需要高约 10%，才能取得相同的增重；而选作育肥用的乳牛公犊，要求初生重大于 40 千克，还必须健康无病、头方嘴大、前管围粗壮、蹄大坚实。

（1）优等白肉生产 初生犊牛采用随母哺乳或人工哺乳方法饲养，保证及早和充分吃到初乳；3 天后，完全人工哺乳；4 周前，每天按体重的 10%~12% 喂奶；5~10 周龄时，喂奶量为体重的 11%；10 周龄后，喂奶量为体重的 8%~9%。

优等白肉生产，单纯以奶作为日粮，适合犊牛的消化生理特点。在幼龄期，只要注意温度和消毒，特别是喂奶速度要合适，一般不会出现消化不良等问题。但在 15 周龄后，由于瘤胃发育、食管沟闭合不如幼龄牛，更须注意喂奶速度要慢一些。从开始人工喂奶到肉牛出栏，喂奶的容器外形与颜色必须一致，以强化食管沟的闭合反射。发现粪便异常时，可减少喂奶量，掌握好喂奶速度。恢复正常时，逐渐恢复喂奶量。为抑制和治疗痢疾，可在奶中加入适量抗生素，但在出栏前 5 天，必须停止使用，防止牛肉中有抗生素残留。5 周龄以后采取拴系饲养。一般饲养 120 天，体重达到 150 千克即可出栏。育肥方案见表 4-7。

表 4-7 利用荷斯坦公犊全乳生产白肉方案 （千克）

周龄	体重	日增重	日喂奶量	日喂次数
0~4	40~59	0.6~0.8	5~7	3~4
5~7	60~79	0.9~1.0	7~8	3

（续表）

周龄	体重	日增重	日喂奶量	日喂次数
8~10	80~100	0.9~1.1	10	3
11~13	101~132	1.0~1.2	12	3
14~16	133~157	1.1~1.3	14	3

（2）一般白肉生产　单纯用牛奶生产"白肉"成本太高，为节省成本，可用代乳料饲喂2月龄以上的肥犊。但用代乳料会使肌肉颜色变深，所以，代乳料的组成，必须选用含铁低的原料，并注意粉碎的细度。犊牛消化道中缺乏蔗糖酶，淀粉酶量少且活性低，故应减少谷实用量，所用谷实最好经膨化处理，以提高消化率、减少腹泻等消化不良现象发生。选用经乳化的油脂，以乳化肉牛脂肪（经135℃以上灭菌）效果最好。代乳料最好煮成粥状（含水80%~85%），待温度达到40℃时饲喂。若出现拉稀或消化不良，可加喂多酶、淀粉酶等进行治疗，同时适当减少喂料量。用代乳料增重效果不如全乳。饲养方案见表4-8，代乳料配方见表4-9。

表4-8　用全乳和代乳料生产白肉示例方案　　　　　　　（千克）

周龄	体重	日增重	日喂奶量	日代乳料	日喂次数
0~4	40~59	0.6~0.8	5~7	—	3~4
5~7	60~77	0.8~0.9	6	0.4（配方1）	3
8~10	77~96	0.9~1.0	4	1.1（配方1）	3
11~13	97~120	1.0~1.1	0	2.0（配方2）	3
14~17	121~150	1.0~1.1	0	2.5（配方2）	3

表4-9　生产白肉的代乳料配方示例　　　　　　　（%）

配方号	熟豆粕	熟玉米	乳清粉	糖蜜	酵母蛋白粉	乳化脂肪	食盐	磷酸氢钙	赖氨酸	蛋氨酸	多维	微量元素	鲜奶香精或香兰素
1	35	12.2	10	10	10	20	0.5	2	0.2	0.1	适量	适量	0.01~0.02
2	37	17.5	15	8	10		0.5	2	0	0			

注：两配方的微量元素不含铁。

育肥期间日喂3次，自由饮水，夏季饮凉水，冬春季饮温水（20℃左右），要严格控制喂奶速度、奶的卫生与温度，防止发生消化不良。若出现消化不良，可酌情减少喂料量，适当进行药物治疗。应让犊牛充分晒太阳和运动，若无条件进行日光浴和运动，则每天需补充维生素D 500~1 000单位。饲养至5周龄后，应拴系饲养，尽量减少犊牛运动。根据季节特点，做好防暑保温。经 180~200 天的育肥，体重达到 250 千克时，即可出栏。因出栏体重小，提供净肉少，所以，"白肉"投入成本高，市场价格昂贵。

处于强烈生长发育阶段的育成牛，育肥增重快、育肥周期短、饲料报酬高，经过直线强度育肥后，牛肉鲜嫩多汁、脂肪少、适口性好，同样也是高档产品。只要对育成牛进行合理的饲养管理，就可以生产大量仅次于"小白牛肉"、品质优良、成本较低的"小牛肉"。所以，生产上更多的是利用育成牛进行育肥。

（二）育成牛育肥

1. 育成牛育肥期营养需要

育成牛体内沉积蛋白质和脂肪能力很强，充分满足其营养需要，可以获得较大的日增重。去势育成牛的营养需要见表 4-10。

表 4-10　去势育成牛育肥期每日营养需要

体重（千克）	日增重（千克）	干物质（千克）	粗蛋白（克）	钙（克）	磷（克）	综合净能（兆焦）	胡萝卜素（毫克）
150	0.9	4.5	540	29.5	13.0	21.1	25
	1.2	4.9	645	37.5	15.5	26.3	27
200	0.9	5.3	600	30.5	14.5	25.9	29.5
	1.2	6.0	700	38.5	17.0	32.3	33
250	0.9	6.1	650	31.5	16.0	31.4	33.5
	1.2	6.9	755	39.5	18.5	39.1	37.5
300	0.9	6.9	700	32.5	17.5	37.0	37.5
	1.2	7.8	805	40.0	20.0	46.0	43
350	0.9	7.6	750	33.5	19.0	42.1	41.5
	1.2	8.7	855	41.0	21.5	52.3	48.0
400	0.8	8.0	765	32.0	19.5	44.3	44.0
	1.0	8.6	830	37.0	21.0	58.7	47.0
450	0.7	8.3	775	31.0	20.5	45.9	45.5
	0.9	8.9	845	35.5	22.0	51.9	49.2

2. 育成牛育肥方法

（1）幼龄强度育肥周岁出栏模式　犊牛断奶后立即育肥，在育肥期给予高营养，使日增重保持在 1.2 千克以上，周岁体重达 400 千克以上，结束育肥。

育肥时采用舍饲拴系饲养，不可放牧，原因是放牧行走消耗营养多，日增重难以超过 1 千克。育肥牛定量喂给精料和主要辅助饲料，粗饲料不限量，自由饮水，尽量减少运动、保持环境安静。育肥期间，每月称重，根据体重变化，适当调整日粮。气温低于 0℃ 和高于 25℃ 时，气温每升高或降低 5℃，应加喂 10% 的精料。公牛不必去势直接育肥，可利用公牛增重快、省饲料的特点，获得更好的经济效益，但应远离母牛，以免被异性干扰，降低育肥效果。若用育成母牛育肥，日粮需要量较公牛多 20% 左右，可获得相同日增重。

对乳用品种育成公牛作强度育肥时，可以得到更大的日增重和出栏重。但乳用品种牛的代谢类型不同于肉用品种牛，每千克增重所需精料量较肉用品种牛高 10% 以上，并且必须在高日增重下，牛的膘情才能改善（即日增重应在 1.2 千克以上）。

用强度育肥法生产的牛肉，肉质鲜嫩，投入成本较犊牛育肥法较低，每头牛提供的牛肉比育肥犊牛增加 40%~60%，因此，强度育肥育成牛，是经济效益最大、采用最为广泛的育肥方法。但此法消耗精料较多，适宜在饲料资源丰富的地方应用。

（2）一岁半出栏或两岁半出栏模式　将犊牛自然哺乳至断奶，然后充分利用青草及农副产品，饲喂到 14~20 月龄，体重达到 250 千克以上，进入育肥期。经 4~6 个月育肥，体重达 500~600 千克时出栏。育肥前，利用廉价饲草，使牛的骨架和消化器官得到较充分发育；进入育肥期后，对饲料品质的要求较低，从而使育肥费用减少，而每头牛提供的肉量却较多。此法粮食用量少、经济效益好、适应范围广，是一种普遍采用的育肥方法。

我国大部分地区越冬饲草比较缺乏，而大部分牛都在春季产犊，一岁半出栏与两岁半出栏相比较，由于前者少养一个冬季，能减少越冬饲草的消耗量，并且生产的牛肉质量较好，效益也较好，所以前者更受欢迎。但在饲料质量不佳、数量不足的地区，犊牛的生长发育受饲料限制，所以，这些地区只能采用两岁半出栏的育肥方法。

在华北山区，一岁半出栏比两岁半出栏体重虽低 60 千克，多消耗精料 160 千克，但却少消耗 880 千克干草和 1 100 千克青草，且能节省一年的人工和各种设施消耗，在相同条件下，一岁半出栏的生产周转效率高于两岁半出栏 60% 以上，因此，一岁半出栏的总体效益会更好一些。

育成牛可采用舍饲与放牧两种育肥方法。放牧时，利用小围栏全天放牧，就地饮水和补料，这样能避免放牧行走消耗营养而使日增重降低。放牧回圈后，不要立即补料，待数小时后再补，以免减少采食量。气温高于 30℃ 时可早晚和夜间放牧。舍饲育肥以日喂 3 次效果较好。

三、高档牛肉生产

高档牛肉是指按照特定的饲养程序，在规定的时间内完成肥育，经过严格屠宰程序分割到特定部位的牛肉。一般分为高档红肉和大理石花纹肉。无论生产红肉，还是生产大理石花纹肉，目标都是追求好的肉质，为此，需要对公牛进行去势。在生产中，以高档红肉为生产目的时，公牛去势时间在 10~12 月龄，以生产大理石花纹肉为目的时，公牛去势时间在 4~6 月龄。

（一）大理石花纹肉生产

大理石花纹肉是指脂肪沉积到肌肉纤维之间，形成明显的红白相间、状似大理石花纹的牛肉。这种牛肉香、鲜、嫩，中西餐均适宜。

育肥牛的选择。

（1）品种　研究结果表明，在确定了衡量肉牛产肉性能指标后，牛的品种对牛肉质量和产量都有显著影响，其中，晋南牛的肉质较其他品种好。瘦肉型品种难以生产大理石状牛肉，我国良种黄牛易于达到育肥目标，除晋南牛外，秦川牛、鲁西牛、南阳牛、郏县红牛和延边牛等品种，都是合适的选择。欧洲品种中，以安格斯和海福特等品种较佳。常见品种牛的肉用特性见表 4-11。

表 4-11　常见品种牛的肉用性状

项目	生长速度	皮下脂肪薄	大理石状	眼肌面积	嫩度	肉色	风味	腔油少
中国良种黄牛			+++		++	++	+++	
乳用荷斯坦牛	++							
西门塔尔牛	++	+	++	+	+	+	++	
夏洛来牛	+	+		++				+
安格斯牛	+	+	++		++	++	++	
海福特牛	++		++	+	+	+	++	
皮埃蒙特牛	++	++		++	++	++	++	++
抗旱王牛	+	+	+			+	+	
圣格鲁迪牛	+	+	+			+	+	+
短角牛	+		++		++	++	+	

注：+越多者越佳。

我国欠缺纯外来品种架子牛，但改良牛具备外来品种与本地黄牛的共同特点，所以，可选用改良牛进行高档牛肉生产，从上表中可以看出，易生产五花肉的改良牛为安格斯，其次为西门塔尔、海福特和短角等品种的改良牛。

（2）年龄 牛的生长发育规律是，脂肪沉积与年龄呈正相关，即年龄越大，沉积脂肪的可能性越大，而肌纤维间脂肪是最后沉积的。所以，生产大理石花纹肉，应该选择年龄在1周岁到3周岁之间的牛，年龄超过3岁的牛，虽然更容易形成五花肉，但年龄与肌肉嫩度、脂肪颜色有关，随年龄增大，肉质变硬，颜色变深变暗，脂肪逐渐变黄。

（3）性别 性别与育肥速度密切相关。就沉积脂肪速度而言，以母牛最快，阉牛次之，公牛沉积最迟而慢。就肌肉颜色而言，以公牛最深，母牛较浅，阉牛居中。就饲料转化效率而言，以公牛最好，母牛最差。就综合效益而言，年龄较轻时，公牛不必去势，年龄偏大时，公牛应去势（育肥期开始之前10天），母牛则年龄稍大亦可（母牛肉一般较嫩，年龄大些可改善肌肉颜色浅的缺陷）。不同性别的牛，其膘情与大理石花纹形成并不一样。公牛必须达到满膘以上，即背脊两侧隆起极明显，"象臀"状极明显，后肋也充满脂肪时，才达到相当水平。

（二）育肥牛的饲养

1. 日粮组成

育肥分3期进行，即育肥前期（7~12月龄）、育肥中期（13~22月龄）和育肥后期（23~28月龄）。

（1）育肥前期 为保证骨骼和瘤胃的生长发育，日粮粗蛋白质含量为13%~15%，消化能含量为12.6~13.4兆焦/千克，钙0.5%~0.7%，磷0.25%~0.4%，维生素A含量2 000~3 000单位/千克，精料补充料饲喂量占体重的1.0%~1.2%。粗饲料自由采食。粗饲料种类以优质青绿饲料、青贮饲料和青干草为宜。

（2）育肥中期 为了促进肌肉的生长发育，日粮粗蛋白质含量为14%~16%，消化能含量为13.8~14.2兆焦/千克，钙0.4%~0.6%，磷0.25%~0.35%，维生素A含量2 000~3 000国际单位/千克，精料补充料饲喂量占体重的1.3%~1.4%。粗饲料自由采食，粗饲料种类以颜色较浅的干秸秆为宜。

（3）育肥后期 为了促进脂肪的沉积，同时保证肌肉与脂肪的颜色，日粮中粗蛋白质含量应达到11%~13%，消化能含量应达到14.0~14.5兆焦/千克，钙0.3%~0.5%，磷0.25%~0.30%，精料补充料饲喂量应占体重的1.5%~1.6%。粗饲料自由采食，粗饲料种类以颜色较浅的干秸秆为宜。

2. 饲养方式

饲养方式有小围栏自由采食，小围栏定时饲喂、定时运动休息和全天拴系定时饲喂等3种方式。

（1）小围栏饲喂 按肉牛个体大小分栏，每栏6~12头为宜。由于肉牛有竞食的特性，小围栏饲养可获得最大的采食量，因而肉牛的日增重较高。自由采食时，肉牛增重均匀，但草料长时间在槽中被牛唾液沾和后，肉牛已不爱采食，故此法草料浪费较大。小围栏定时上槽虽然可以避免上述缺点，但由于肉牛的竞争特性，常造成少数肉牛吃食不足的现象，育肥增重不均匀，少数肉牛延后出栏。另外，小围栏设施的投资也较大。

（2）定时上槽拴系饲喂、下槽休息饮水　此法的优点是草料浪费少，肉牛育肥增重比较均匀。但缺点也很多，一是由于每头牛固定槽位，采食竞食性发挥得差一些，干物质采食量可能达不到最高；二是上槽拴牛、下槽放牛耗时费工；三是牛群较大，牛在运动场中奔跑和打架的机率大于小围栏，所以，牛肉的嫩度会受到影响；四是运动场面积要求较大，由此导致土地投入成本加大。

（3）全天拴系饲养　这种方法节省劳动力，而且肉牛的运动量减少到最低，因而饲料效率最高，可获得品质优良的牛肉，还可按个体肉牛的情况作饲料量调整，且土地与牛舍投入均较节省。与其他饲养方式相比，随体膘增加而食欲下降的现象很明显，全育肥期可能获得的平均日增重略逊于小围栏。按照我国国情特点，全天拴系饲养方式综合效益最佳。但采用全天拴系饲养法也有一些缺点，如：必须给饲槽安装自动饮水器或饲喂后在饲槽中添水，或砌饲槽与水槽并列，让肉牛随时能饮到清洁的饮水；育肥公牛时，还要注意僵绳松紧适度，避免互相爬跨造成摔伤、跌伤；由于肉牛在育肥期间缺少活动，因而抗病力较差；由于肉牛长期缺乏阳光直接照射，所以，日粮中必须配足维生素 D；对管理的要求较高，牛舍的清洁卫生程度、牛的防疫检疫及健康观察等，应该更细心更严格。

3. 饲喂方法

（1）日喂次数　以自由采食最好，其中，以日喂 2 次效果最差。日喂 2 次，相当于人为限制了肉牛的采食时间。肉牛的瘤胃容积有限，采用每日 2 次饲喂法，瘤胃充盈的平均时间最少，而采用自由采食法，能达到充分采食，瘤胃全天充满的时间最长。若延长饲喂时间，则往往造成肉牛连续长时站立，增加能量消耗，降低饲喂效果。

在高精料日粮下，自由采食明显降低消化道疾病的发病率。例如瘤胃酸中毒，日喂 2 次时，由于精料集中 2 次食入，瘤胃中峰值精料量高，短时激烈的发酵，产生大量有机酸，峰值使瘤胃 pH 降到 5 以下，从而导致酸中毒。全天自由采食，则不会出现明显的发酵峰值，使牛体耐受日精料量增高。比较而言，日喂 3 次比日喂 2 次效果好，而日喂 4 次又比日喂 3 次效果好。但问题是，如果日喂 4 次，饲养员劳动负荷过大，如果想降低劳动负荷采用两班制，又会增加劳动力投入，导致经济效益下降。如果采用全天自由采食的饲养方法，又会造成草料浪费，从而使成本增加。

综合比较，在我国目前状况下，综合效益最佳可采取每日 3 次饲喂方法。考虑到饲养员的休息和健康，以采取3次不均衡上槽为好，每天总上槽时间为5.5~6小时为宜。

（2）饲喂方法　目前饲喂方法有如下几种。

① 先喂青粗饲料，后喂副料和精料。这是过去农村地区饲喂役牛常用的方法。在精料副料少的情况下，此法效果好。但日喂副料精料量大时，牛的食欲降低，养成习惯后，牛往往等待吃副料和精料，并不好好吃粗料，导致总采食量下降，下槽后剩料多，造成浪费。

② 先喂精料和副料，后喂粗料。这种方法可避免上述缺点，但是又存在新的问题，即：当牛食欲欠佳时，光吃精料和副料，不再吃青粗料，结果造成精粗比严重失调，导致消化失调、紊乱、酸中毒等，经济损失很大。

③ 把粗料和青粗料、副料混合成"全混合日粮"饲喂。这种方法可减轻牛挑食、待食，牛采食速度快，采食量大，而且各种饲料混合食入，不会产生精粗饲料比例失调的问题。此法效果最好，牛每顿食入日粮的性质、种类和比例均较一致，瘤胃微生物能保持最佳的发酵（消化）区系，饲料转化率可以达到最佳水平。

（三）育肥牛的管理

1. 生产记录

认真完善生产记录、出入牛场称重记录、日粮监测和消耗记录、疾病防治记录、气候和小气候噪声（牛舍内）监测记录等，作为改善经营管理的依据，同时，也为出现意外时弄清原因和及时解决突发事件提供明晰的资料。

2. 生产监测

认真执行疾病防治、环境、草料等监测工作。

3. 分群管理

牛群必须按性别分开，母牛能受胎者，应按育肥期长短安排受胎。若用激素法使母牛处于类似妊娠的状态，达到理想的育肥效果，则必须在出栏前10天终止激素使用，以免牛肉中残留激素危害消费者健康。

4. 隔离观察

新购进的肉牛，要在隔离牛舍观察10~15天，才能进入育肥牛舍。在隔离牛舍中进行药物驱虫、健胃、消除应激。经长途运输或驱赶的肉牛，当天和第2天可使用镇静剂加快应激消除。按肉牛的应激程度和恢复情况，酌情控制副料和精料投喂，一般头几天以不喂副料和精料为宜，待肉牛适应新环境和新粗料以后，逐日增加副料和精料喂量，以便取得最优效果，避免应激和消化紊乱双重作用对肉牛造成严重损失。

5. 消毒防疫

每天饲喂后，清理打扫一次育肥牛舍，保持良好的清洁状态；牛体每天刷拭1~2次；夏天，每周用碱液刷洗消毒一次饲槽；肉牛出栏后，牛床彻底清扫，用石灰水、火碱液或菌毒灭消毒一次。

6. 其他工作

严格控制非生产人员进入牛舍（尤其是外来人员）；周围有疫情时，禁止外来人员进入；认真拟定生产计划，预备长期稳定的饲料采购供应；制定日常生产（饲喂）操作规程，禁止虐待肉牛，不适合饲牧的人员立即调离；作好防暑和防寒工作，其中防暑至关重要；注意市场动态和架子牛产地情况，及早调整生产安排，以适应市场需求。

（四）高档红肉生产

1. 饲养方式

公牛在10~12月龄去势后进行育肥，育肥期分为育肥前期（去势到14月龄左右）和育肥后期（15~18月龄）。

（1）育肥前期 日粮的粗蛋白质含量在14%~16%，消化能维持在13.4~14.3兆焦/千克。精料补充料的干物质饲喂量为肉牛体重的1.0%~1.3%，粗饲料自由采食。

（2）育肥后期 日粮的粗蛋白质含量维持在12%~14%，消化能提高到13.8~15.1兆焦/千克。精料补充料的干物质饲喂量为肉牛体重的1.3%~1.5%，粗饲料自由采食。

2. 管理方式

管理与上述大理石花纹肉生产时肉牛管理相同。

（五）牛肉质量控制

1. 肌肉色泽

如果日粮长期缺铁，会使牛血液中铁离子浓度下降，导致肌肉中铁元素分离出来，以补充血液铁的不足，结果使肌肉颜色变淡，但不会损害牛的健康和妨碍增重，所以，补充铁剂，只能在计划出栏前30~40天内应用。如果肉牛肌肉色泽过浅（例如母牛），可在日粮中使用含铁高的草料，例如鸡粪再生饲料、番茄、格兰马草、须芒草、阿拉伯高粱、菠萝皮（渣）、椰子饼、红花饼、玉米酒糟、燕麦、亚麻饼、马铃薯及绿豆粉渣、意大利黑麦青草、燕麦麸、绛三叶、苜蓿等，另外，也可在精料中配入硫酸亚铁等铁制剂，使每千克饲料中铁的含量提高到500毫克左右。

2. 脂肪色泽

牛肉大理石花纹的丰富程度，是影响牛肉口感的重要指标，也是美国、中国等国家牛肉质量评定系统中的主要参数之一。实验研究证明，牛肉的脂肪面积比、单位面积上的脂肪颗粒数，与牛肉大理石花纹的丰富程度之间存在显著的相关关系。

脂肪色泽越白，加上与肌肉的亮红色相衬，才越醒目，才能被评为高等级。相反，脂肪越黄，感观越差，会使牛肉等级降低。造成脂肪颜色变黄的原因，主要是由于花青素、叶黄素、胡萝卜素等沉积在脂肪组织中。牛随日龄增大，脂肪组织中沉积的上述色素物质会越多，所以，年龄越大的牛，肌肉颜色也越深。

要想使肉牛肌肉内外脂肪近乎白色，对年龄较大的牛（3岁以上）可采用含脂溶性色素少的草料作日粮。脂溶性色素物质较少的草料，主要有干草、秸秆、白玉米、大麦、椰子饼、豆饼、豆粕、啤酒糟、粉渣、甜菜渣、糖蜜等，用这类草料组成日粮，饲喂肉牛3个月以上，可使脂肪颜色明显变浅。在育肥肉牛出栏前30天，最好少用含脂溶性色素多的饲料，如胡萝卜、番茄、南瓜、彩心甘薯、黄玉米、鸡粪再生饲料、青草青割、青贮、高粱糠、红辣椒、苋菜、各种青草青割等，防止牛肉脂肪色泽不佳。

3. 牛肉风味

牛肉的风味物质是极其复杂的混合物，由牛肉风味前体物质，经过降解、氧化等一系列复杂的化学反应后生产，如糖类、肽、氨基酸、维生素等发生降解反应，类脂和脂肪酸等发生氧化、脱水、脱羧反应，由此产生一些挥发性与非挥发性物质，这些物质再发生交互作用，最终形成风味化合物。

牛肉中的呈味物质，包括呈甜味的葡萄糖、果糖、核糖、甘氨酸、丙氨酸、丝氨酸、赖氨酸、苏氨酸、脯氨酸、羟脯氨酸等，呈咸味的无机盐类、谷氨酸单钠盐、天门冬氨酸钠等，呈苦味的肌酸、肌酸酐、次黄嘌呤、组氨酸、缬氨酸、蛋氨酸、亮氨酸、异亮氨酸、苯丙氨酸、色氨酸、酪氨酸等，呈鲜味的谷氨酸单钠盐、5′-肌苷酸、5′-鸟苷酸、某些肽类等，呈酸味的天门冬氨酸、谷氨酸、组氨酸、天门冬酰胺、琥珀酸、乳酸、磷酸等。牛肉中的挥发性气味物质有800多种化合物，包括碳氢化合物、醇和酚类、醛类、酮类、羧酸类、酯类、内酯类等，其中，碳氢化合物多达193种。牛肉加热中产生的风味成分，除与复杂的化学反应过程有关外，还与肉牛的品种、饲料条件以及屠宰、储存、加工条件有关。

牛肉脂肪中饱和脂肪酸含量较多，为增加牛肉中不饱和脂肪酸的含量，特别是增加多不饱和脂肪酸的含量，借以提高牛肉的保健效果，可适量增加以鱼油为原料（海鱼油中富含 $\omega-3$ 多不饱和脂肪酸）的钙皂，加入饲料中，一般用量不要超过精料的3%，以免牛肉有鱼腥味。在牛的配合饲料中，注意平衡微量元素的含量，一方面可以得到 1：10 以上的增产效益，同时，还有利于提高牛肉的风味。

四、提高育肥效果的措施

对肉牛进行育肥时，除了选择品种、性别、体型外貌好的肉牛以外，还可采取一些有利措施，以提高饲料转化效率、促进肉牛增重速度。

（一）选择合适的育肥季节

育肥季节最好选在气温低于30℃的时期，气温稍低，有利于增加饲料采食量、提高饲料消化率，同时，较低的气温条件，能减少蚊蝇及体外寄生虫的滋扰，使肉牛处在安静适宜的环境中。在四季分明的地区，春秋是合适的育肥季节，因为春秋季节气候温和，肉牛采食量大，生长速度快，育肥效果最好；其次为冬季，冬季育肥气温过低时，可考虑采用暖棚防寒；夏季炎热，不利于肉牛增重，因此，肉牛育肥季节最好错过夏季，必须在夏季育肥时，则应严格执行防暑措施，如利用电风扇通风、在牛身上喷洒冷水等降温措施。在牧区，肉牛出栏以秋末为最佳。

（二）选择合适的育肥方式

对购入场内的肉牛，应按性别、品种、体重、年龄、膘情等情况进行分群饲养，以免性别干扰，也可方便喂料。肉牛育肥时，要分阶段进行，做到在育肥前、中、后3个阶段喂料水平明确，也容易管理。

（三）保持良好的管理制度

育肥前要进行驱虫和防病。育肥过程中，每天要坚持"三查"，查精神、查饮食、查粪便，发现异常，及时处理。严禁饲喂发霉变质的草料，注意饮水卫生，要保证充足、清洁的饮水，每天至少饮2次，饮足为止。冬春季节水温应不低于10℃。要经常刷拭牛体，保持体表干净，特别是春秋季节，要注意预防体外寄生虫的发生。体内外寄生虫，不仅直接夺取肉牛营养，寄生虫代谢的有毒物质及对组织器官的机械损伤，还会使肉牛出现病症，严重影响育肥效果。所以，育肥前应对肉牛采取必要的驱虫措施，并且最好在每年的春、秋两季分别驱虫1次。

（四）选择合适的饲喂技术

可采取拴系饲养、自由采食、自由饮水的饲养方式，尽量减少肉牛运动量，降低能量消耗。每日喂3次，添草料要少量多次，可先喂精料、再辅料、后喂粗料，适当延长饲喂时间。

育肥过程中，要注意日粮中各种营养成分的全面性，饲料组成要多样化，以便形成"花草"，提高适口性，也有利于营养互补。冬春季节育肥，应加喂少量胡萝卜等多汁饲料，以调节肉牛食欲，增加对干草、秸秆的采食量，提高增重速度，同时也有利于牛体健康。在使用高精料育肥时，为防止瘤胃内酸度过大，可在精料中添加 1%~2% 碳酸氢钠、5%~6% 油脂，以抑制瘤胃异常发酵。

（五）保持舒适的环境条件

要勤换垫草、勤清粪便，保持舍内空气清新，保持环境安静，尽量减少噪声，避免惊扰牛群，注意牛舍内湿度、温度和有害气体含量，创造有利于肉牛生长育肥的适宜环境。育肥期间，应减少肉牛运动，以减少营养消耗、有利于提高增重。每出栏一批肉牛，都要对厩舍进行彻底的清扫和消毒。

（六）根据性别进行管理

近 40 年的研究表明，公牛的生长速度和饲料利用率明显高于阉牛和母牛，且胴体瘦肉多、脂肪少，符合广大消费者的需求。公牛育肥性能之所以优于阉牛和母牛，是由于其睾丸分泌大量睾丸酮，因而生长速度较快，并相应地提高饲料利用率。但对于 24 月龄以上的公牛，育肥前宜先去势，否则肌肉纤维粗糙，且有膻味，食用价值降低。另外，公牛育肥前不去势，也容易给管理工作带来困难。

五、高档牛肉生产的限制性因素

高档牛肉的生产，有很多限制性因素，概括起来，有如下几个方面。

（一）一次投资多

高档牛肉生产往往需要产加一体化，不仅要有较高的技术条件，还要有较多的现代化设备，一些设备条件不可替代，设备费用很高。如：为确保牛肉质量和数量，组织高档牛肉生产时，企业需要建牛舍若干，以年生产肉牛 2 000 头为例，大约需要 1 320 米^2 的牛舍 5 栋。再如屠宰加工设备，要求卫生条件严格，普通牛肉可以实行热胴体剔骨，但高档牛肉要求温度在 0~4℃ 条件下吊挂 7~9 天后才能剔骨，因此，胴体处理设备投资很大，高档牛肉按用户要求分割牛肉，分割车间对卫生的要求也很苛刻。

（二）资金周转慢

从购进架子牛开始（体重 300 千克左右），饲养到屠宰体重（500 千克左右）大概需要 10 个月左右的饲养时间，也就是说，资金投入 10 个月后，才能周转 1 次。不仅周转慢，而且每头牛的购入价格高，资金占用大，影响流动资金使用。

（三）高价肉比例小

肉牛并非全身都是高档肉，一头牛的高档肉部分，主要集中在牛柳、西冷、眼肉这 3 块上，重量为 27~28 千克，只占牛肉产量的 10%左右，其余部分虽然质量也较好，但却卖不上较高的价格。

（四）脂肪产量高

为了使肉块能达到用户的要求，特别是对牛柳、西冷、眼肉大理石花纹的要求，高档牛肉生产中，脂肪产量较高。由于脂肪产量高，就带来两个问题，一是投入精料多，饲养成本大；二是脂肪售价低，减少了销售收入。

第五章　肉牛常用饲料添加剂与药物的安全使用

第一节　合理使用饲料添加剂

一、合理使用常规饲料添加剂

（一）饲料调味剂

常用的调味剂主要有糖精。每 100 千克秸秆喷入 2~3 千克含糖精 1~2 克、食盐 100~200 克的水溶液，饲喂前喷洒，能产生鲜草香味，可提高牛的采食量，从而提高日增重。

（二）矿物质添加剂

根据当地矿物质含量情况，针对性地选用矿物质添加剂，舍饲可以均匀拌入精料中，放牧可购买舔砖补充，其育肥效果取决于矿物元素缺乏种类和缺乏程度。

（三）维生素添加剂

水溶性维生素可在瘤胃内合成，而脂溶性维生素容易缺乏，尤其饲喂以秸秆为主的日粮时，更容易缺乏。所以，应根据季节和饲料特点，在肉牛育肥日粮中适量补充维生素。饲喂酒糟多的肉牛必需补充维生素，尤其是维生素 A，可以采用粉剂拌入料中饲喂。

（四）全面禁止促生长药物饲料添加剂

根据《兽药管理条例》《饲料和饲料添加剂管理条例》有关规定，按照《遏制细菌耐药国家行动计划（2016—2020 年）》和《全国遏制动物源细菌耐药行动计划（2017—2020 年）》部署，为维护我国动物源性食品安全和公共卫生安全，农业农村部决定停止生产、进口、经营、使用部分药物饲料添加剂，并对相关管理政策作出调整。

① 自 2020 年 1 月 1 日起，退出除中药外的所有促生长类药物饲料添加剂品

种（表5-1），兽药生产企业停止生产、进口兽药代理商停止进口相应兽药产品，同时注销相应的兽药产品批准文号和进口兽药注册证书。此前已生产、进口的相应兽药产品可流通至2020年6月30日。

② 自2020年7月1日起，饲料生产企业停止生产含有促生长类药物饲料添加剂（中药类除外）的商品饲料。此前已生产的商品饲料可流通使用至2020年12月31日。

③ 2020年1月1日前，农业农村部组织完成既有促生长又有防治用途品种的质量标准修订工作，删除促生长用途，仅保留防治用途。

④ 改变抗球虫和中药类药物饲料添加剂管理方式，不再核发"兽药添字"批准文号，改为"兽药字"批准文号，可在商品饲料和养殖过程中使用。2020年1月1日前，农业农村部组织完成抗球虫和中药类药物饲料添加剂品种质量标准和标签说明书修订工作。

⑤ 2020年7月1日前，完成相应兽药产品"兽药添字"转为"兽药字"批准文号变更工作。

表5-1　12种被禁止使用的促生长药物饲料添加剂名录

序号	名称	功效	应用对象
1	甲基盐霉素预混剂	促生长，抗球虫药	鸡、猪
2	土霉素钙预混剂	促生长，预防	猪、鸡、鸭
3	阿维拉霉素预混剂	促生长，预防	猪、肉鸡
4	恩拉霉素预混剂	促生长，预防	鸡、猪
5	吉它霉素预混剂	促生长	鸡、猪
6	亚甲基水杨酸杆菌肽预混剂	促生长	猪，肉鸡，肉鸭
7	那西肽预混剂	促生长	鸡、猪
8	杆菌肽锌预混剂	促生长	牛、猪、禽
9	金霉素预混剂	促生长	鸡、猪
10	黄霉素预混剂	促生长	猪、鸡、肉牛
11	维吉尼亚都霉素预混剂	促生长	鸡、猪
12	喹烯酮预混剂	促生长	猪

二、合理使用尿素

（一）选好对象

应将尿素饲喂给健康的成年牛或育成牛，不能喂给犊牛。这是因为犊牛胃肠道内正常的微生物区系尚未完全建立，微生物活动还不正常，不能利用尿素。如果给犊牛饲喂尿素，会使其发生胃肠不适甚至导致中毒。除犊牛外，种公牛、怀孕后期母牛和用氨化秸秆饲料强化育肥的牛，也不能饲喂尿素。牛在过度饥饿以及长途运输后也不能立即饲喂含有尿素的饲料。因为在这些情况下，尿素在瘤胃中的分解速度较快，会降低尿素的利用效率，同时也易发生中毒。

（二）用量合适

尿素的饲喂量不可过多，最多只能代替日粮粗蛋白质的30%、精饲料的2%~3%，或者按0.2~0.3克/千克体重的比例添加，成年牛的日饲喂量大约为120克。当日粮中粗蛋白质的含量为9%~12%时，利用尿素喂牛效果最佳，尿素在瘤胃中的利用率可达到70%。当日粮中蛋白质含量为13%~18%时，尿素的利用率随日粮蛋白质水平的增高而降低；当日粮蛋白质水平高达18%时，喂尿素无效甚至有害；当日粮中蛋白质低至8%时，饲喂尿素会影响瘤胃内微生物的生长、繁殖，尿素的利用率也会下降；当日粮中尿素的含量超过0.3%时，则会使饲料的适口性下降，肉牛的采食量降低。

（三）方法恰当

1. 首次谨慎

第一次使用尿素，应使用日常喂量的1/10，以后逐渐增加，让瘤胃微生物适应7~10天后，就可以饲喂全量。

2. 分次饲喂

每天的用量不能1次喂完，要分2~3次喂给，先将定量的尿素溶入水中，然后喷洒在干料上或拌入精料中饲喂。

3. 适当搭配

用0.1%~0.2%的尿素与玉米、糖浆混合成液状饲料饲喂，或把混有尿素的精饲料与粗饲料或轻工业副产品如果渣、甜菜渣、蔗渣等混合均匀饲喂；将浓度较高的尿素溶液于饲喂前1~1.5小时喷洒在青贮草上，其剂量以青贮饲草干物质量的0.5%为宜，最多不超过1%，不但可中和其酸性，提高饲料的适口性，而且还可提高瘤胃微生物对尿素的利用率。

（四）注意禁忌

1. 搭配有禁忌

黄豆、黑豆、豆饼、菜饼、南瓜、刺槐叶、苜蓿草、三叶草、紫穗槐叶等饲料，均含有尿素酶，尿素酶在瘤胃中会使尿素在短时间内快速分解，释放出大量的氨，导致中毒，所以，在饲喂尿素期间，应不用或少用以上饲料。

2. 饮水有禁忌

尿素溶于水后会被很快吸收，造成血中氨浓度增高而致中毒，故饲喂尿素后不能马上饮水，一般在采食完 1 小时方可让牛饮水。

3. 增效有方法

尿素必须配合一定的含糖饲料，才有理想的效果，可配合使用含碳水化合物较多的精料，如糖蜜、玉米面粉、瓜干面粉等。日粮中配合适量的硫、磷，能提高尿素的利用率。磷由骨粉供给，硫可以用硫酸钾或硫酸钠。瘤胃微生物对尿素的利用有个适应过程，持续使用才能有理想的效果，如果因故中断，再喂时仍需慢慢适应。

（五）防止中毒

1. 中毒症状

如果牛在采食尿素 0.5~1 小时后表现兴奋不安、运动失调、反刍减少或停止、心率加快、肌肉振颤、不断呻吟、痉挛反复、呼吸急促、瞳孔散大、口吐白沫，甚至是瘤胃臌气、呼吸困难、体温下降等症状，说明已发生尿素中毒，应采取紧急治疗措施。

2. 解救措施

发现肉牛尿素中毒后，可用食醋 1 500~4 000 毫升、白糖 500 克，混合灌服（或 5% 醋酸溶液 1 000~3 000 毫升，灌服），以中和瘤胃内的氨，间隔 20~30 分钟再灌服 1~2 次，轻者很快即可康复。同时，还可先放血 200~300 毫升，再使用 5% 葡萄糖生理盐水 2 000~3 000 毫升、维生素 C 5 克、10% 樟脑磺酸钠 20 毫升，一次静脉注射，或用 5%~10% 硫代硫酸钠溶液 100~200 毫升，一次静脉注射。

三、合理使用微生态制剂

（一）科学保存

微生态制剂属于活菌制剂，若保存方法不好、保存条件不当，都会造成细菌失活，必须根据要求进行保存，一般应保存在干燥、凉暗的地方，适宜的保存温度为 5~15℃，但不宜长时间存放。已经开启但未用完的微生态制剂，应在保持干燥、凉暗的同时，加强密封管理，因为氧气可使其中的厌氧菌失活。

（二）用法合理

微生态制剂品种很多，但要根据年龄特点和控制目标，选择合适的品种。如：幼龄牛常用乳酸菌制剂，而成年牛则应使用米曲霉、黑曲霉和啤酒酵母制剂；为加速消化道内纤维素的分解，应尽量选用曲霉菌制剂。如果使用固体制剂，可加入到精料中使用，每头牛每天使用 70~100 克；如果使用液体制剂，可按每日饮水量的 1% 直接加入到饮水中，任肉牛自行饮用。

使用微生态制剂时，一般不要与抗生素及其他抑菌、杀菌药物混和使用，如果病情确实需要使用这些药物，也应间隔 24 小时以上先后使用。一般是先用抗菌性药物清理肠道，为益生菌的定植和繁殖清除障碍，然后再服用微生态制剂，这样就可以达到较好的使用效果。

（三）时机合适

给刚出生的动物投喂微生态制剂引入益生菌，可尽快形成优势菌群，预防疾病、卫生保健的效果最好。在断奶、分群、长途运输、饲料更换、天气突变等应激条件下，动物体内微生态平衡常遭到破坏，若提前使用微生态制剂，对形成优势菌群也极为有利。

微生态制剂的作用机理，是通过有益微生物大量繁殖，竞争性地抑制有害细菌的生长，同时还能刺激机体提高免疫力，从而起到防治疾病（尤其是胃肠道疾病）的作用，若发生疾病后再去使用微生态制剂，肯定不如使用抗生素效果明显。因此，要全面了解微生态制剂的作用机理和产品特性，正确对待作用效果：若是用于疾病控制，应以预防为主，做到防治结合；若是用作饲料添加剂，要确保稳定性，掌握好剂量；若是用于改善环境，应尽早使用，持之以恒。

四、合理使用瘤胃素

瘤胃素是莫能菌素的商品名，是一种灰色链球菌的发酵产物，是欧盟唯一允许使用的肉牛促生长饲料添加剂。瘤胃素的作用是，既能减少瘤胃蛋白质的降解，使过瘤胃蛋白质的数量得到增加，又可提高到达胃的氨基酸数量，减少细菌氮进入胃，同时还可影响碳水化合物的代谢，抑制瘤胃内乙酸的产量，提高丙酸的比例，保证给牛提供更多的有效能。

瘤胃素属于聚醚类离子载体抗生素，使用不当会发生中毒，甚至导致肉牛死亡。放牧期安全用量：0~5 天，每头每天用 100 毫克，6 天以后，每头每天用 200 毫克。舍饲育肥期安全用量：以精饲料为主时，每头每天用 150~200 毫克，以粗饲料为主时，每头每天用 200 毫克，舍饲育肥期内，每头每天最高使用量不得超过 360 毫克。

使用瘤胃素可按每头每天的饲喂量掺入肉牛日粮中，充分拌匀后分次投喂。也可制成预混料使用。方法是：取商品瘤胃素 500 克（每千克商品瘤胃素内含纯瘤胃素 60 克），玉米粉 200 千克，充分搅拌均匀后，按量分次投喂。瘤胃素可一直用至肉牛出栏屠宰。

五、严禁使用"瘦肉精"

盐酸克仑特罗是"瘦肉精"的主要成分。盐酸克仑特罗是一种人工合成的

β-肾上腺素能兴奋剂，呈白色结晶粉末，无臭，味苦，熔点为 161℃，溶于水和乙醇，微溶于丙酮，不溶于乙醚。盐酸克仑特罗属于强效选择性 β_2 受体激动剂，具有扩张支气管的作用，过去临床上常用来防治哮喘、肺气肿等肺部疾病，俗名克喘素。20 世纪 80 年代，美国一家公司意外发现盐酸克仑特罗具有明显的促进生长、提高瘦肉率及减少脂肪的效果，国内有专家为此撰文介绍，将其添加到牛、羊、猪和家禽饲料中，可提高动物蛋白质含量约 15%，减少脂肪含量约 18%。

正因为盐酸克仑特罗对动物具有促进肌肉特别是骨骼肌中蛋白质合成、抑制脂肪合成和积累等作用，客观上能明显改善动物胴体品质，使食品动物生长速度加快，瘦肉增加，毛色红润光亮，卖相好，屠宰后胴体肌肉颜色深红，肌肉饱满、结实、不易渗出液体，皮薄，脂肪较少，外观漂亮，所以，盐酸克仑特罗又被称为"瘦肉精"。类似的药物还有莱克多巴胺、沙丁胺醇和特布他林等。将这类物质添加于饲料中，都可以增加动物的瘦肉量，减少饲料使用量，使肉品提早上市，从而降低成本增加效益。

"瘦肉精"进入食品动物体内后，主要分布于肝、肾、肺和肌肉中。同时，"瘦肉精"的稳定性也很强，研究结果表明，它完全能够耐受 100℃的高温，在 126℃的油煎条件下，需要 5 分钟才会将毒性破坏减半。所以，"瘦肉精"一旦在肉品中沉积下来，家庭厨房中使用常规的加工烹饪方法，根本无法对其毒性进行有效破坏，绝大部分都会被食用者的消化道吸收。

医学研究表明，人体对"瘦肉精"吸收快，食用后 15~20 分钟即会发生作用，2~3 小时血浆浓度达到峰值，引发人体中毒症状，迅速造成心率过速，同时使细胞内血钾降低，导致心律失常，对原有心律失常的病人更易引发心肌梗死。一个人如果摄入 20 微克"瘦肉精"，就可以出现明显症状，表现为面红口渴，皮肤出现过敏性红色丘疹，心情烦躁不安，失眠，手指震颤，食量过大则出现心慌、乏力、恶心呕吐、耳鸣、头痛、震颤等症状，对于高血压、心脏病、甲亢等病患者来说，更容易诱发病状，危险性很大。食用"瘦肉精"中毒严重者可致人死亡，中毒症状轻微者可能感觉不明显，但长期食用可引起慢性中毒，导致染色体畸变，诱发恶性肿瘤。

"瘦肉精"既不是兽药，也不是饲料添加剂，而是严重危害畜牧业生产和人体健康的毒品，"瘦肉精"真的是"害人精"。由于"瘦肉精"的副作用大，被人们认为是肉制品行业中的"三聚氰胺"，我国政府早就明令禁止作为饲料添加剂使用，目前全球 136 个国家和地区都规定肉品中不得检出"瘦肉精"。所以，肉牛养殖业应严格禁止使用"瘦肉精"。

六、合理使用中草药添加剂

我国天然中草药资源丰富。中草药含有多种微量养分和免疫因子，具有低毒、无残留、无副作用等特点，畜牧生产中可提高动物饲料转化效率，增强抵抗疾病的能力，缓解环境应激产生的负作用。为生产高效、安全无公害畜产品，目前科学工作者规定研究开发利用中草药资源以替代激素、抗生素和化学合成类药物等。

中草药饲料添加剂可使肉牛得到充分休息，减少活动消耗的营养物质，促进营养物质的代谢和合成，提高增重，改善牛肉品质。有研究者报道，给肉牛每日每头添加 100 克中草药添加剂（由神曲、麦芽、使君子、贯众、苍术、当归、甘草等组成），试验组肉牛每头日增重达 1.5 千克，比对照组提高 12.41%，经济效益明显。试验证明，按肉牛精料 1.5% 添加中草药（苍术、当归、甘草、神曲、山渣、陈皮等）使肉牛日增重达到 1.561 千克/头，提高了 9.93%，每千克增重节省精料 10.11%。日本韩日饲料公司在饲料中添加中草药（姜花、肉桂、薄荷、大蒜等），改善了牛肉品质，使肉汁不易从细胞中流失，能保持肉质的香味。

使用中草药添加剂需要注意以下几个问题。

（一）配方需要优化

作为饲料添加剂，中草药并不是矫正机体的病理状态，而主要是在不影响生理平衡的情况下，抑制不利因素，预防发生疾病，刺激机体生长，改善生产性能，提高产品质量。因此，药物之间的性质怎样调和，主、辅、佐、使诸药如何搭配，中草药与常规饲料在成分上有哪些配伍禁忌和相生相克的关系等，都是崭新的研究课题。只有把这些问题都搞清楚了，才能配制出合理、科学、简洁、实用的方剂，保证使用于不同畜禽品种、不同发育阶段、不同饲养目的、不同环境条件的添加剂配方，都是精制的、有效的、专用的，与畜禽生长发育的基本规律和代谢特点相吻合、相协调，与常规饲料的理化性质和营养特点相促进、相补益。

（二）用量需要控制

从目前见诸媒体的中草药饲料添加剂用量来看，一般添加量都为 3%~5%，有的甚至高达 10% 以上，如此大的用量，不仅成本太高，产品运输、保存和使用都极不方便，而且中草药大都有浓重的气味，动物采食时，辛、苦、咸、酸、甘等对味觉的刺激也会很强烈，用量过大必然影响到饲料的适口性和动物的饮食欲，而添加剂量过大还会明显影响原饲料配方中的营养浓度。所以，在一个添加剂配方中，每味药的用量是多少，总体用量应该是多大，都是需要认真研究的问题，尤其是使用具有抗菌、抗病毒作用的中草药时，更须密切关注用量问题，防止抑菌不良而出现耐药性或打乱机体内部生态平衡，步抗生素添加剂的后尘。从总体来看，中草药饲料添加剂用量应该是越小越好，除了以上因素的影响外，资源也是一个不得不考虑的问题，起码保证不能与人医用药构成竞争。

（三）工艺需要研究

中草药大都是生药，其中有些药物具有毒性或烈性而不能直接使用，有的因易变质而不利于保存，也有的必须经过特定的炮制方法处理，才能转变药物的性能、充分发挥应有的药效。因此，传统中草药在加工工艺上十分讲究炮制。目前一些养殖场使用的中草药饲料添加剂，大多使用鲜品或干品，使用粉碎法制成粉剂后添加在饲料中，虽然所选药物多为消导药、理气药、温里药、补益药、解表药、清热药、驱虫药，从理论上讲无毒副作用，但不经炮制是否能充分发挥药物的作用，制成的添加剂是否能够长期保存而不易失效，使用粉末状的散剂，主要有效成分在胃肠道内是否能充分吸收，什么样的提取工艺是最为合适有效的，许多问题都还没有弄清楚，在加工制作上显得有些盲目和随意。所以，在加工工艺上下大力气进行认真研究和积极探索，也是推广使用中草药饲料添加剂时不容忽视的重要课题。

第二节　规范使用各种兽药

一、建立药物管理制度

（一）建立完整的药品购进记录

不向无药品经营许可证的销售单位购药物，用药标签和说明书符合农业农村部规定的要求，不购禁用药、无批准文号、无成分的药品，购进药物时，必须做好产品质量验收和购药记录。

药品质量验收，包括药品外观性质检查、药品内外包装及标识的检查，主要内容有品名、规格、主要成分、批准文号、生产日期、有效期等。购药记录内容包括药品的品名、剂量、规格、有效期、生产厂商、供货单位、购进数量、购货日期等。

（二）建立严格的仓库保管制度

搬运、装卸药品时应轻拿轻放、严格按照药品外包装标志要求堆放和采取措施。

药品仓库专仓专用、专人专管。在仓库内不得堆放其他杂物，特别是易燃易爆物品。药品按剂量或用途及储存要求分类存放，陈列药品的货柜或厨子应保持清洁和干燥。地面必须保持整洁，非相关人员不得进入。

药品出库应开《药品领用记录》，详细填写品种、剂型、规格、数量、使用日期、使用人员、何处使用，需在技术员指导下使用，并做好记录，严格遵守停药期。

（三）建立规范的处方用药制度

用药必须施行处方管理制度，处方内容包括用药名称、剂量、使用方法、使用频率、用药目的，处方需经过监督员签字审核，确保不使用禁用药和不明成分的药物，领药者凭用药处方领药使用。

二、按照规定要求用药

用于预防、治疗和诊断疾病的兽药，应符合《中华人民共和国兽药典》《中华人民共和国兽药规范》《中华人民共和国兽用生物制品质量标准》《兽药质量标准》《进口兽药质量标准》和《饲料药物添加剂使用规范》的相关规定。所用兽药必须来自具有《兽药生产许可证》和产品批准文号的生产企业或者具有《进口兽药许可证》的供应商。所用兽药的标签应符合《兽药管理条例》的规定。

（一）优先使用疫苗预防肉牛疫病，应结合当地实际情况进行疫病的预防接种。

（二）允许使用符合《中华人民共和国兽药典》《中华人民共和国兽药规范》《兽药质量标准》和《进口兽药质量标准》规定的消毒防腐剂对饲养环境、厩舍和器具进行消毒，同时应符合 NY/T 5128—2021 的规定。

（三）允许使用符合《中华人民共和国兽药典》和《中华人民共和国兽药规范》规定的用于肉牛疾病预防和治疗的中药材和中药成方制剂。

（四）允许使用符合《中华人民共和国兽药典》《中人民共和国兽药规定》《兽药质量标准》和《进口兽药质量标准》规定的钙、磷、硒、钾等补充药，酸碱平衡药、体液补充药、电解质补充药、营养药、血容量补充药、抗贫血药、维生素类药、吸附药、泻药、润滑剂、酸化剂、局部止血药、收敛药和助消化药。

（五）允许使用国家畜牧兽医行政管理部门批准的微生态制剂。

（六）允许使用中华人民共和国农业行业标准——无公害食品（第二批）养殖业部分中的抗寄生虫药、抗菌药和饲料药物添加剂，使用中应注意以下两点。

① 严格遵守规定的用法与用量；

② 休药期应严格遵守规定的时间。

（七）建好各种档案

建立并保存肉牛的免疫程序记录；建立并保存患病与用药记录，治疗用药记录包括患病肉牛的畜号或其他标志、发病时间及症状、治疗用药物名称（商品及有效成分）、给药途径及剂量、治疗时间和疗程等；预防或促生长混饲给药记录包括所用药物名称（商品名称及有效成分）、剂量和疗程等。

三、不用禁用药物

（一）食品动物禁用的兽药

1. 禁用于所有食品动物的兽药（11 类）

（1）兴奋剂类：克仑特罗、沙丁胺醇、西马特罗及其盐、酯及制剂；

（2）性激素类：己烯雌酚及其盐、酯及制剂；

（3）具有雌激素样作用的物质：玉米赤霉醇、去甲雄三烯醇酮、醋酸甲孕酮及制剂；

（4）氯霉素及其盐、酯（包括：琥珀氯霉素）及制剂；

（5）氨苯砜及制剂；

（6）硝基呋喃类：呋喃西林和呋喃妥因及其盐、酯及制剂；呋喃唑酮、呋喃它酮、呋喃苯烯酸钠及制剂；

（7）硝基化合物：硝基酚钠、硝呋烯腙及制剂；

（8）催眠、镇静类：安眠酮及制剂；

（9）硝基咪唑类：替硝唑及其盐、酯及制剂；

（10）喹噁啉类：卡巴氧及其盐、酯及制剂；

（11）抗生素类：万古霉素及其盐、酯及制剂。

2. 禁用于所有食品动物，用作杀虫剂、清塘剂、抗菌或杀螺剂的兽药（9 类）

（1）林丹（丙体六六六）；

（2）毒杀芬（氯化烯）；

（3）呋喃丹（克百威）；

（4）杀虫脒（克死螨）；

（5）酒石酸锑钾；

（6）锥虫胂胺；

（7）孔雀石绿；

（8）五氯酚酸钠；

（9）各种汞制剂包括：氯化亚汞（甘汞）、硝酸亚汞、醋酸汞、吡啶基醋酸汞。

3. 禁用于所有食品动物用作促生长的兽药（3 类）

（1）性激素类：甲基睾丸酮、丙酸睾酮、苯丙酸诺龙、苯甲酸雌二醇及其盐、酯及制剂；

（2）催眠、镇静类：氯丙嗪、地西泮（安定）及其盐、酯及其制剂；

（3）硝基咪唑类：甲硝唑、地美硝唑及其盐、酯及制剂。

4. 禁用于水生食品动物用作杀虫剂的兽药（1 类）

双甲脒。

（二）禁止在饲料和动物饮用水中使用的药物品种（5 类 40 种）

1. 肾上腺素受体激动剂

盐酸克仑特罗、沙丁胺醇、硫酸沙丁胺醇、莱克多巴胺、盐酸多巴胺、西巴特罗、硫酸特布他林。

2. 性激素

己烯雌酚、雌二醇、戊酸雌二醇、苯甲酸雌二醇、氯烯雌醚、炔诺醇、炔诺醚、醋酸氯地孕酮、左炔诺孕酮、炔诺酮、绒毛膜促性腺激素（绒促性素）、促卵泡生长激素（尿促性素主要含卵泡刺激 FSHT 和黄体生成素 LH）。

3. 蛋白同化激素

碘化酪蛋白、苯丙酸诺龙及苯丙酸诺龙注射液。

4. 精神药品

（盐酸）氯丙嗪、盐酸异丙嗪、安定（地西泮）、苯巴比妥、苯巴比妥钠、巴比妥、异戊巴比妥、异戊巴比妥钠、利血平、艾司唑仑、甲丙氨酯、咪达唑仑、硝西泮、奥沙西泮、匹莫林、三唑仑、唑吡旦、其他国家管制的精神药品。

5. 各种抗生素滤渣

该类物质是抗生素类产品生产过程中产生的工业三废，因含有微量抗生素成分，在饲料和饲养过程中使用后对动物有一定的促生长作用。但对养殖业的危害很大，一是容易引起耐药性，二是由于未做安全性试验，存在各种安全隐患。

（三）抗病毒药物

列入《兽药地方标准废止目录》（农业农村部公告第 560 号）的金刚烷胺、金刚乙胺、阿昔洛韦、吗啉（双）胍（病毒灵）、利巴韦林等及其盐、酯的单、复方制剂等立即停止生产、经营、使用，违者按生产、经营假兽药和使用禁用兽药处理，依照《兽药管理条例》予以处罚。

（四）最新增添

1. 禁止在食品动物中使用洛美沙星、培氟沙星、氧氟沙星、诺氟沙星 4 种原料药的各种盐、酯及其各种制剂。

2. 禁止非泼罗尼及相关制剂用于食品动物。

3. 禁止硫酸黏菌素预混剂用于动物促生长。

4. 停止在食品动物中使用喹乙醇、氨苯胂酸、洛克沙胂 3 种兽药。

（五）相关公告文件

1. 禁止在饲料和动物饮用水中使用的药物品种目录，农业部公告 176 号。

2. 食品动物禁用的兽药及其他化合物清单，农业部公告 193 号。

3. 禁止在饲料和动物饮水中使用的物质，农业部公告 1519 号。

4. 食品动物中停止使用洛美沙星、培氟沙星、氧氟沙星、诺氟沙星 4 种兽药，农业部公告 2292 号。

5. 禁止硫酸黏菌素预混剂用于动物促生长，农业部公告 第 2428 号。

6. 禁止非泼罗尼及相关制剂用于食品动物，农业部公告 第 2583 号。

7. 停止在食品动物中使用喹乙醇、氨苯胂酸、洛克沙胂 3 种兽药，农业部公告第 2638 号。

8. 农业部农医发〔2005〕33 号《关于清查金刚烷胺等抗病毒药物的紧急通知》。

四、严格执行休药期

休药期是指从停止用药到许可屠宰的间隔时间。由于药物在体内的降解速度不一样，每种药物都有相应的休药期。肉牛场必须严格执行休药期，在肉牛上市前必须按规定时间停药。

五、注意配伍禁忌

配伍禁忌是指两种或两种以上药物混合使用时，发生中和、水解、破坏失效等理化反应，外观上出现浑浊、沉淀、产生气体及变色等异常现象，使药物的治疗作用减弱，导致治疗失败，或者毒副作用增强，引起严重不良反应，甚至导致畜禽死亡。因此，兽医临床上应注意药物合理配伍，严禁发生配伍禁忌。

第三节　正确的药物防治

一、药物使用的注意事项

（一）合理用药

1. 准确选用药物

用药一定要合乎病情需要，不要贪图价格便宜或只认准新药物，药物选不对，轻则造成浪费，重则产生药害，严重的可能致患病畜禽于死地，如泻药一般不适宜用于治疗腹泻，收敛固涩药不适宜用来治疗便秘，要想祛痰就不能用镇咳药，使用磺胺药无效时，应尽快更换使用抗生素。如：青霉素是临床上最常用的抗生素，它的抗菌范围较窄，主要对革兰氏阳性菌有效，如金黄色葡萄球菌、链球菌、肺炎球菌、丹毒杆菌、炭疽杆菌、破伤风杆菌、螺旋体、放线菌有效，可以用于以上病原菌造成的感染，但对分枝杆菌、真菌、立克次氏体、霉形体以及各种病毒和原虫都无效。链霉素主要对结核杆菌和多种革兰氏阴性杆菌有效，如布氏杆菌、巴氏杆菌、沙门氏菌、大肠杆菌等，对梭菌、真菌、立克次氏体、病毒无效。磺胺药对螺旋体、结核杆菌完全无效，对立克次氏体不但不能抑制，反能刺激其生长。如果将青霉素、链霉素、磺胺药用于不敏感的微生物造成的感染，只会增加无谓的投入、加重经济负担。

2. 使用合适剂量

用药剂量太小，达不到治病的目的，但是，剂量过大也不科学，不但容易造成浪费、引起药害，过量使用抗生素还可能使病原微生物产生耐药性，以后发生同样的疾病时就很难治愈。用药剂量以药物标签要求为准，不能随便更改，但对于不同年龄的患病牛，在实际投药时，应以青壮年期为用药的基准，老年牛可以减半用药，幼牛应减少 1/10~1/2 用药。

3. 抓住最佳时机

一般地，用药越早效果越好，特别是微生物感染性疾病，及早用药能迅速控制病情，可以防止微生物在血液内大量繁殖造成更大的危害。但细菌性痢疾却不宜早止泻，因为这样会使病菌无法及时排出，使其在体内大量繁殖，反倒会引起更为严重的腹泻。在症状不典型、判断不准确的情况下，也不宜盲目用药，因为如果使用了病原微生物不太敏感的药物，极易产生耐药性，对以后的治疗十分不利。另外，对症治疗的药物不宜早用，因为这些药物虽然可以缓解症状，但在客观上会掩盖疾病真相，影响对病情的正确推断。

（二）有效用药

1. 考虑药物特性

内服能吸收的药物可以用于全身感染，内服不能吸收的药物，如磺胺脒、硫酸黏杆菌素等，只能用于胃肠道感染。使用磺胺类药物，要遵循"首次倍量，以后常量，症状消失后用半量"的原则，因为初次剂量不够，无法很好地抑制病原微生物，以后的治疗效果就很不理想。用磺胺药治疗外伤性感染时，必须先清除掉创口周围的脓汁和坏死组织，否则，很难收到理想的效果。一般的抗菌药物很少能进入脑脊液，只有磺胺嘧啶钠可以进入，治疗脑部感染时应首选磺胺嘧啶钠。磺胺异噁唑在尿液中溶解度高，能发挥出较好的抗菌作用，尿路感染应首选磺胺异噁唑。

2. 选好用药途径

不同的用药途径，发挥作用的时间和效果都不一样，如四环素类药物内服后虽然容易吸收，但吸收不完全，临床上一般使用注射法；同时，因为肌内注射的部位常出现发炎和坏死，所以，一般药物不宜肌内注射，多采用静脉注射法。苦味健胃药如龙胆酊、马钱子酊等，只有通过口服的途径，才能刺激味蕾，反射性地提高食物中枢的兴奋性，加强唾液和胃液的分泌，如果使用胃管投药，药物不经口腔直接进入胃内，就起不到健胃的作用。临床上要按照药物标签说明，采用合适的用药途径，不能想当然地随意更改用药途径。

3. 注意重复用药

半衰期是血液中药物浓度下降一半所需要的时间，是药物在体内保持有效浓度的关键指标。如肌内注射卡那霉素，半衰期为 2.5 小时，血清浓度在注射后 0.5~1 小时达到高峰，有效浓度维持时间为 12 小时，因此，连续肌内注射卡那霉素，间隔时间应在 10 小时以内。青霉素粉针剂一般应每隔 4~6 小时重复用药 1 次，油剂普鲁卡因青霉素则可以间隔 24 小时用药 1 次。

4. 防止配伍禁忌

配合使用药物时，要注意药物之间的配伍禁忌，防止影响药效。如酸性药物与碱性药物不能混合使用；乳酶生是一种活菌制剂，每克含活乳酸杆菌 1 000 万个以上，内服后分解糖类、产生乳酸，可以抑制腐败性细菌的繁殖，如果与复方新诺明、磺胺脒等抗菌药物混合使用，乳酸杆菌就会被杀死，其应有的效果就无法发挥出来，同时，乳酶生还不能与吸附剂、鞣质、酊剂等配伍使用；磺胺类药物的主要作用是抑制细菌的繁殖，青霉素对生长旺盛的敏感菌特别有效，而对代谢受到抑制的细菌则效果较差，因此，磺胺类药与青霉素合用，会降低青霉素的效果；链霉素与磺胺类药物配伍使用会发生水解而失效；磺胺类药物与维生素 C 合用，会产生沉淀；盐霉素不能与泰妙菌素、竹桃霉素等合用；磺胺嘧啶钠注射液与大多数抗生素配合都会产生浑浊、沉淀或变色现象，临床上应单独使用。

（三）安全用药

肉牛用药，除注意不能使用禁用药、防止药物残留以外，还需注意以下两个问题。

1. 避免发生危害

链霉素与卡那霉素配合使用，会加重对听觉神经中枢的危害；硫酸新斯的明具有很强的促进胃肠道平滑肌运动的能力，可以用于配合治疗肠道阻塞，但在完全阻塞、肠道蠕动音消失的情况下不能使用，防止造成肠管破裂；松节油可用于治疗泡沫性瘤胃臌胀，但刺激性较强，急性胃肠炎、肾炎患畜禁用。

2. 使用合格药品

临床上一定要注意，千万不要使用过期药、变质药、劣质药、淘汰药等。购买兽药一定要选择通过 GMP 认证企业的药物产品。使用药物前，要仔细辨别药物的有效期规定，超过有效期的药物，效价迅速降低或失效，使用后不但无益甚至还会有害。因保存不善而变质或发生潮解的药物，也不能使用。劣质药往往都是不正规的无照兽药厂生产的，包装粗糙，有效成分不足，生产工艺流程不符合药典的要求，用药的后果很难设想。农业部门规定已经淘汰的药物，往往都有严重的毒副作用，一定不要购买和使用。

二、肉牛用药保健程序

（一）肉牛药物驱虫

牛犊出生 1 个月后驱虫，6 个月再驱虫 1 次。之后每年春秋各驱虫 1 次。如果是外购的架子牛，进场之后 1 周内驱虫，之后每半年驱虫 1 次。

驱虫药的选择见第三章第二节。

（二）肉牛四季中药保健

1. 春季灌服"茵陈散"

茵陈 60 克、黄连 60 克、防风 60 克、甘草 60 克、生姜 100 克，以上诸药研碎混合后加蜂蜜 100 克，开水冲调后微温时灌服，每日 1 剂，连服 3 剂。

2. 夏季灌服"消黄散"

黄药子 60 克、贝母 60 克、知母 60 克、大黄 60 克，白药子、黄芩、甘草、郁金各 60 克，蜂蜜 100 克，开水冲调后微温时灌服，每日 1 剂，连服 3 剂。

3. 秋季灌服"理肺散"

蛤蚧、知母、贝母、秦艽、紫苏子、百合、山药、天门冬、马兜铃、枇杷叶、防己、白药子、栀子、瓜蒌根、麦门冬、升麻各 50 克，蜂蜜 100 克，糯米粥 2 碗，开水冲调后微温时灌服，每日 1 剂，连服 3 天。

4. 冬季灌服"茴香散"

茴香、川楝、青皮、陈皮、当归、芍药、荷叶、厚朴、玄胡、牵牛、木通、益智仁各 50 克，黄酒 2 碗，葱一把，煎好后放温加童便半碗，空腹灌服，每日 1 剂，连服 3 天。

第六章　肉牛常见病的防治

第一节　普通病防治

一、食道梗塞

（一）诊断要点

1. 发病原因

动物常在采食过程中突然发病，咽下困难或不能咽下是突出的症状，同时有大量含饲料碎片的白色泡沫从口、鼻流出，呈牵缕状。

2. 临床症状

颈段食道阻塞时，可用手触到异物，在左侧颈沟处有局限性隆起；胸部食道阻塞时，阻塞部上方食道内集有唾液，触诊有波动感；用胃管探诊至阻塞部呈现抵抗。反刍动物食道完全阻塞时，可迅速引起瘤胃臌气；犬食道阻塞时，压迫颈静脉引起头部血液循环障碍而引起头部水肿。

（二）治疗

1. 牛如在排出梗塞物之前已发生臌气

先行瘤胃穿刺排气，并将套管针留置到梗塞物排出后拔出。

2. 梗塞物的排出方法

（1）经口排出法　适于颈部食道梗塞。大动物将头部确实保定，装着开口器，助手在颈部用手将梗塞物推送到咽部固定，术者将舌拉出，手伸入咽部取出梗塞物。犬、猫不完全阻塞时，可试用催吐剂阿朴吗啡等（犬3毫克，猫1毫克，皮下注射）；若阻塞物接近咽喉部，可在颈部用手向外推挤排出异物，或打开口腔，用异物钳取出。

（2）胃管推下法　适于胸部食道梗塞。先将2%～5%普鲁卡因溶液10～20毫升注入食道，10分钟后将植物油或液状石蜡100毫升注入食道，用食道探子将梗塞物缓慢地向胃内推送。

（3）打气、打水法　先将胃管插入食道抵梗塞物，外端接打气筒，助手打气数次，术者配合推动胃管，可能将梗塞物推入胃中；或外端连接"邦浦"式投药器，急速打水数次，配合推胃管可将梗塞物推下。注意预防食道破裂。

（4）手术法　颈部食道梗塞，各种方法不能排出时，可用食道切开术取出。如梗塞物在胸部食道，可用胃管通过食道切口，将梗塞物推进到胃内；或作胃切开术，通过贲门用钳子取出，或用胃管插入，推送回口腔后取出。

二、前胃弛缓

（一）诊断要点

1. 发病原因

饲料单一、质量低劣，维生素或矿物质缺乏，饲养管理不当等可引起原发性前胃弛缓。

2. 临床症状

其他消化器官疾病如瘤胃积食、瘤胃酸中毒、创伤性网胃炎、瓣胃阻塞、真胃变位及肝脏疾病，一些营养代谢病如骨软症、生产瘫痪、酮病等，某些中毒病、传染病、寄生虫病及外产科病以及用药不当等可引起继发性前胃弛缓。

急性前胃弛缓主要表现食欲减退甚至消失，反刍弛缓甚至停止，瘤胃蠕动音减弱，次数减少。瘤胃充满内容物，坚硬，粪便干硬或下痢，色暗且被覆黏液。重症可出现酸中毒和脱水，患畜鼻镜干燥，眼球下陷，黏膜发绀，反刍、食欲废绝，呼吸、脉搏加快，精神沉郁。

慢性前胃弛缓的症状时轻时重，病程长，食欲不振或不定，有异嗜现象。触诊内容物松软或干硬，排粪多为干稀交替，色暗有恶臭。患畜逐渐消瘦、贫血、被毛粗乱，后卧地不起、体温下降。后期伴发瓣胃阻塞，精神高度沉郁、鼻镜龟裂、全身衰竭，发生脱水和自体中毒。

3. 实验室检查

瘤胃液 pH<5.5 以下，纤维素消化试验时，棉线消化断裂时间大于 50 小时。

（二）治疗

① 初期绝食 1~2 天，积极治疗原发病，给予易消化草料。

② 皮下注射毛果芸香碱 0.05~0.15 克，或新斯的明 0.02~0.06 克，或氨甲酰胆碱 1~2 毫克，可 2~3 小时重复注射 1 次；内服槟榔末 30~40 克或酒石酸锑钾 4~8 克（牛），1 次/天，连用 1~3 天。

③ 用 10%氯化钠 300 毫升、5%氯化钙 100 毫升、10%安钠咖 20 毫升，静注，连用 1~2 次。同时皮下注射硝酸士的宁 0.015~0.03 克，效果更好。

④ 从健康牛的口中取出反刍食团，投于病牛，或用胃管吸取健康牛的瘤胃液，或从屠宰场取得瘤胃内容物（保存于温水桶中）投于病牛。

⑤ 如因酸中毒出现心衰时，可静脉滴入等渗糖盐水 2 000~4 000 毫升、5% 碳酸氢钠 1 000~2 000 毫升和 10% 安钠咖 20 毫升，有良好效果。

⑥ 内服硫酸镁或碳酸钠 300~500 克、石蜡油或植物油 1 000 毫升、鱼石脂 10~20 克及温水 600~1 000 毫升。牛也可内服稀盐酸 15~30 毫升、酒精 60 毫升、煤酚皂液 10~20 毫升及常水 500 毫升。

⑦ 在病的恢复期内服健胃剂，如酒石酸锑钾 6 克、番木鳖粉 1 克、干姜粉 10 克、龙胆粉 10 克混合给牛内服，1 次/天；或龙胆粉、干姜粉、碳酸氢钠各 200 克，番木鳖粉 16 克，充分混合，分成 8 份，牛内服 2 次/天，1 份/次。

⑧ 中药可选四君子汤、八珍散或厚朴温中汤。

三、瘤胃积食

瘤胃积食又名瘤胃阻塞、急性瘤胃扩张，因过食大量难消化易膨胀的饲料，或过食大量精料引起，也能引起瘤胃积食。发生瘤胃积食时，瘤胃容积增大，内容物停滞和阻塞，整个前胃机能障碍，最后导致脱水并形成毒血症。

（一）诊断要点

1. 过食大量难消化易膨胀的饲料所引起的瘤胃积食

食欲、反刍、嗳气、瘤胃蠕动减少或停止，腹痛，左腹中、下部膨大，触诊硬感如面团样，有时左腹上部有少量气体。排软便或腹泻，恶臭，重则混血液及黏液。压迫膈和胸腔时呼吸困难。后期肌肉震颤，走路摇摆，运动失调。

2. 过食大量豆谷类精料引起的瘤胃积食

食欲、反刍减少或废绝，可从粪便或反刍物中发现大量豆谷粒，有时出现臌气或腹泻，继则出现神经症状：视力障碍，盲目直行或转圈，重则狂躁不安，头抵墙壁或攻击人、畜，或嗜眠卧地不起。出现严重脱水、酸中毒是本病的特征。

（二）治疗

1. 排出瘤胃内容物

① 用硫酸钠或硫酸镁 400~800 克、松节油 30 毫升、马钱子酊 15 毫升、酒石酸锑钾 6 克，加水 4 000~8 000 毫升后 1 次内服；也可用液状石蜡 2 000~4 000 毫升、松节油 30 毫升、马钱子酊 15 毫升、酒石酸锑钾 8 克，1 次内服；或用硫酸钠 400 克、液状石蜡 2 000 毫升、松节油 30 毫升、马钱子酊 15 毫升、酒石酸锑钾 6 克，加水 4 000 毫升，1 次内服。

② 用胃管向胃内灌入大量温水，然后再导出，如此反复进行，直到将胃内食物大部分导出为止。此法可收到良好效果，但体质衰弱，呼吸困难者不宜进行。

③ 将瘤胃切开，掏空内容物，放入少量干草和清水，并接种健康牛的瘤胃液。接种不方便时，不宜掏空，应留 1/3 的瘤胃内容物。

2. 兴奋瘤胃

① 用草把按摩瘤胃，可刺激瘤胃蠕动，在病后 6~8 小时，每 30 分钟按摩 1 次，5~10 分钟/次，同时灌服酵母粉 500 克、温水 4 000 毫升，对轻症病例能取得良好效果。

② 用"促反刍液"500~1 000 毫升，1 次静脉注射，同时可用新斯的明 20~60 毫克或氨甲酰胆碱 4~6 毫克或毛果芸香碱 20~50 毫克皮下注射，最好用最小剂量，每 2~3 小时重复 1 次。

3. 解除脱水、酸中毒

尤其对过食豆谷类精料引起的瘤胃积食，应把解决此问题放在首要地位。

① 用等渗糖盐水或复方氯化钠注射液 8 000~10 000 毫升，分 2~3 次静脉滴入。在每次静脉滴注时可加入 10% 安钠咖 20 毫升和 5% 维生素 C 60 毫升，效果更好。

② 口服碳酸氢钠 100~200 克，或静注 5% 碳酸氢钠 500~1 000 毫升或 11.2% 乳酸钠 200~400 毫升。

4. 高度兴奋者

可肌内注射氯丙嗪 300~500 毫克，也可静注水合氯醛酒精注射液 100~250 毫升，或水合氯醛硫酸镁注射液 100~200 毫升，缓慢注入。

四、瘤胃酸中毒

在日常的饲养管理中，由于育肥饲喂精料量过高，精粗料比例失调，不遵守饲养制度，突然更换饲料；饲喂的青贮饲料酸度过大，引起乳酸产生过剩，导致瘤胃内 pH 值迅速降低；其结果，因瘤胃内的细菌、微生物群落数量减少和纤毛虫活力降低，引起严重的消化紊乱，使胃内容物异常发酵，导致酸中毒。

（一）诊断要点

1. 发病原因

有过食富含碳水化合物、酸度过高的青贮玉米或质量低下的青贮饲料的病史。

2. 临床症状

一般于采食后 8~12 小时发病，最急性病例 3~5 小时不显症状而突然死亡。

轻症病例精神抑郁，结膜充血，食欲、反刍废绝或停止，空嚼磨牙，流涎，粪便细软、色淡而有恶臭味。瘤胃蠕动音减弱或消失，触之有明显波动感，冲击可有震水音。机体脱水，皮肤干燥，眼窝下陷，少尿或无尿。血液暗红、黏稠。患畜呼吸急促，脉搏增数。

重症病例可见有明显的神经症状，兴奋不安，甚至有攻击行为，运步强拘，前奔而以头抵障碍物或作圆圈运动，出现视觉障碍；或精神高度沉郁，卧地呈昏睡状态，可瘫痪或仅有后肢麻痹，角弓反张，各种反射减弱或消失，最后昏迷甚至死亡。

（二）治疗

临床上出现下痢症状时应立即停喂精料，给予优质干草或稻草。加精料时，要按日逐渐增加喂量，切不可突然增量，配合料加适量缓冲剂。轻症病牛用变换饲料的办法经 3~4 天即可恢复。瘤胃酸中毒病情恶化较快，稍有耽误很可能死亡，应该早诊断早治疗。

临床治疗时，对轻症病例，用碳酸钠粉 300~500 克、姜酊 50 毫升、龙胆酊 50 毫升、水 500 毫升，1 次灌服，或每日灌服健康牛瘤胃液 2 000~4 000 毫升。严重时要进行瘤胃冲洗，即用粗胶管经口插入瘤胃内，排出胃内液状内容物，然后用 1% 盐水或自来水反复冲洗，直至瘤胃内容物无酸臭味而呈中性或弱碱性为止。用 5% 碳酸氢钠注射液 2 000~3 500 毫升，给牛 1 次静脉注射，能纠正体液 pH，补充碱储量，缓解酸中毒。

五、瘤胃臌胀

（一）诊断要点

1. 发病原因

由于肉牛采食大量易发酵的饲料，如春天开牧或突然改变饲草未给予过渡期所引起，以肥嫩多汁的青草，特别是豆科牧草最易引发本病，也有因吃了腐败变质的饲草饲料，冻伤的土豆、萝卜、山芋等块根块茎饲料，误食有毒植物等造成瘤胃麻痹，或这些饲料发酵产生大量小泡沫不破裂，妨碍嗳气而引起发病。

2. 临床症状

患急性瘤胃膨气的病牛，腹围增大，而以左侧膨胀最明显。食欲和反刍完全消失，站立不稳，惊恐，出汗，呼吸困难，眼球突出。慢性发病者，常呈周期性发作，时间长者会继发便秘、下痢等。

（二）治疗

1. 加强饲养管理

将干草改为鲜草（特别是豆科草、嫩草）以及饲料大规模更换时，一定要有过渡期，防止牛大量食入发酵饲料、变质饲料和异物。

2. 重视病牛急救

发生急性病例或窒息危险时，应采取急救措施，即用套管针进行瘤胃穿刺放气。属于泡沫性臌气者，可经套管针筒注入松节油、鱼石脂、酒精合剂 100~200

毫升。非泡沫性臌胀者，可投给氧化镁 50~100 克的水溶液，或新鲜澄清的石灰水 1 000~3 000 毫升。也可将臭椿树皮捣碎灌服；或萝卜籽 500 克，大蒜头 200 克，捣烂加麻油 250 克，灌服；也可用熟石灰 200 克、熟油 500 克，灌服。

3. 中药治疗

中药可用丁香散：丁香 30 克、木香 30 克、藿香 40 克、槟榔片 25~30 克、二丑 150~200 克、青皮 40 克、陈皮 40 克，碾为末，开水冲，候温灌服。

六、瓣胃阻塞

（一）诊断要点

1. 发病原因

瓣胃阻塞又称"百叶干"。由于肉牛采食大量不易消化的粗纤维饲料，也可能是长期采食麸糠、豆角皮或带泥土的饲草，或饮水不足而发病，或由于其他胃病而继发本病。目前多见的病因是误食塑料、尼龙类人工合成编织物碎片。

2. 临床症状

初期，病牛精神沉郁，食欲不振，反刍减少，有时空口咀嚼。后期，体温升高，呼吸加快，食欲全无，鼻镜干燥，排粪少而干硬并呈球状或块状，外面带有大量黏液。叩诊瓣胃（右侧 7~9 肋间）浊音区增大，并有疼痛感。

（二）治疗

仔细检查粗饲料，细心检出其中的杂物。要经常喂给肉牛青绿多汁饲料，保证足够的饮水和运动。

内服泻剂常有较好的效果。可用石蜡油 1 000~2 000 毫升，硫酸镁（或硫酸钠）300~500 毫升，番木鳖酊 10~20 毫升，龙胆酊 30~50 毫升，加水 2 000~3 000 毫升，一次灌服。

瓣胃注射效果更好。10% 硫酸钠（或硫酸镁）溶液 500~1 000 毫升，石蜡油 300~500 毫升，一次瓣胃注射。

用磨碎的芝麻 0.5~1.0 千克，白萝卜汁 2.5~5.0 千克，调匀灌服，再用去皮的大麦仁 5.0~7.5 千克，煮汤，让病牛自饮或灌服。

也可手术取出堵塞物，不过，手术成本太高，经济上不太合算。

七、创伤性网胃心包炎

（一）诊断要点

1. 临床症状

初期呈前胃弛缓症状，食欲减退，反刍减少，嗳气增多，间歇性瘤胃臌气，便秘或下痢。病牛行动和姿势异常，站立时肘头外展，呆立，弓腰，磨牙，不愿卧地，肘肌颤抖，躲避触摸甚至不断呻吟；体温升高，脉搏加快，愿走软路，上坡路，而忌下坡路和急转弯。

刺伤心包时，可听到心包击水音和心包摩擦音，叩诊心音界扩大。血液回心受阻时颈静脉怒张，伴有颌下、胸前或腹下水肿，体温先升高后下降。严重消化障碍，逐渐消瘦。

2. 实验室检查

白细胞总数增多，有时达正常的 2~3 倍，嗜中性粒细胞增多，核左移，淋巴细胞减少；应用副交感神经兴奋剂皮下注射可使病情加重。患创伤性网胃心包炎时，X 线胸部透视检查显示心脏体积极度增大，可见有铁钉等异物穿透网胃至横膈及心包；心区超声检查显示液平面。金属探测仪检查网胃及心区，呈阳性反应。

（二）治疗

① 确诊后尽早施行手术，经瘤胃内入网胃中取出异物；或者经腹腔，在网胃外取出异物，并将网胃与膈之间的粘连分开，同时用大剂量抗生素或磺胺类药物进行注射，预防继发感染。

② 心包穿刺治疗，在左侧第 4~6 肋间，肩关节水平线下约 2 厘米，沿肋骨前缘刺入皮下，再向前下方刺入，接上注射器边抽吸边进针，直到吸出心包渗出液为止，同时要掌握穿刺深度，以免损伤心肌而导致死亡，并要防止空气逸入胸腔；经穿刺排出渗出液后，要注射抗生素防止感染。

③ 对症治疗可用洋地黄、毒毛旋花子苷 K、速尿、盐类泻剂进行强心和利尿。

④ 本病重在预防，加工和饲喂草料时，应清除金属异物。同时，可在牛胃放置磁铁环或定期使用牛胃吸铁器进行吸铁。

八、青草抽搐

（一）诊断要点

1. 发病原因

多发生于低温多湿的初春和晚秋，特别是在早春放牧开始后的 2~3 周以内发生较多。春天的青草含镁量最低，而采食大量含钾的青草或小麦草，能促使青草搐搦的发生。特别是阴雨之后，迅速生长的青草和谷草中，含镁、钙、钠离子及糖分都比较低，而含钾、磷离子则比较多。钾能影响瘤胃代谢，特别是镁的吸收作用。饲草中蛋白质含量过高，钾含量相对高于钠，以及钙磷镁比例不平衡等，都是发生本病的因子。

2. 临床症状

表现兴奋、痉挛等神经症状。特急性型的牛正在吃草时突然头向某一侧的后方伸张，呈侧反张姿势，左右滚转，反复出现强直性痉挛，2～3 小时内死亡。急性型病牛精神沉郁、步态蹒跚，24 小时以内对光线、音响、接触等敏感性增强。耳竖立，眼球震颤，瞬膜突出。头部特别是鼻、上唇以及腹部、四肢的肌肉震颤，反应增强，接着出现破伤风样的全身性的强直性痉挛而倒地。血液检查，其特征是血清镁值急剧下降至 0.4～0.9 毫克/100 毫升（正常值为 1.8～3.0 毫克/100 毫升）。血清钙值正常或稍微下降。

（二）防治

初春或晚秋不宜过度放牧，即便放牧也要采取半日放牧半日饲喂的方法。对曾经发生过本病的母牛，要适当控制放牧时间。本病的发生，主要是由于牛肠道镁的吸收能力比较低，而同时体内又缺乏控制镁代谢稳定性能力时所致，尤其是青草中镁的含量不足，是一个很重要的因素。所以，平时应在精饲料中加入氧化镁，用量为每千克体重 0.1～0.2 克，以补充镁的不足。本病一般呈急性经过，特别是特急性型病例，发病后 2～3 小时即可死亡。因此，必须抓紧时间进行治疗。

本病的治疗，补给镁和钙制剂极为有效，20% 硫酸镁溶液 200～400 毫升，连日或隔日静脉或皮下注射 3 次，首次应配合静脉注射 20% 硼酸葡萄糖酸钙注射液 200 毫升，效果较好。

九、胃肠炎

（一）诊断要点

1. 发病原因

胃肠炎分为传染性胃肠炎和饮食性胃肠炎两种。发病多由于突然改变饲料，喂给腐败、霉烂、变质的饲料，食入有毒物质及冰冻饲料等。胃肠出血型败血病、犊牛大肠杆菌病、沙门氏杆菌病、恶性卡他热、病毒性下痢、空肠弧菌性冬痢、犊牛球虫病、肝片吸虫病等传染性疾病也能引起本病的发生。

2. 临床症状

病牛突然发生剧烈而持续性腹泻。排出的粪便稀呈水样，有黏液、假膜、血液或脓性物，恶臭。食欲、反刍消失，但口渴。喜卧地，表现腹痛，眼球下陷，精神不好，四肢无力。

（二）防治

消除发病因素，禁止喂给有毒食物和霉烂、变质饲料。如发现是由于传染性疾病引起的，应及早隔离消毒。应该用抗菌消炎药物治疗。内服黄连素，每日 3 次，每次 2~4 克。或内服黄胺脒，每日 3 次，每次 30~50 克。如发生严重脱水、酸中毒时，可考虑进行输液治疗。

治疗肉牛胃肠炎有良效的中药配方如下。

方一：灶心土 100 克、侧柏枝一把（烧成灰），混合后一次灌服。

方二：鲜马齿苋 1 500 克、龙胆草 80~150 克，捣烂取汁，加童便 2 碗，混合后一次灌服。

方三：地榆 34 克、血竭 32 克、黄柏 30 克、仙鹤草 34 克、龙胆草 23 克、茵陈 28 克，共研为细末，开水冲烫，温凉后灌服。

方四：槐花（炒），加等量的蜂蜜，空腹喂下，每天 1 次喂 800 克，连服 3~6 天。

方五：云南白药 6~10 克，用温开水溶化后灌服。

方六：槐花（炒）70 克、当归 40 克、黄芪 40 克、地榆 48 克、沙参 37 克、地黄 45 克、甘草 30 克、白芍 36 克，共研为细末，用蜂蜜 200 克为引，开水冲，温凉后灌服。如果病牛气弱喘急，加阿胶 36 克；粪便稀薄呈黄色，加苍术、茯苓、白术各 35 克；体质瘦弱，四肢无力，加党参 38 克、五味子 35 克；小便短赤，加茯苓 37 克、车前子 30 克、泽泻 38 克；若食欲、反刍减少或停止，加厚朴 38 克、青皮 40 克、大黄（酒炒）36 克。

十、尿道结石

（一）诊断要点

饲喂精料较多的肉牛，易发生尿道结石。典型表现是排尿困难和血尿。若结石在肾脏，表现为肾区疼痛，运步困难，步态紧张；若结石在输尿管，表现为有强烈的疼痛不安，尿量明显减少；若结石在膀胱，表现为频频排尿，排尿时呻吟不安，有时出现血性尿液；若结石在尿道，则表现为断断续续或点滴状排出尿液，排尿时弓背缩腹，后肢屈曲叉开。

（二）治疗

1. 饮食疗法

停止饲喂富含矿物质的饲料，补充富含维生素 A 的饲料，同时给予大量饮水或使用利尿剂。

2. 中药疗法

海金砂 30~60 克、金钱草 60~100 克、萹蓄 30 克、瞿麦 20~30 克、知母 20 克、黄柏 20 克、延胡索 20~25 克、滑石 30 克、木通 20 克、甘草 20 克，以上药物研成细末，开水冲服。

也可将芒硝 150 克、滑石 50 克、茯苓 30 克、冬葵子 30 克、木通 50 克、海金砂 35 克，研末后开水冲服。

十一、真菌毒素中毒

（一）诊断要点

1. 发病原因

牧草保存不善，常会发霉变质，尤其是夏秋季堆垛时遭遇连阴雨天气，草垛的中心和低部常生长大量真菌，春季养牛饲喂这部分草料，就会出现中毒症状。引起牛中毒的真菌主要是镰刀菌毒素。镰刀菌可以寄生在稻草、麦秸、甘薯秧、花生秧、多种牧草等草料上。

2. 临床症状

真菌毒素主要作用于家畜的外周血管，使局部血管发生痉挛性收缩，导致管壁增厚、管腔狭窄，引起血流缓慢和血栓形成，出现水肿、出血与肌肉变形、坏死，若继发细菌感染，病情会进一步恶化，严重者可使球关节以下腐烂。本病常突然发生，病牛步态僵硬，细观会发现蹄冠微肿，凹部皮肤有横行裂隙，微热，有痛感。数日后，肿胀部会蔓延至腕关节或跗关节，行走困难。随后，肿胀部皮肤变凉，表面有淡黄色透明液体渗出。若继续发展，肿胀部位皮肤破溃后，导致出血、化脓、坏死，创面久不愈合，腥臭难闻。严重者，蹄匣可能脱落。有些病牛的耳尖和尾尖部位，会出现干性坏死，皮肤干硬，呈现暗黑色。

（二）防治

1. 预防

取用草垛底部的牧草时要注意检查，尤其是春雨绵绵时节，更需细心，发现结块霉烂的草料，应及早抛弃。注意观察牛群，发现有牛出现肢蹄部病变时，应细心检查，若确定属于发霉牧草中毒，应改用优质干草，同时补饲发芽饲料、白菜、萝卜、胡萝卜等，以补充维生素，增进食欲。

2. 治疗

发病初期，为促进血液循环，应热敷患肢，每天 2~3 次，每次 30 分钟，将白胡椒面 20~30 克与白酒 200~300 毫升混合后，一次灌服。对皮肤破溃者，要及时使用 0.1% 新洁尔灭溶液清洗创面，创面撒布外用磺胺药，也可配合使用抗生素进行治疗。为了促进肉芽组织及上皮增生，加快疮口愈合，可用红霉素软膏涂敷患部，每天 1~2 次。病情严重者，可静脉注射 5% 葡萄糖 1 000~2 000 毫升，配合 10% 维生素 C 20~40 毫升。

十二、产后瘫痪

母牛产后瘫痪又称生产瘫痪或乳热证，是5~9岁母牛，分娩后突然发生的一种以舌、咽、肠道麻痹，四肢瘫痪，知觉丧失及体温下降为特征的常见多发性产科疾病。

（一）诊断要点

1. 发病原因

（1）日粮搭配不当　常见的是饲料中钙磷比例失调。钙和磷是构成牛骨骼的主要矿物质元素，来源于日粮。如果日粮搭配不合理，钙、磷含量不足或比例不当，或维生素D含量不足，就不能从血液和间质中源源不断地获取，即会妨碍吸收，引起牛的蹄叶炎、产后瘫痪、酮病、乳房水肿，甚至会引发生的真胃变位、瘤胃酸中毒等多种疾病。

（2）产后泌乳过量　初乳中含有比常乳更高的钙和磷，当母牛分娩后，随着初乳的泌出，大量的钙磷从初乳中排出。即便初乳量不大，但因钙磷含量高，如果是为了获取大量的初乳，产后母牛挤出的初乳量大，就很容易使母牛的血钙量迅速下降，如果不能迅速从消化道补充、肠道吸收，或及时动用骨骼中的钙，就会使血钙含量快速下降，引发产后瘫痪。

（3）饲养管理不当　母牛产后产奶量大，血钙从乳汁中流失多，流失快，如果在产前停食时间过长；或饲料品种单一，粗饲料品质差，只供应玉米秸、麦秸、芦苇等杂草，母牛产后消化不良，吸收差；运动不足；接产过程中，消毒不彻底，保温措施不利，圈舍阴暗潮湿，长期光照不足；母牛临产过程中，难产，强行拉拽胎儿，造成产道损伤，产后大失血；或难产时采取措施进行强行分娩，母牛体内贮备大量消耗，等等，都可诱发或激发母牛的营养代谢性疾病，尤其是产后瘫痪的发生。

（4）生产年龄偏大　实践证明，随着母牛年龄的逐渐增大，本病的发病率也在上升。一般5~8岁的母牛，特别是奶牛，更容易发生本病。其原因可能是年龄越大，吸收能力越差。而青年牛胃肠机能好，虽然每天分泌的乳汁多，血钙下降也快，但都能快速从消化道和骨骼中得到补充。而随着年龄的增大，母牛的这种反应过程变得迟缓，胃肠吸收钙的能力也明显下降，血钙一旦出现快速下降，很难在短时间内得到快速补充，就会出现本病。

2. 临床症状

典型的母牛产后瘫痪多发生于产后12~72小时内。往往见不到有什么明显的临床症状就突然发生瘫痪。如果仔细观察，常可分为3个发病阶段。病初，产后母牛多表现不安，精神沉郁，食欲不振，空嚼磨牙，瘤胃蠕动音减弱，肠道麻痹，头颈和后肢僵硬，运动失调，强迫卧地时常呈犬坐姿势，知觉丧失；母牛分娩后3~7天，病牛常表现伏卧不起，四肢屈曲于胸腹之下，冷凉，无力活动，头向后仰，呈"S"状，体温正常或下降，心率、呼吸加快，前胃蠕动迟缓，食欲减退，反射消失，严重者瞳孔反射消失；分娩后1周，瘫痪病牛常现昏睡状，体温下降，反刍、胃肠蠕动停滞，臌气，直肠中可见干硬的结粪，膀胱充盈，病重者呼吸困难，心音微弱，瞳孔散大，意识丧失，卧地不起。

（二）治疗

下列处方中药物用量为体重200千克母牛用量，具体用量可按体重大小灵活掌握。

1. 补钙疗法

处方1：① 25%葡萄糖注射液500毫升，20%安钠咖20毫升；② 10%葡萄糖注射液500毫升，维生素B_1注射液30毫升；③ 10%葡萄糖酸钙注射液1 500毫升，缓慢静脉注射。上述3组药物分别、依次使用。1日1次。一般可连续用药3~5天。

处方2：① 25%葡萄糖酸钙1 000毫升，静脉注射；② 5%氯化钙注射液500毫升，静脉注射；③ 10%葡萄糖酸钙注射液1 200毫升，20%磷酸二氢钠注射液250毫升，静脉注射；④ 0.1%亚硒酸钠–维生素E注射液40毫升，肌内注射。上述4组药物分别、依次使用。病情严重者，10%安钠咖注射液（或10%樟脑磺酸钠注射液20~40毫升），肌内注射；呼吸急促者，5%碳酸氢钠注射液500毫升，地塞米松磷酸钠注射液10毫升。1日1次。一般可连续用药3~5天。

处方3：10%氯化钙注射液250毫升，25%葡萄糖注射液1 000毫升，地塞米松磷酸钠注射液20毫克，混合后一次缓慢静脉注射。1日1次。一般可连续用药3~5天。

处方4：① 10%水杨酸钠注射液200毫升，40%乌洛托品注射液80毫升，静脉注射；② 10%氯化钙注射液250毫升，注射用维丁胶性钙20毫升，静脉注射；③ 10%葡萄糖注射液1 000毫升，缓慢静脉注射。上述3组药物分别、依次使用。一般可连续用药3~5天。

处方5：前胃迟缓的病牛，治宜兴奋胃肠道，恢复前胃功能。健胃散250克，吗叮咛15片，灌服。一般可连续用药3~5天。

2. 乳房送风疗法

尽量使趴卧的病牛呈侧卧位，暴露乳房；挤净奶汁，用酒精棉球消毒乳导管、乳头及周围。轻轻转动乳导管，缓慢插入乳头直至乳房内，先通过乳导管缓慢注入5万~10万单位青霉素，稍等片刻，接上送风器或打气筒，分别向4个乳区打气送风。待乳房皮肤看起来已经胀满，轻轻敲打呈鼓音时，停止打气，缓慢取出乳导管，同时用纱布条将乳头扎紧，以不出气为度，2 小时后，解开纱布条，放出乳房内空气，并对乳房进行轻柔按摩。

3. 中兽医辨证治疗

中兽医认为，母牛产后瘫痪多因产前劳役过度，营养不足或失衡，身体瘦弱；或产后气血损耗，腠理不固，风寒湿邪乘虚侵袭，由表及里，传入经络，淤滞不通；或产后肝肾亏虚，营血不足，津液损耗，内不养神，外不养筋而发。

对发病初期病牛，当祛风舒筋，活血补肾。方用当归、黄芪、川续断、枸杞子、桑寄生、熟地、小茴香各 30 克，川芎、威灵仙各 20 克，益智仁、补骨脂、麦芽各 45 克，青皮 25 克，甘草 20 克。共研为末，开水冲调，候温灌服。每日 1 剂，连用 3~5 剂。

本病到了中后期，治宜气血双补，重补肝肾，活血化瘀，祛风除湿。方用独活、秦艽、当归、杜仲、牛膝、党参、茯苓各 30 克，桑寄生、熟地各 45 克，防风、白芍各 25 克，川芎、桂心各 15 克，细辛 6 克，甘草 20 克。共研为末，开水冲调，候温灌服。每日 1 剂，连用 3~5 剂。如疼痛明显，可酌加制川乌、制草乌、白花蛇等，以助搜风通络，活血止痛；寒邪偏盛时，酌加附子、干姜，以温补散寒；湿邪偏盛时，去熟地，酌加防己、薏苡仁、苍术，以祛湿消肿。

中后期病牛也可方用党参、白术、益母草、黄芪、当归各 50 克，白芍、陈皮、大枣各 40 克，熟地、川芎各 30 克，升麻、柴胡各 25 克，甘草 20 克。共研为末，开水冲调，候温灌服。每日 1 剂，连用 3~5 剂。

对卧地不起的病牛，治宜活血化瘀，强筋壮骨。方用红花、丹皮、当归、白术、川芎各 25 克，牛膝 20 克，延胡索、没药、桃红、赤芍各 45 克，甘草 20 克。共研为末，开水冲调，候温灌服。每日 1 剂，连用 3~5 剂。

十三、胎衣不下

正常情况下，母牛产犊后 12 小时内可自行排出胎衣，如果 12 小时内胎衣不能自行全部排出而滞留于子宫内，称为母牛胎衣不下，又称胎衣滞留。胎衣不下可引发母牛子宫内膜炎，影响其正常繁殖，严重者子宫感染，还可导致母牛患乳房炎、不孕症，甚至引起败血症而死亡。

（一）诊断要点

1. 发病原因

（1）日粮营养不均衡 母牛在妊娠期，尤其是妊娠后期（奶牛干奶期），如果粗饲料品质差，日粮营养水平不均衡，特别是矿物质元素、微量元素、维生素的含量少，或钙磷比例不合理，将导致钙吸收差。相关资料证明，饲料中含钙量低，是诱发母牛胎衣不下的重要因素。

（2）体质差，子宫收缩力不足 妊娠期母牛如果拴系饲养，运动量小，光照不足；或过度肥胖，过度瘦弱；或老龄母牛体质较差，临产时子宫将收缩无力。此外，因胎儿过大，胎水过多，导致胎盘迟缓，子宫收缩力也会不足。妊娠期感染某些传染病，如布鲁氏杆菌病、结核病等，也容易导致胎儿胎盘与母体胎盘粘连，临产时子宫收缩无力。

（3）环境影响 母牛产犊时，产房周围环境嘈杂，不仅影响产犊进程，还会导致胎衣不下。产程中母牛突然受到惊吓，子宫极易马上过紧收缩，使已经脱落的胎衣无法及时排出。

2. 临床症状

母牛产犊12小时后，胎衣仍未排出，母牛主要表现不安，哞叫，回头顾腹，弓背，努责。全部胎衣不下时，阴门外无异物。部分胎衣不下时，见一部分已经排出的胎衣挂在阴门外，起初呈鲜红色或土红色，随着时间延长，排出的胎衣逐渐腐败变质，变成灰白色，从阴门流出污秽的恶臭血水，并带有部分坏死的组织碎片或胎衣，卧下或按摩子宫，流出液更多。如果24小时内仍不能完全排出胎衣，产后母牛常出现全身症状，精神沉郁，食欲不振，前胃弛缓，有时继发瘤胃臌气。

（二）治疗

下列处方中药物用量为体重200千克母牛用量，具体用量可按体重大小灵活掌握。

1. 促进子宫收缩

处方1：垂体后叶素40~80单位，肌内注射，2小时后重复注射1次。

处方2：① 子宫内缓慢注入温热的10%盐水2 000毫升，同时加入土霉素3克；② 5%葡萄糖酸钙注射液250毫升，静脉注射；③ 双氯芬酸钠注射液20毫升，青霉素480万单位，青霉素钠320万单位，肌内注射。上述3组药物分别、依次使用。每天1次，一般连续用药3~5天。

处方3：① 20%氯化钙60毫升，生理盐水350毫升，静脉注射；② 双氯芬酸钠20毫升，青霉素480万单位，青霉素钠320万单位，肌内注射。上述2组药物分别、依次使用。每天1次，一般连续用药3~5天。

处方4：0.25%氯化氨甲酰甲胆碱注射液20毫升，青霉素480万单位，青霉素钠320万单位，混合后一次性皮下注射。如胎衣在子宫内停留时间太长，可于12小时后重复注射1次。

处方5：氯前列烯醇6毫升，青霉素480万单位，青霉素钠320万单位，混合后肌内注射。

处方6：缩宫素8毫升，青霉素480万单位，青霉素钠320万单位，混合后肌内注射。

2. 预防感染

金霉素 2 克，装入胶囊内投入子宫。每日 1 次，连投 3 日。

全身症状明显的病牛，可用 20% 葡萄糖酸钙注射液 500 毫升，维生素 C 注射液 50 毫升，10% 安钠咖 30 毫升，20% 葡萄糖注射液 1 000 毫升，一次静脉注射，连用 3 日；也可用 5% 葡萄糖生理盐水注射液 1 500 毫升，头孢噻呋钠 5 克，维生素 C 注射液 50 毫升，地塞米松磷酸钠 20 毫克，10% 葡萄糖注射液 1 500 毫升，一次静脉注射，每日 1 次，连用 3 日。

3. 中药治疗

可根据情况，任选下列方剂之一治疗。

① 当归 120 克，党参、黄芪各 50 克，黄芩 40 克，川芎、桃仁各 45 克，炮姜、红花各 30 克，炙甘草 15 克，共研为末，开水冲泡半小时，加黄酒 250 毫升，一次灌服。每日 1 剂，连用 3 剂。

② 当归 60 克，红花、牛膝各 30 克，肉桂 15 克，共研为末，开水冲泡半小时，加黄酒 250 毫升，一次灌服。每日 1 剂，连用 3 剂。

③ 赤芍、当归尾、龟板各 60 克，桃仁、荆三棱、莪术各 30 克，红花 20 克，血余炭 15 克，共研为末，开水冲泡半小时，加黄酒 250 毫升，一次灌服。每日 1 剂，连用 3 剂。

④ 黄芪 60 克，党参 40 克，当归 30 克，柴胡、陈皮各 20 克，白术、川芎各 15 克，升麻 10 克；如有体温升高时，加黄芩 30 克，金银花 45 克。加水 500 ~ 1 000 毫升，共煎 2 次，2 次煎液合在一起，候温灌服，每日 1 剂，连用 3 剂。

4. 手术治疗

用药物治疗无效的患牛，应采用手术治疗。

方法 1：胎衣剥离术。母牛产后 2 天有部分胎衣不下时，可用此方法。具体操作：术者剪指甲、消毒手臂、涂抹石蜡油。洗净母牛外阴及周围，先向子宫内注入温热的 10% 食盐水 2 000 毫升。术者左手拉住已经排出的胎衣，右手沿着露在体外的胎衣伸入子宫内，由前向后、先左再右，用拇指和食指捏住胎膜的边缘，轻轻地从母体胎盘上剥开一点，然后顺着轻拉捻转，如此逐个剥离胎盘，直至胎衣被完全剥离取出。

方法 2：捻转术。取一干净木棍，一头戳进已经外露的胎衣中间，用细麻绳把胎衣绑在木棍上，然后向一个方向转动木棍，让胎衣缠在木棍上，边缠边向外拉拽胎衣，但不可强拉硬拽。此方法有时也能使胎衣快速排出。

注意事项：对母牛产后 2 天，胎衣仍全部不下的患病母牛，也可以应用这两种方法进行手术剥离，但不宜过早进行手术，因为剥离容易损伤子宫并引发感染。同时，为防止子宫炎症，可在手术治疗后用温热的 0.1% 高锰酸钾溶液或 2%~3% 的明矾水 2 000 毫升冲洗子宫，然后灌注土霉素 3 克或四环素 30 片。必要时可肌注青霉素 320 万单位，每日 2 次，连用 3 日。

十四、子宫脱垂

母牛子宫角、子宫体、子宫颈的部分或全部翻转于阴道，并脱出于阴门外的现象，称为子宫脱垂。如不及时正确处置，可继发腹膜炎，甚至导致败血症而死亡。

（一）诊断要点

1. 发病原因

本病多发于产后。常因体质虚弱、饲养管理失宜或劳役过度，致使母牛子宫韧带松弛，胞宫失去悬吊与支持作用而翻转脱出；或老弱经产母牛体质虚弱，产前过度劳役或产后过早使役且饲养管理不善；母牛长期缺乏运动，肌肉松弛，便秘难下，努责过度；胎儿过大，胎水过多，子宫过度伸展进而松弛；或因其他原因导致腹压突增，均可造成子宫翻转脱出。

2. 临床症状

母牛产后见阴门外挂一圆形肉团，仔细辨认，大多为子宫，有时也附有未脱离的胎衣。脱出物两角处向内凹陷，有许多暗红色的子叶，为母体胎盘。如果脱出时间长，脱出物逐渐淤血、水肿，变成黑褐色肉冻样物，严重感染，破溃流出黄水。如发生在寒冷的冬季，还会因冻伤而坏死。

病牛表现神疲体倦，卧地不起，食欲、反刍渐减，四肢微肿，尿频。严重者继发腹膜炎甚至败血症而死亡。

（二）治疗

1. 手术整复

将 1%~3% 的温食盐水或白矾溶液清洗脱出的肉团及外阴周围，去除黏附在肉团上的污物、杂草及坏死组织。用冰片或白矾适量，研为细末，涂抹在肉团上，以便使脱出物尽量收缩。若已发生水肿，应用小三棱针乱刺外脱的肿胀黏膜，放出血水。

整复时，术者用拳头抵住子宫角末端，在病牛努责间隙把外脱的子宫推进产道，还纳于骨盆腔，并把子宫所有皱褶舒展，使其尽量完全复位、复原。而后，进行阴唇的纽扣状缝合，即在阴唇两外侧各垫上 2~3 粒纽扣，纽扣的下面向外，线通过纽扣孔进行缝合，然后打结固定。同时，取新砖一块烧热，喷上一些食醋，用数层布或毛巾包裹，放在阴门外热敷，以利子宫复原，防止再脱。

2. 药物治疗

整复后应同时使用药物治疗。

催产素 50～100 单位，皮下或肌内注射。头孢噻呋钠 4 克，双黄连注射液 80 毫升，肌内注射，每日 2 次，连用 3 天。也可用氯化钙 50 克（或葡萄糖酸钙 100 克），25% 葡萄糖 1 500 毫升（或 50% 葡萄糖 500～1 000 毫升），地塞米松磷酸钠 15 毫克，维生素 B$_1$ 50 毫升，维生素 C 50 毫升，静脉注射。每日 1 次，连用 3 天。

3. 中药治疗

手术整复后，可对症选药治疗。

如病牛脱出物不能缩回，色暗紫。病牛不断努责，神志倦怠，反刍少，口色青紫，脉象沉涩者。此为气滞血瘀，治宜行气活血，消肿止痛。方用当归、赤芍各 40 克，川芎、乳香、没药、续断各 30 克，郁金、乌药、杜仲各 35 克，甘草 15 克。加水适量，煎服。每日 1 剂，连用 3 剂。

如病牛脱出物不能缩回，卧地不起，食欲、反刍均少，大便稀溏，四肢微肿，后躯肢冷，口色淡白，脉象细而无力。此为气血双亏，治宜补脾益肾，养血敛阴。方用党参 50 克，白术、当归各 45 克，茯苓、白芍、熟地各 40 克，川芎、附子、肉桂各 30 克，甘草 20 克。加水适量，煎服。每日 1 剂，连用 3 剂。

如病牛脱出物不能缩回，脱出物严重感染，甚至破溃流水，尿频尿痛，尿色赤黄，口渴但不饮或少饮。此为湿热下注，治宜清热利湿，泻火解毒。方用大黄 35 克，土茯苓 30 克，栀子、木通、茵陈、灯芯草、泽泻各 25 克，滑石、车前草各 20 克。加水适量，煎服。每日 1 剂，连用 3 剂。

4. 针灸疗法

可针灸百会、命门、尾根、阴俞等穴，每天 1 次，连针 3 天。

电针后海、脱肛二穴（位于肛门两侧约 2 厘米处，左右各一穴），每天 1～2 次，每次 30 分钟以上。或者在后海穴和肛脱穴（位于阴唇中点旁约 2 厘米处，左右各一穴）用 18～29 号针头进针 4.5 厘米左右，分别注入 0.25% 盐酸普鲁卡因注射液 5 毫升。

为控制子宫再次脱出，可取两侧阴脱穴（阴唇两侧，阴唇上下联合中点旁 2 厘米处，左右各一），各注射 95% 酒精 25 毫升，每日 1 次，连用 2 天。

十五、酮病

酮病是指因糖、脂肪代谢障碍使血糖含量减少，而血液、尿液、乳汁中酮体含量异常增多的一种代谢性疾病。临床上表现为消化功能障碍（消化型）和神经系统紊乱（神经型），以低血糖、高血脂、酮血、酮尿、脂肪肝、酸中毒，以及体蛋白消耗多、食欲减退或废绝为临床特征。常发于产后 3 周左右的母牛。

（一）诊断要点

1. 发病原因

血糖代谢负平衡，是导致该病的根本原因。有原发性和继发性两种类型。

（1）原发性病因　与高蛋白、低能量饲料喂量过大，特别是碳水化合物饲料饲喂不足有关。主要出现在妊娠后期和泌乳初期。此外，饲喂过多过度发酵、质量低劣的青贮饲料；前胃功能障碍，产生过量的脂肪酸；体态过于肥胖等，均可引起酮病。

（2）继发性病因　多与产后瘫痪、子宫内膜炎、低磷血症或低镁血症等有关。

2. 临床症状

（1）消化型酮病　多在分娩后几天至数周内，尤其是在挤奶次数过多或泌乳盛期的奶牛发病率较高。病牛精神沉郁，食欲不振，反刍停止，拒食精料，喜食干草及污秽的垫草，常舔食泥土，啃咬栏杆。病牛鼻镜无汗，呼出的气体、皮肤和尿液有醋酮味或烂苹果味，牛奶易起泡沫，有醋酮味。有的病牛出现反复腹泻，或腹泻便秘交替发作。可视黏膜苍白或黄染。体重下降，日渐消瘦，脱水，见眼窝下陷，皮肤弹性降低。心跳每分钟 100 次以上，心音恍惚，第一、第二心音不清；体温一般无明显变化或略低于正常。

（2）神经型酮病　多在分娩后 7~10 天发病。除了具有消化型酮病的临床症状外，往往表现兴奋狂躁、双眼凶视，做攻击状，不断咀嚼、流涎，常做转圈运动。肌肉尤其是颈部肌肉痉挛，全身抽搐。随着病情不断发展，转为抑制，表现后躯运动不灵活甚至轻瘫，反应迟钝，重者昏睡状。体温下降。

（二）治疗

1. 西医疗法

① 50%葡萄糖注射液 1 000 毫升，地塞米松磷酸钠 30 毫克；② 5%碳酸氢钠注射液 1 500 毫升，辅酶 A 500 单位。上述两组药物分别、依次静脉注射，每日 1 次，连用 3~5 天。同时，丙酸钠 300 克/天，分 2 次口服，连用 10 天。

神经型酮病，除使用上述方法治疗外，每天胃管灌服 2 次水合氯醛 10 克，连用 3~5 天。神经症状仍不缓解的病牛，可在以下两个处方中任选其一。

处方 1：10%葡萄糖酸钙注射液 500 毫升，静脉注射，每日 1 次，连用 3~5 天；同时用 10%安钠咖注射液 20 毫升，肌内注射，每日 1 次，连用 3 天。

处方 2：5%氯化钙注射液 300 毫升，5%葡萄糖注射液 500 毫升，单独或混合静脉注射，每日 1 次，连用 3~5 天；同时用 10%安钠咖注射液 20 毫升，肌内注射，每日 1 次，连用 3 天。

2. 中兽医疗法

如证见前胃蠕动微弱无力，纳差或不食，腹泻或腹泻便秘交替发作，黏膜苍白，泌乳量减少或停止，乳房干瘪，消瘦。此为脾胃气虚所致，治宜补气健脾，活血补血。药用党参、神曲、苍术各60克，白术、茯苓、山楂各40克，当归、熟地、川芎、白芍、半夏、陈皮、厚朴、木香、莱菔子各30克，黄连、草豆蔻各25克，干姜15克，甘草20克。加水适量，水煎2次，混合后分2次灌服。连用3~5天。如有消化不良，便中见未消化饲料渣者，用山楂50克、神曲70克，加砂仁20克；前胃蠕动不明显者，用厚朴45克，加枳壳30克；病久体虚，体温下降者，用党参80克，加黄芪25克；产后数日仍恶露不止者，去党参、白术，加益母草60克，金银花40克，鱼腥草30克；有明显神经症状者，去茯苓，加石菖蒲30克，酸枣仁35克，茯神、远志各20克。

如证见病牛卧地打滚甚至轻瘫不起；或狂躁不安，横冲直撞，双目凶视，眼球震颤，全身肌肉痉挛抽搐，猝然昏倒。此为肝血不足所致。治宜镇肝熄风，滋阴潜阳。方用生赭石120克，生牡蛎、酸枣仁、山茱萸、生龙骨各60克，当归80克，白芍、麦冬、菊花子、枸杞子、泽泻各45克，川芎、茯苓、甘草各30克。加水适量，水煎2次，混合后分2次灌服。连用3~5天。

十六、犊牛腹泻

犊牛腹泻是因肠蠕动亢进、内容物吸收不全，导致未被吸收的肠内容物和多量水分排出体外的一种疾病。临床上可分为因感染了病原微生物、寄生虫等引起的感染性腹泻和因饲养管理不当引起的消化不良性腹泻两种。犊牛阶段，10日龄左右多发；初冬到早春，气候寒冷季节多见。

（一）诊断要点

1. 发病原因

（1）感染性腹泻　犊牛感染了大肠杆菌、沙门氏杆菌及冠状病毒、轮状病毒或球虫等，均可引起感染性腹泻。

（2）消化不良性腹泻　① 犊牛管理不当。犊牛腹泻多发生在吸吮母乳不久，或出生后1~2天内。犊牛没有及时吃上初乳，初乳喂量不足，母牛患有乳腺炎导致初乳不洁，均可使犊牛体内缺乏足够的免疫球蛋白，抗病力低下，引发本病。

② 妊娠母牛营养不全价。母牛在妊娠期，日粮粗劣，缺乏蛋白质、维生素、矿物质等营养，导致营养代谢紊乱，胎儿发育受阻，出生后犊牛发育不良，体质衰弱，抗病力低；母乳中缺少必要的营养。

③ 环境条件差。圈舍内部温度低，不能透光；阴冷潮湿，通风不良，是犊

牛腹泻的重要诱因。

2. 临床症状

（1）感染性腹泻　①大肠杆菌感染。感染大肠杆菌后引起的腹泻多发生于10日龄内，尤其是1~3日龄内的新生犊牛。常在犊牛未及时吃足初乳或发生消化障碍时突然发病，母乳不足或质量不佳、牛舍卫生条件差、温暖的小气候控制不利等均可诱发本病。急性病例多发生于2~3日龄内的出生犊牛，呈急性败血型变化，发热，间有腹泻，病程2~3天即死亡。10日龄内的犊牛多呈慢性经过，临床症状较轻，食欲减退或废绝，排水样稀粪；而后呈现出明显的鼻黏膜干燥，皮肤弹性下降，眼球凹陷等脱水症状；有时出现不安、兴奋等神经症状，以后昏迷。严重病例体温下降，虚脱，衰竭，继发肺炎而死亡。

②沙门氏杆菌感染。感染沙门氏杆菌后引起的腹泻多见于1月龄左右的犊牛，也叫犊牛副伤寒。常突然发病，体温升高到40℃左右，下痢带血，混有黏液、纤维素性絮状物，后肢踢腹。严重者脱水，衰竭，5~6天后即死亡。

③病毒性感染。新生犊牛病毒性腹泻是由多种病毒引起的急性腹泻综合征。由轮状病毒感染引起的腹泻，多发生于1周龄内的犊牛；冠状病毒感染引起的犊牛腹泻，多发生于2~3周龄的犊牛。病犊牛表现精神不振，食欲减退或废绝，呕吐，排黄白色稀粪。

④球虫感染。犊牛球虫病多见于1月龄以上的犊牛，4—9月温暖潮湿的季节。感染球虫后的犊牛，下痢，里急后重，便中带血，恶臭。后期食欲废绝；被毛粗乱无光。可视黏膜苍白，贫血，喜卧甚至卧地不起。用饱和盐水漂浮法检查患病牛犊的粪便，可检出球虫卵囊。

（2）消化不良性腹泻　常见于12~15日龄犊牛。病犊腹泻，粪便呈灰白色、褐色或黄色粥样稀薄，有时混有未被消化的凝乳块；有时呈水样腹泻，甚至水枪样从肛门排出；排粪次数多，臭味小，沾污后躯。慢性病例因肠内容物过度发酵，会产生自体中毒甚至继发肠炎，腹泻症状加剧。

（二）治疗

1. 感染性腹泻

（1）犊牛大肠杆菌病　选用广谱抗生素或敏感抗生素治疗；脱水严重的病犊牛，强心补液，配合使用维生素 B_1、维生素 C，纠正酸中毒；纠正低血糖、低血钾和代谢性酸中毒。

抗生素治疗可用青霉素80万~160万单位，链霉素100万单位，或氨苄青霉素80万单位，或恩诺沙星注射液20毫升，一次肌内注射，每天早晚各1次，连续注射3~5天。

脱水严重的犊牛，在应用抗生素治疗的同时，还要用5%葡萄糖生理盐水

1 500~3 000毫升，加入5%碳酸氢钠注射液150~300毫升，静脉滴注，每天1~2次，连用3~5天。也可用5%葡萄糖氯化钠注射液500毫升、10%葡萄糖注射液500毫升、5%碳酸氢钠注射液250毫升，配合10%安钠咖注射液10毫升、10%维生素B₁注射液20毫升、10%维生素C注射液20毫升，静脉滴注。

危重腹泻患病犊牛需要大量补液时，加入10%氯化钾注射液50~80毫升，静脉滴注，每天1~2次，连用3~5天。口服补液可用氯化钠3.5克，氯化钾1.5克，碳酸氢钠2.5克，葡萄糖粉20克，常水1 000毫升，混溶后口服，每次50~100毫升/千克体重，每天服用3~4次。每头病犊牛每天每次口服氟哌酸2.5克，每天2~3次；同时用6%低分子右旋糖酐注射液、5%葡萄糖氯化钠注射液、5%葡萄糖注射液、5%碳酸氢钠注射液各250毫升，氢化可的松注射液100毫升，10%维生素C注射液20毫升，混溶后一次静脉滴注。轻症每天1次，重危症每天2次，连用3~5天。如果病犊牛有抽搐、昏迷等神经症状时，可同时静脉注射25%硫酸镁注射液40毫升。

预防本病，要保证牛舍和牛体卫生，产后12小时内让犊牛吃上、吃足初乳，防止直接接触粪便。母牛在怀孕期间，保证饲料营养全面均衡。饮水清洁，犊牛可自由饮用0.1%~0.5%高锰酸钾水。

（2）犊牛沙门氏杆菌病　内服氟苯尼考，20毫克/千克体重，每天3次，也可剂量减半肌内注射，连用5~7天。对症治疗可参考犊牛大肠杆菌病用药。

中药治疗，1~2月龄病犊牛可用白头翁100克，黄连、黄柏各30克，泽泻、元参、猪苓、生地各20克，黄芩、苍术、秦皮、炒槐花、炒丹皮、党参、炒栀子、侧柏叶、白术各15克。共研末，用500毫升开水冲调，候温灌服，每天1次，连用5天。

预防本病，要加强对母牛和犊牛的饲养管理，保持牛舍空气清新、清洁干燥，注意母牛乳房卫生，保证饲草饲料质量，定期消毒。疫区可注射牛副伤寒灭活菌苗，妊娠母牛产前1.5~2个月肌内注射2~5毫升，所产犊牛1~1.5月龄时注射1~2毫升。

（3）病毒性腹泻　本病无有效治疗方法，在加强护理和对症治疗的同时，可用中药提高治疗效果。1~3周龄病犊牛可用熟地10克、黄柏15克、黄芪12克、黄芩15克、罂粟壳15克、茯苓10克、党参10克、白芍10克、石榴皮12克、泽泻10克、地榆12克、神曲10克、山楂14克、麦芽10克、当归10克、甘草20克，加水1 000毫升，煎煮到500毫升，候温给病犊牛分2~3次灌服，每天1剂，连用5剂。

加强饲养管理，定期检疫、隔离、净化。发现病犊牛，及时隔离治疗。

（4）寄生虫性腹泻　1月龄以上的犊牛，内服5~8毫克/千克体重阿维菌素片，每天2次，连用3天。服用驱虫药后1周内的粪便要集中堆积发酵。

牛舍保持通风干燥，消除积水，定期消毒。定期擦洗哺乳母牛乳房。保持饲料饮水清洁，严防粪尿污染。犊牛要与成年牛分开饲养。

2. 消化不良性腹泻

先禁乳8~10小时，改用口服补液盐；用液状石蜡油150~200毫升，一次灌服，排出肠内容物；次日用磺胺脒、碳酸氢钠各4克，一次喂服，每天服用3次，连服2~3天，控制继发感染和酸中毒；腹泻而脱水者，尽快补充5%碳酸氢钠注射液250毫升，5%葡萄糖注射液300毫升，5%葡萄糖氯化钠注射液500毫升，一次静脉注射，每日1~2次，连用2~3天，以补充电解质。下痢带血的病犊，还可用维生素 K_3 注射液4毫升肌内注射，每天2次，直至便中无血。

第二节　常见传染病的防治

一、支原体肺炎

（一）诊断要点

1. 发病原因

由牛支原体引起。牛支原体主要寄生在鼻腔，是牛呼吸道黏膜上的常在菌，在应激条件下，特别在长途运输、气候骤变、饲料更换以及转群、断奶、分娩等应激条件下，或犊牛从犊牛舍转到后备牛舍后，由于饲养方式和环境条件的改变，支原体即成为致病菌，并诱发本病。

奶牛、肉牛常见多发。通过飞沫、被污染的脐带、污染的奶桶、水桶、饲喂用具以及没有消毒的初乳和消毒不好的巴氏奶，经呼吸道、消化道、脐带等途径传播。牛舍通风不良、空气不流通、空气污浊是本病发生的根本原因。

2. 临床症状与病理变化

各种年龄段的牛都可感染，犊牛感染时可引发肺炎、关节炎，成年牛感染则可引发肺炎、关节炎、乳腺炎。

（1）犊牛肺炎　病初，犊牛体温升高达40℃以上，中、后期体温可升高到42℃；精神沉郁、痛苦呻吟，有时卧地，食欲减退；支原体感染首先侵害的是呼吸道黏膜，表现咳嗽，气喘、张口、伸颈呼吸，清晨及半夜或天气转凉时咳嗽加剧，无鼻液或只有少量清亮鼻液，若伴发肺炎链球菌和巴氏杆菌感染后，病犊牛有脓性鼻涕。严重的犊牛，食欲废绝，逐渐消瘦，皮毛粗乱无光，生长缓慢。

剖检，鼻腔与气管内有黏性分泌物；肺脏肿大，有大面积的红色肉变区；肺脏实变，表面有大小不等的陈旧性出血斑，切面陈旧性出血；继发巴氏杆菌感染时，肺脏实变，表面有点状化脓性坏死灶。

（2）犊牛关节炎　多发于 8~15 日龄，常见前肢或后肢一个或多个关节坚实样肿胀，疼痛，难以屈曲，关节变形，运步时呈三脚跳跃式前进。病犊牛吃奶减少或不吃奶，精神沉郁。如同时伴有支原体肺炎，病犊牛经 5~7 天死亡，病死率高；勉强不死的病犊牛，因关节严重变形，也失去留养的价值。

关节外形肿胀、轮廓明显改变；关节囊内无积液，不化脓；关节软骨、韧带变性、坏死，关节腔内有黄色干酪样性坏死物。

（3）成年牛肺炎、关节炎、结膜炎等　病牛体温升高达 42℃，精神沉郁，食欲减退，咳嗽，气喘，有清亮或脓性鼻液，严重者食欲废绝，病程稍长时患牛明显消瘦，被毛粗乱无光。有的继发腹泻，粪便水样或带血；有的继发关节炎，表现跛行、关节肿胀等症状；也有的继发结膜炎，眼结膜潮红，有大量浆液性或脓性分泌物。

剖检，肺有不同程度实变，轻者肺尖叶、心叶和膈叶都有红色肉变，或有化脓灶散在分布，严重者肺部广泛分布有干酪样或化脓样坏死灶；气管、支气管内有干酪样分泌物或乳白色泡沫，肺和胸膜发生不同程度黏连，胸腔积液，心包积水，液体黄色澄清。

（二）防治

有效控制本病的基本原则是早诊断、早隔离、早治疗。敏感药物有四环素类（四环素、多西环素等）、喹诺酮类（恩诺沙星、环丙沙星等）、大环内酯类（泰乐菌素、替米考星等），因牛支原体无细胞壁，因而青霉素类、头孢类、磺胺类药物无效。

加强牛群引进管理，不从疫区或发病区引进牛，坚持就近原则和产地购牛原则，减少交易环节；牛群引进后应进行隔离观察，确保无病后方可与健康牛混群；引进牛群要做好检疫，防止引进病牛或处于潜伏感染期的带菌牛；育肥牛群采用全进全出制度，在空栏期要对牛群进行彻底消毒；保持牛舍空气流通、通风良好，清洁、干燥。牛群密度适当，避免过度拥挤；不同牛龄及不同来源的牛应分开饲养，适当补充精料中的维生素及矿物质元素，保证日粮的全价营养；粗饲料与精饲料搭配适当，定期消毒牛舍；在犊牛岛集中进行犊牛饲养，可以为犊牛提供一个良好的饲养环境和独立空间，降低犊牛在哺乳期的发病率，使用犊牛岛不仅能降低犊牛的发病率，还能改善犊牛的饲养管理制度，提高犊牛的成活率和生产性能。同时，要加强对牛初乳和常乳的消毒。

二、结核病

牛结核病是由结核分枝杆菌引起的一种严重威胁人类健康和畜牧业健康发展

的人畜共患慢性传染病，以组织器官的结核结节性肉芽肿和干酪样、钙化的坏死病灶为特征，奶牛最易感，水牛、黄牛、牦牛、鹿等多种动物也易感。我国将其列为二类动物疫病，世界动物卫生组织（OIE）将其列为必须报告的动物疫病。近年来，由于饲养量不断增长、异地调运频繁，牛结核病的防控形势不容乐观。为有效控制和净化牛结核病，切实保障畜牧业生产安全、动物产品质量安全和公共卫生安全，必须坚持预防为主、因地制宜、分类指导、逐步净化的防控方针和防治策略，把养殖场（户）作为防治本病的主体，不断完善养殖场生物安全体系，严格落实监测净化、检疫监管、无害化处理、应急处置等综合防治措施，积极开展场群和区域净化工作，有效清除病原，降低发病率，压缩流行范围，逐步实现防治工作总体达标。

（一）诊断要点

1. 病原特点

本病的病原是结核分枝杆菌。对人、畜有致病力的结核分枝杆菌主要有牛型、人型和禽型3个类型，引起牛结核病的病原主要是牛型结核分枝杆菌，人型、禽型也可引起本病。结核分枝杆菌菌体长 1.5~5 微米、宽 0.2~0.5 微米，不同类型的结核分枝杆菌形态略有差异，人型结核分枝杆菌较直或微弯、细长、棍棒状，多呈单独或平行相聚排列，间有分枝状排列；牛型结核分枝杆菌比人型稍短粗，着色不均匀；禽型结核分枝杆菌短而小，呈多形性。

结核分枝杆菌无芽孢、鞭毛和荚膜，也没有运动性；为严格的需氧菌，革兰氏染色阳性，但不易着色；生长最适 pH 为：牛型结核菌 5.9~6.9、人型结核菌 7.4~8.0、禽型结核菌 7.2；最适生长温度 37~38℃。

结核分枝杆菌的细胞壁中含有丰富的蜡质类，对外界有很强的抵抗力，自然环境中生存能力较强，耐干燥、耐湿冷，在干燥的痰中能存活 10 个月，在土壤、粪便中可存活 5~7 个月，在常水中可存活 5 个月，在奶中可存活 90 天。但对直射阳光和湿热的抵抗力较差，直射阳光下数小时死亡，60℃30 分钟、70℃10~15 分钟、100℃水中立即死亡。常规消毒药如 5%来苏尔、3%~5%福尔马林、70%酒精、10%漂白粉溶液等均有可靠的消杀作用。常规抗菌药物中，链霉素、异烟肼、对氨基水杨酸、环丝氨酸等敏感，但对青霉素、磺胺类药物及其他广谱抗生素不敏感。

2. 流行病学

结核分枝杆菌可感染人及多种家畜、家禽，家畜中以牛，尤其是奶牛最易感，水牛易感性也很高，黄牛和牦牛次之。患病动物，尤其是开放性结核病动物，结核杆菌广泛存在于机体各个器官的病灶内，是主要的传染源。牛结核可通过消化道、呼吸道，由粪便、乳汁、尿、痰等将病菌扩散、污染周围环境和水源、流入土地，通过呼吸、吮乳等途径被人和动物吸入而感染。农村散养牛以散发为主，规模化养牛以区域性发病多见。

本病一年四季均可发生。一般说来，舍饲的牛因通风差，牛之间可相互接触，因而更容易发病，且传播速度更快。牛舍过度拥挤、阴暗潮湿、污秽不洁，役牛过度使役、奶牛过度挤乳，饲料营养缺乏维生素和矿物质、饲养条件不良等，可促进本病的发生和传播。

3. 临床症状

本病的潜伏期一般为 20~45 天，有的可长达数月甚至数年。临床呈慢性经过，病程长，症状多不明显，主要表现为体表淋巴结尤其是头部和胸部淋巴结肿大、营养不良、渐进性消瘦等，役牛劳动能力下降，奶牛泌乳能力降低。因发病部位不同，临床上有多种类型，分别表现发病器官受损的相应临床症状。奶牛感染结核病后主要表现肺结核、乳腺结核、淋巴结核、肠结核，偶尔出现生殖器结核、脑结核、全身结核。其中，肺结核最常见。

（1）肺结核 是牛结核病最常见的临床类型。发病初期病牛易疲劳，出现短促的干咳，以后逐渐加重并变成湿咳；清晨、饮水后咳嗽加重，呼吸增数，鼻孔流出淡黄色黏液或脓性鼻液；肺区听诊为啰音，胸膜结核时有摩擦音，叩诊为浊音；进行性（病情仍在继续发展）病例中，肩前淋巴结、颌下淋巴结、咽部及颈部淋巴结等处淋巴结肿大，可导致空气流通受阻，食道或血管堵塞，有时，头、颈部淋巴结肿大后可出现破溃和淋巴液外渗；病牛食欲减退、渐进性消瘦、贫血，哺乳期母牛、奶牛产奶量下降。病牛在感染后期，极度消瘦、急性呼吸窘迫。

（2）乳腺结核 牛的乳腺结核常发生在后方乳腺区。发病初期，乳腺肿大，之后在后方乳腺区出现许多小结节，触摸无热无痛，有硬块；产奶量减少，严重者停止泌乳；乳汁稀薄如水，常混有浑浊的凝乳块和絮状物。

（3）肠结核 多见于犊牛，食欲不振，消化不良，便秘、腹泻交替发作，之后发展为顽固性下痢，便中带血或混有脓汁，腥臭，快速脱水、消瘦。

4. 细菌学诊断

（1）涂片染色镜检法 采集病牛的病灶（如肿胀的淋巴结）、排泄物（如尿、粪）及分泌物（如痰、乳），直接涂片或集菌处理后涂片，荧光抗酸染色法染色后镜检。如发现有被染成红色的结核分枝杆菌（非结核分枝杆菌抗酸染色呈蓝色），即可确诊为阳性。这种检查结核分枝杆菌的方法敏感性较差，而且也很难将结核分枝杆菌同其他非典型结核分枝杆菌区别开来。现代临床诊断中较少应用。

（2）细菌分离培养法 应用 Lowenstesin-Jensen 培养基，或直接接种到琼脂培养基上。牛结核分枝杆菌一般在培养 3~6 周后出现生长物。根据其特征性的生长菌落和形态，可作出初步诊断，用 PCR 和分子分型技术可进行确诊。因结核分枝杆菌生长慢，耗费时间长，加上各种条件限制，检出率也较低，有 20% 左右的阳性病例检测失败，已很难满足现代临床诊断的需要，应用较少。

5. 结核菌素试验

提纯结核菌素皮内变态反应试验（结核菌素试验）是检测牛结核病的标准方法，也是 OIE 推荐的国际贸易中指定的试验方法。

可疑病牛颈中部剪毛，卡尺测量皮肤厚度，消毒，皮内接种牛结核菌素纯化蛋白衍生物（PPD），72 小时后测量注射部位的肿胀（迟发性过敏）程度。接种时，可单独使用牛结核菌素，也可使用牛型结核菌素或禽型结核菌素进行比较试验，以提示被检疑似病牛是牛结核病还是非特异的迟发性超敏反应。具体方法如下。

疑似病牛保定好以后，在左侧颈中部上 1/3 处（3 月龄内犊牛在肩胛部）剪毛，直径 10 厘米左右；用游标卡尺连续测量术部皮褶厚度 3 次，取平均值；术部碘酊消毒，75%酒精脱碘；用注射用水（或生理盐水）将提纯牛型结核菌素稀释成每毫升含 10 万单位，不论牛只大小，皮内注射 0.1 毫升。注射后 72 小时，观察局部有无热痛肿胀等炎性反应，并再次测量术部皮皱厚度平均值，计算皮厚差。

如局部有明显的炎性反应，皮厚差等于或大于 4 毫米，则为阳性反应；如局部炎性反应较轻，皮厚差在 2.1~3.9 毫米，则为疑似反应；如局部无炎性反应，皮厚差在 2 毫米以下，则为阴性反应。只要有一定炎性肿胀，即使皮厚差在 2 毫米以下者，仍应判为疑似病例。

凡被判为疑似反应的牛，应立刻在颈部另一侧以同一批、同一剂量的提纯牛型结核菌素进行重复注射，再经 72 小时观察反应，如仍为疑似，则按阳性牛处置。

这种方法虽然操作过程简单，但敏感性较差，常出现假阳性和假阴性反应，因此在进行流行病学调查时不推荐使用此法。

（二）疫情处置

1. 疫情报告

任何单位和个人发现疑似病牛，应当及时向当地动物卫生监督机构报告。动物卫生监督机构在接到疫情报告并经确认后，按《动物疫情报告管理办法》及有关规定及时上报。

2. 疫情处置

（1）疑似疫情的处置　当发现疑似疫情时，畜主应立即对疑似病牛进行隔离饲养，并限制其移动。当地动物卫生监督机构在接到疫情报告后，应及时安排专人抵达现场进行流行病学调查和相应临床症状检查，同时采集病料样品送实验室检查诊断，根据诊断结果采取相应措施。

（2）确诊疫情的处置　①划定疫点、疫区和受威胁区。把病牛所在的栋舍、户或其他有关屠宰场（点）、经营单位划定为疫点；把病牛所在的饲养场、自然村范围区域划定为疫区；与疫区相毗邻的饲养场、自然村的范围区域则要划定为受威胁区。

②隔离、封锁。零星散发时，可采用圈养和固定草场放牧方式，对病牛的同群牛实施隔离。隔离所用的草场，要远离交通要道、居民点或人畜密集的地区，场地周围最好有自然屏障或人工栅栏。

当一个自然村、饲养场结核病阳性率在3%以上或病牛10头以上时，应对疫区实施封锁，禁止病牛和疑似病牛、易感动物及其产品调出；对易感动物实行圈养或指定地点隔离饲养，役牛限制在疫区内使役、耕作。

③扑杀及无害化处理。对患病牛全部进行扑杀。对病死和扑杀的病牛，按照《病害动物和病害动物产品生物安全处理规程（GB 16548—2006）》进行无害化处理。

（3）紧急监测　疫区和受威胁区内的所有牛，要进行紧急监测，紧急接种PPD进行皮内变态反应试验。

（4）消毒　使用5%~10%热碱水、10%漂白粉、3%福尔马林、3%~5%来苏尔等消毒液，对病牛和阳性牛污染的场所、用具、物品等进行严格消毒。

（5）解除封锁　当疫区内最后一头病牛及阳性牛被扑杀并经无害化处理后，继续监测45天以上，未见有新发病例；对被污染的场所、用具等进行彻底消毒，经当地动物卫生监督机构检验合格后，可解除封锁。

3. 防控措施

（1）监测净化　各地畜牧兽医行政主管部门要加大对牛结核病的疫情监测力度，及时准确地掌握牛结核病病原分布及疫情动态，科学进行疫情风险评估，及时发布预警信息。同时，制定切实可行的疫情控制、净化方案，分区域、分阶段统筹推进防治工作。集中养殖地区，要选择一定数量的养殖场（户）、屠宰场、交易市场作为固定的监测点，持续性开展疫情监测。所有牛养殖场，都要按照"一病一案、一场一策"的总体要求，从本场实际出发，制定切实可行的结核病控制净化方案，并有计划地组织实施；及时扑杀结核病阳性牛，着力开展牛结核病阴性群的培育工作。

（2）加强防疫检疫和监管　疫区饲养的健康牛群，使用牛型提纯结核菌素对牛群检疫时，检出的阳性牛应立即隔离；结合临床检查情况，必要时进行细菌学检查，发现开放性结核病牛时，应立即进行扑杀。患有结核病的牛产下的犊牛，只吃3~5天的初乳，而后由检疫无结核病的健康牛代哺；犊牛在生长过程中，分别在满月龄、3~4月龄、6月龄各进行一次检疫，阳性者一律淘汰，3次检疫均为阴性且无结核病的可疑临床表现时，可混入假定健康牛群（污染牛群经结核变态反应为阴性的牛群）饲养。

假定健康牛群，第一年每隔3个月检疫一次，直至无阳性牛出现，如果在以后的1~1.5年内连续进行3次检疫均为阴性，则可以转为健康牛群。

引进的牛必须进行产地检疫，并隔离观察1个月以上，再进行1次检疫，确认健康后才能混群饲养。

各地动物卫生监督机构在强化牛的产地检疫和屠宰检疫的基础上，要逐步建立以实验室检测、动物卫生风险评估为依托的产地检疫机制，不断提升结核病的检疫科学化水平；同时，要严格执行《跨省调运乳用、种用动物产地检疫规程》，切实做好跨省调运牛的产地检疫和流通监管工作。

（3）重视生物安全措施　①隔离饲养。检出的疑似病牛应严格隔离饲养。对检出的疑似结核病牛，应在1个月后再进行复检，如仍为疑似，经25~30天后可再进行第3次检疫，再次被检为疑似时，可视疑似牛的饲养价值等情况酌情处理。

②有效消毒。轮换使用有效消毒剂，做好经常性的消毒工作，严防病原散播。粪便收集，集中进行生物热处理等无公害处理。

③应急处置。一旦发生疫情，要本着"早、快、严、小"的原则，立即按照相关的应急预案和防治技术规范及时处置。

（4）做好人员防护　①人结核病的防治。人感染牛分支结核杆菌的主要途径是食入了带有牛分支结核杆菌的乳汁或乳制品。因此，预防人结核病的重要措施是饮用消毒乳制品，牛奶要煮沸后饮用；与病人、病牛接触时，要搞好个人防护；同时要加强对牛群的定期检疫，及时淘汰病牛。对婴儿进行卡介苗注射，是预防人结核病的关键。

人结核病的治疗主要靠药物，异烟肼、链霉素、对氨基水杨酸钠等是最敏感的常用药。

②人员防护。做好牛场工作人员的防护。进出牛场要穿好隔离衣、戴口罩、戴手套，下班后做好个人清洗和消毒。每年定期进行个人体检，发现有结核病时要及时调离岗位，隔离治疗。

处置疫情的工作人员要穿戴好防护服，保定、取样等操作过程中注意不要出现伤口，处置完毕搞好个人消毒防护。

三、布鲁氏菌病

布鲁氏菌又叫波浪热、地中海热，也叫懒汉病，简称布病，是由布鲁氏菌引起的一种人和牛、羊、猪、鹿、犬等哺乳动物共患的传染病。我国农业农村部将其列为二类动物疫病，我国卫健委将其列为乙类传染病。

（一）诊断要点

1. 发病情况

布鲁氏菌是革兰氏阴性、球状杆菌，科兹洛夫斯基染色呈红色，目前确认的有牛种布鲁氏菌、羊种布鲁氏菌等 11 个种。布鲁氏菌主要存在于动物母体排出的胎儿、胎水和胎衣中，偶尔在乳、粪尿以及阴道流出的恶露内发现；通过皮肤黏膜、消化道、呼吸道等途径传播，交媾、苍蝇携带、吸血昆虫叮咬较少传播；主要侵害生殖系统。

牛感染布鲁氏菌的比例是母牛比公牛多，成年牛比犊牛多，第一次妊娠的母牛比分娩过的母牛发病多，而且流产率高；患病的母牛可垂直传播给胎儿，产犊后造成犊牛先天性感染；一年四季都可发生，但产犊季节多见；家畜饲养比较密集的地区发病率高，牧区明显高于农区和半农区。新疫区流行时多见突发性病例，经常造成牛群暴发性流产；老疫区流行本病很少出现广泛流行，但临床上患有子宫炎、乳腺炎、关节炎以及胎衣不下、久配不孕的牛较多。

患病母牛流产、不孕、空怀、繁殖成活率低，肉牛牛肉产量下降，乳牛泌乳量减少。人患布病后，劳动能力下降甚至丧失劳动能力，严重影响生育能力；被布鲁氏菌污染的肉、奶等畜产品，如处理不当，可造成食源性布鲁氏菌感染，并可引发严重的公共卫生问题。

2. 临床症状

牛感染布病后潜伏期为 2 周至 6 个月，多数在 30~60 天。母牛最显著的症状是流产，流产可发生于妊娠的各个阶段，但多发生于妊娠后 6~8 个月。母牛流产前常有分娩预兆象征，有生殖道发炎的症状，如阴道黏膜发炎、出现粟粒大红色结节，阴道中流出灰白色或灰红色黏性或脓性分泌物。一般出现分娩征兆 2~3 天后排出胎儿，也有部分母牛不表现任何产前征兆即突然发生流产，排出死胎、弱胎，流产后胎衣停滞、子宫内膜炎，患牛泌乳量下降；非妊娠牛临床上常出现膝关节炎、腕关节炎、滑液囊炎、腱鞘炎、淋巴结炎等，触诊疼痛、跛行；乳房皮温增高、疼痛、乳汁变质，呈絮状，严重时乳房坚硬，乳量减少甚至完全丧失泌乳能力。公牛感染本病后，阴茎潮红肿胀，出现睾丸炎和附睾炎，睾丸肿大、坚硬、触诊有痛感，有时出现关节炎，局部肿胀。

养殖场（户）发现牛、羊等家畜出现早产、流产等疑似布病临床症状后，应尽快向当地畜牧兽医主管部门、动物卫生监督机构或动物疫病预防控制机构报告。动物疫病预防控制机构在接到报告后，应采取隔离、消毒等防控措施，并按《布鲁氏菌病防治技术规范》规定开展布鲁氏菌病的诊断。

3. 实验室诊断

（1）血清学诊断 ① 琥红平板凝集试验。在布病流行病学调查和大面积检测时，我国将虎红平板凝集试验作为布病诊断的初筛检测方法，其优点是操作方便、成本低廉，适用于布鲁氏菌病的田间试验、筛选诊断和大规模检疫。但存在一定的失误率，易出现假阳性而使诊断错误，通过多次重复试验即可避免。

② 试管凝集反应。我国诊断布病的法定诊断方法是试管凝集试验，其特异性强，操作方便，容易判定，是临床最常用的人及牛、马、骆驼和鹿等布鲁氏菌病的诊断方法。牛、马、骆驼和鹿等凝集价 1∶100 以上为阳性；羊、猪和犬等凝集价为 1∶50 以上为阳性。急性期阳性率高，可达 80%～90%；慢性期阳性率较低，可达 30%～60%。可疑反应者在 10～25 小时内再重复检查，以便确诊。但由于受多种因素的影响，易出现假阴性或假阳性，且有些被感染动物的抗体滴度不一定能达到检测水平，单独使用也容易造成误诊或漏诊。

生产实践中，先使用虎红平板凝集试验进行初步诊断，再使用试管凝集试验进行最后确诊，可提高诊断正确率。

（2）病原学诊断 ① 显微镜检查。采集流产胎衣、绒毛膜水肿液、胎儿胃内容物等病变组织，制成抹片，科兹洛夫斯基染色法染色，发现呈红色的球状杆菌，即可确诊。

② 细菌学分离培养。须在生物安全三级实验室进行。

③ PCR 等分子生物学诊断。采集患病牛脾脏、淋巴结等病变组织，体躯核酸后，检测是否存在布鲁氏菌特异性核酸。

④ 布病胶体金法快速诊断试纸条。是近年来最新研制生产的一种十分方便、简单、准确性很高的临床快速诊断布鲁氏菌抗原的方法，很有推广价值。

（二）疫情处置

1. 疫情报告

任何单位和个人如果发现疑似病牛或疫情，养殖场户要主动限制可疑病牛移动，立即隔离，并及时向当地动物防疫监督机构报告，经确认后，按《动物疫情报告管理办法》及有关规定及时上报处置。

2. 疫情处置

动物防疫监督机构在接报后要及时派员到现场核查，进行实验室检查。确诊后，当地人民政府组织有关部门按下列要求处置：对患病牛全部扑杀；受威胁的牛群（病牛的同群牛）隔离饲养，如圈养或使用固定隔离草场放牧，牛圈和隔离场要远离交通要道、居民区或人畜密集区，周围最好有自然屏障或设置人工栅栏；病牛及其流产胎儿、胎衣、所有排泄物、乳、乳制品等按照《畜禽病害肉尸及其产品无害化处理规程》GB 16548—1996 彻底进行无害化处理；最后开展流行病学调查和疫源追踪，对同群牛依次进行检测；对病牛污染的场所、用具等进行严格消毒，金属设施、设备用火焰喷灯消毒或熏蒸消毒，牛圈舍、运动场等可用 2%~3%烧碱等喷雾消毒；垫料、粪便等进行堆积发酵、深埋或焚烧，皮毛用环氧乙烷、福尔马林熏蒸等。如果发生重大布病疫情，当地县级以上人民政府应当按照《重大动物疫情应急条例》有关规定，采取相应的扑灭措施。

（三）防控措施

1. 免疫

免疫可用布氏杆菌 19 号菌苗或布氏杆菌猪型二号菌苗。

控制牛群发病可用牛布氏杆菌 19 号苗皮下注射法免疫，5~8 月龄时注射一次，必要时在 18~20 月龄（即第一次配种前）再注射一次。以后根据牛群布氏杆菌病流行情况，决定是否注射。孕牛不能注射。

猪型二号菌苗适于口服接种，口服不受怀孕限制，可以在配种前 1~2 个月进行，也可以在孕期使用。每年服用猪型二号菌苗一次。

2. 隔离

患病牛产犊后，立即将犊牛和其他的犊牛分开，单独喂养，在 5~9 个月内进行 2 次血清凝集试验，阴性者可注射 19 号菌苗或口服猪型二号菌苗，以培养健康牛。

3. 净化

确诊为布病的病牛或场内检出阳性奶牛的牛群（场、户）为牛布病污染群（场、户），必须全面实施布病净化工作。

（1）污染牛群（场、户）的处理　被布鲁氏菌病污染的牛群（场、户）要严格执行国家相关政策，积极配合当地政府，反复进行布病监测，一般每间隔 2 个月就要检测 1 次。一旦发现布病牛或检测阳性牛，要及时隔离、扑杀，其胎儿、胎衣、排泄物等都要进行深埋等无害化处理。对检测中发现的布病疑似牛、疑似阳性牛，须在隔离牛舍内进行复检；未建立隔离牛舍的牛场（户）就地隔离，分区集中饲养，加强对牛场设施设备、运动场等的消毒，粪便收集集中堆积发酵，固定饲养工具，严防疫病传播、扩散蔓延。布病牛、检测阳性牛在宰杀等无害化处理前以及可疑布病牛在隔离饲养期间所生产的牛乳，均需经高温等无害化处理。

（2）健康犊牛群的培育　牛饲养场要设立犊牛培育舍或犊牛岛，远离母牛群（最好 500 米以上）集中进行培育，专人饲养，固定饲养工具，饲养 6 个月后转入生产群，以降低犊牛发病率，提高犊牛的成活率和生产性能。犊牛在培育期间，分别于 20 日龄、100~120 日龄和 6 月龄连续检测布病 3 次，如果发现布病阳性牛、可疑牛要及时扑杀，并严格消毒。

（3）牛的调运要求　按照布病净化管理要求，牛场（户）如果在省内调运牛，必须凭调出地动物防疫监督机构出具的检疫合格证、车辆消毒证明和牛健康证调运；如果跨省调运，则须经过调入地动物防疫监督机构对调出地进行牛布病的安全风险评估和跨省牛检疫审批，调出地必须为非疫区；牛在起运前 30 天内，经调出地动物防疫监督机构牛布病检测合格，并出具检疫合格证明后，方可起运。调入的牛，必须进行隔离观察 45 天以上，并再次经牛布病检测为阴性后，方可混群饲养。

牛饲养场所有工作人员，包括兽医、饲养员、挤奶工、修蹄工等，都要每年开展一次布病健康检查，一旦发现有患布病及感染该病的，应及时调离工作岗位，并进行隔离治疗。工作人员的工作服、用具要保持清洁，不得带出场。

（4）牛净化效果评估　经扑杀布病牛及阳性牛后的牛群为假定健康牛群。凡连续 2 次以上监测结果均为阴性者，方可认为是健康牛群。

四、口蹄疫

（一）诊断要点

口蹄疫是偶蹄兽的急性、热性、高度接触性传染病，其临床特征是在口腔黏膜、蹄部和乳房皮肤发生水疱性疹。国际兽疫局将口蹄疫列为 A 类动物传染病首位。世界上许多国家把口蹄疫列为最重要的动物检疫对象，我国把口蹄疫列为"进境动物检疫一类传染病"。

1. 发病情况

口蹄疫病毒属于微核糖核酸病毒科中的口蹄疫病毒属，在不同的条件下，病毒容易发生变异。根据病毒的血清学特性，目前已知全世界有 7 个主型，即 A 型、O 型、C 型、南非 1 型、南非 2 型、南非 3 型和亚洲 1 型，每个类型内又有多个亚型，已知共有 65 个亚型。我国目前流行的是 O 型。偶蹄动物中牛科动物（牛、瘤牛、水牛、牦牛）、绵羊、山羊、猪及所有野生反刍和猪科动物均易感；潜伏期感染及临床发病动物是主要的传染源，感染动物呼出物、唾液、粪便、尿液、乳、精液及肉和副产品均可带毒。康复期动物可带毒；通过呼吸道、消化道、生殖道和伤口感染，以直接或间接接触（飞沫等）方式传播，或通过人或犬、蝇、蜱、鸟等动物媒介，或经车辆、器具等被污染物传播。

2. 临床症状

潜伏期平均 2~4 天，最长可达 7 天左右。病牛体温升高到 40~41℃，呆立流涎，开口时有吸吮声；1~2 天后，在唇部、齿龈、舌面和颊部黏膜、鼻镜等处出现蚕豆大到核桃大的水疱，口角大量流涎，白色泡沫状，常挂满嘴边，采食、反刍完全停止；稍后，蹄冠、蹄踵、蹄叉、乳房等处也发生水疱；发病后期，水疱破溃、糜烂、结痂，严重者蹄壳脱落；恢复期可见瘢痕、新生蹄甲。

本病多为良性经过，仅在口腔发病时病程约 1 周；若蹄部出现病变，则病程可延至 2~3 周或更久，死亡率一般为 1%~2%。犊牛患病时虽特征性水疱症状不明显，常因出血性肠炎和心肌麻痹导致死亡率很高。部分成年病牛在趋向康复时可因病毒侵害心肌而转为恶性口蹄疫，病情突然恶化，心脏麻痹而突然死亡，致死率高达 20%~50%。

3. 病理变化

心包膜有弥漫性点状出血，心肌切面有灰白色或淡黄色斑点或条纹，形色酷似虎斑，故称"虎斑心"，质地松软呈熟肉样。

（二）疫情处置

1. 疫情上报

作为从事牛饲养管理工作的人员，当发现病牛及疑似病牛时，应及时向上级领导如实报告疫情，不得隐瞒。同时依据相关防疫法做好自己的本职工作。

2. 疫情处置

划定疫区，严格执行封锁、隔离、消毒、紧急接种等综合性扑灭措施。

（1）疫点、疫区、受威胁区的划分 疫点为发病牛所在的地点。相对独立的规模化养殖场（户）以病牛所在的养殖场（户），散养牛以病牛所在的自然村，放牧牛以病牛所在的牧场及其活动场地，运输的病牛以车、船、飞机，市场疫情以病牛所在市场，屠宰加工病牛以屠宰加工厂（场）等分别划分为疫点；疫点边缘向外延伸 3 千米内的区域为疫区；疫区边缘向外延伸 10 千米的区域为受威胁区。

（2）疑似疫情的处置 对疫点实施隔离、监控，禁止家畜、畜产品及有关物品移动，并对其内、外环境实施严格的消毒措施。必要时采取封锁、扑杀等措施。

（3）确诊疫情处置 疫情确诊后，应当立即启动相应级别的应急预案。

① 疫点处置。疫点内所有病牛及同群易感牛全部扑杀，并对病死牛、被扑杀牛及其产品进行无害化处理；对排泄物以及被污染的饲料、垫料、污水等进行无害化处理；对被污染或可疑被污染的物品、交通工具、用具、牛舍、场地进行严格彻底消毒；对发病前 14 天售出的牛及牛奶进行追踪，并做扑杀和无害化处理。

② 疫区封锁与处置。疫区人民政府在接到当地兽医行政管理部门的疫情报

告后，24小时内发布封锁令，并实施封锁。疫区周围设置警示标志，在出入疫区的交通路口设置动物检疫消毒站，执行监督检查任务，对出入的车辆和有关物品进行消毒；所有易感畜进行紧急强制免疫，建立完整的免疫档案；关闭家畜产品交易市场，禁止活畜进出疫区及产品运出疫区；对交通工具、牛舍及用具、场地进行彻底消毒；对易感家畜进行疫情监测，及时掌握疫情动态；必要时，可对疫区内所有易感动物进行扑杀和无害化处理。

③ 受威胁区处置。最后一次免疫超过1个月的所有易感牛，进行一次紧急强化免疫；加强疫情监测，掌握疫情动态。

④ 疫源分析与追踪调查。按照口蹄疫流行病学调查规范，对疫情进行追踪溯源、扩散风险分析。

⑤ 解除封锁。当疫点内最后1头病牛死亡或扑杀后连续观察至少14天，没有新发病例；疫区、受威胁区紧急免疫接种完成；疫点经终末消毒；疫情监测阴性，疫情解除。动物防疫监督机构按照上述条件审验合格后，由兽医行政管理部门向原发布封锁令的人民政府申请解除封锁，由该人民政府发布解除封锁令。

（三）防控措施

1. 饲养管理

在确保牛日粮营养全面均衡，保证健康体质的前提下，规范从业人员行为，建立严格的生物安全制度，定期对牛场设备、设施、运动场、养殖器具进行严格有效消毒。每到冬季，更要加强易感牛群管理，适量给予微量元素或中药制剂，提高牛免疫力。无本病流行地区严禁从有病地区或国家购进动物及其产品、饲料、生物制品等。

2. 疫情监测

加强对牛养殖场（户）、散养牛，交易市场、屠宰厂（场）、异地调入的活牛及产品的监测，特别是疫区和受威胁区解除封锁后的监测，必要时对重点区域加大监测力度，并及时对监测结果及相关信息进行风险分析，做好预警预报。

3. 免疫接种

国家对口蹄疫实行强制免疫，本病常发地区需用口蹄疫疫苗定期预防接种，免疫密度必须达到100%。所用疫苗必须采用农业农村部批准使用的产品，并由动物防疫监督机构统一组织、逐级供应。按照农业农村部要求标准，进行秋、冬、春季的免疫。一般首次接种疫苗的时间为3月龄牛，以后每隔3个月左右进行一次免疫。疫苗免疫后，要建立相应的档案，详细记录免疫情况。定期对免疫牛群进行免疫水平监测，根据群体抗体水平及时加强免疫。

4. 加强检疫

无病地区严禁从有病地区或国家购进动物及其产品、饲料、生物制品等。对来自无病地区的动物及其产品应加强检疫。

五、牛流行热

由牛流行热病毒引起的急性、热性传染病，以高热、流泪、呼吸困难为特征。病毒对外界环境抵抗力差，56℃ 20分钟即可死亡，对碱、酸、紫外线敏感。

（一）诊断要点

1. 发病情况

由牛流行热病毒引起，主要侵害黄牛和奶牛。有明显周期性，3~5年流行1次，大流行之后，常有1次小流行。多发于蚊蝇活动频繁的季节（6—9月）。

2. 临床症状

病牛突然呈现高热40℃以上，一般维持2~3天；流泪，眼睑和结膜充血、水肿；呼吸急促，发出哼哼声，流鼻液；食欲废绝，反刍停止，多量流涎，粪干或下痢；四肢关节肿痛，呆立不动，呈现跛行；孕牛可流产；牛泌乳量下降或停止。发病率高，病死率低，常取良性经过，2~3天即可恢复正常。

3. 病理变化

剖检可见上呼吸道黏膜充血、水肿和点状出血；间质性肺气肿以及肺充血、肺水肿；淋巴结充血、肿胀、出血；真胃、小肠和盲肠呈卡他性炎症和渗出性出血。

（二）防治

立即隔离治疗，对假定健康牛和受威胁牛，可用高免血清进行紧急预防注射。高热时，肌内注射复方氨基比林20~40毫升，或30%安乃近20~30毫升。重症病牛给予大剂量的抗生素，常用青霉素、链霉素；并用葡萄糖生理盐水、林格氏液、安钠咖、维生素 B_1 和维生素C等药物，静脉注射，2次/天。四肢关节疼痛，牛可静脉注射水杨酸钠溶液。

加强消毒，搞好消灭蚊蝇等吸血昆虫工作。

六、牛病毒性腹泻

（一）诊断要点

1. 发病情况

由牛病毒性腹泻或牛黏膜病病毒引起，不同品种、性别、年龄的牛都易感，多见于6~8月龄犊牛。常发生于冬、春季节，在老疫区以隐性感染和慢性病例为主，在新疫区传染迅速，突然发病，发病率和死亡率变动较大。

2. 临床症状

病牛体温升高到40~42℃，鼻、眼有浆液性分泌物，口流涎，呼吸有臭味，腹泻，带有胶冻样黏液和血液，跛行；孕牛发生流产，或产下先天性缺陷的犊牛，因小脑发育不全而呈现共济失调或盲目运动。

3. 病理变化

剖检可见鼻镜、齿龈、上腭、舌面、颊部黏膜糜烂，食道黏膜糜烂呈线形排列，胃黏膜糜烂、水肿，肠黏膜水肿、增厚，集合淋巴结肿胀、出血，小肠黏膜特别是回肠、空肠黏膜卡他性炎症或出血性、坏死性炎症，黏膜脱落。蹄冠和趾间糜烂、溃疡。运动失调的犊牛出现小脑发育不全和两侧脑室积水。

（二）防治

病牛及时隔离或急宰，对同群牛和可疑牛进行反复检疫，及时发现带毒牛；对持续感染牛应坚决淘汰。要严格消毒，并限制牛群活动，以防扩大传染。对病牛进行对症治疗（止泻、补液），防止继发感染。

引进种牛、羊时，必须严格检疫，防止引进带毒牛、羊。流行区的牛可用黏膜病弱毒疫苗或猪瘟弱毒疫苗进行预防接种。

七、牛恶性卡他热

牛恶性卡他热由恶性卡他热病毒引起，以短期发热、上呼吸道、副鼻旁窦、胃肠道、口腔等处黏膜发生急性卡他性、纤维素性炎症和角膜混浊及非化脓性脑膜炎为特征。

（一）诊断要点

1. 发病情况

由恶性卡他热病毒引起，各种年龄的牛均易感，以2岁左右的小牛最易感。鹿和绵羊呈隐性感染，牛发病都与接触绵羊有关。全年都能发生，以冬季、早春和秋季较多。

2. 临床症状

病牛突然高热稽留（41~42℃），全身迅速虚弱，不久眼、口、鼻黏膜剧烈发炎。双眼羞明，眼睑肿胀，流泪，有脓性分泌物，角膜混浊甚至溃疡，最终导致失明；额窦、角窦、鼻窦发炎，角根松动或角脱落；鼻镜干裂、糜烂或坏死。少数病例伴发神经症状，沉郁或昏迷，有时兴奋，鸣叫，磨牙，攻击人、畜。临床可分为4型：

（1）最急性型　病初体温升高至41~42℃，稽留不下，心跳加快，呼吸增数，精神沉郁，被毛松乱，结膜潮红，鼻镜干燥，食欲减退，反刍停止，饮欲增加，严重者很快死亡。

（2）头眼型　病初体温升高达40~41℃，稽留不下，直至死前下降。病牛两眼羞明、流泪，眼睑肿胀，结膜充血，前眼房出现纤维素蛋白渗出物，角膜混浊，严重者形成角膜溃疡或穿孔，虹膜出血。鼻腔口腔黏膜高度潮红，出血和溃疡，溃疡表面覆盖一层伪膜。鼻孔流出黏液脓性恶臭分泌物，有时带血，口腔流出大量污秽恶臭唾液。

（3）肠型 不常见，主要表现为纤维素性坏死性肠炎，伴发高热。病牛严重腹泻，粪便稀薄如水，恶臭，混有大量黏液和伪膜，后期大便失禁。

（4）皮肤型 颈、背、乳房、蹄叉等处发生水泡和丘疹，水泡破裂后形成棕色痂皮，1~3天或4~14天死亡，致死率达20%~90%。出现神经症状，第3天后体温继续升高或突然降温者，常常预后不良。

3. 病理变化

剖检可见喉、气管、食道、真胃和小肠等部位的黏膜充血、水肿、糜烂或溃疡；肝、脾、肾肿胀变性；心包及心外膜出血，心肌变性；全身淋巴结充血、出血和水肿。

（二）防治

临床无特效药物治疗，只能采取对症治疗措施，同时配合抗生素、地塞米松等药物，以缩短病程、防止继发感染。可静脉注射美篮2克、葡萄糖注射液2 000~3 000毫升，每天1次。也可肌内注射复方磺胺嘧啶注射液100毫升，每天2次，连用5天，首次量加倍。

中药可用清瘟败毒饮，石膏150克，水牛角90克，生地60克，栀子、黄芩、赤芍、玄参、连翘、知母、丹皮、鲜竹叶各30克，黄连、桔梗各20克，甘草15克，一次煎服。石膏打碎先煎，再下其他药同煎，水牛角锉细末冲入。

也可用龙胆草、黄芩、柴胡、板蓝根、车前草、淡竹叶、地骨皮各100克，薄荷、僵虫、牛蒡子、二花、连翘、玄参、栀子各50克，茵陈200克，水煎服，每天1次。

预防措施在于加强饲养管理、定期消毒圈舍。发现病牛应立即隔离治疗，对病牛污染的环境和用具，应彻底消毒。

八、疯牛病

（一）诊断要点

1. 发病情况

疯牛病的正式名称为"牛海绵状脑病"，是神经细胞被破坏后大脑产生空泡、最终呈海绵状的致死性疾病。疯牛病是最近20年来新发生的恶性传染病，已造成巨大损失，并怀疑与人的克雅氏症（脑组织软化症）有关。很多学者认为，疯牛病来自于羊。疯牛病病原体为痒病样纤维病毒，通过动物性饲料（如肉骨粉等）及与病牛接触传染。疯牛病病原对外界环境的抵抗力极强，加热到

360℃高温仍然有感染力，对甲醛、火碱有很强的耐受性。

研究认为，普利昂蛋白是引发疯牛病的直接原因。普利昂蛋白是一种动物和人类普遍具有的蛋白质，一旦转化为异常型普利昂蛋白后在大脑蓄积，就会引发疾病。通常情况下，病毒在肉牛体内增殖，就可使蛋白质自身成为病原体。这种变化似乎有悖生物学常识。

2. 临床症状

病牛听觉、触觉减退，表现严重的神经症状，常狂奔、冲撞其他牛或其他物体，严重者共济失调，兴奋与沉郁交替，最后死亡。潜伏期估计为 2~8 年，病程为 2 周至 6 个月。

脑部出现海绵样病变，常可见到双边对称的空泡，大脑成淀粉样病变。

（二）防治

本病尚无有效治疗药物。主要立足于预防，目前预防方法是杜绝给肉牛饲喂动物性饲料，发现病牛时，应立即把同圈牛一起扑杀，连同可能污染物品一起烧净，牛圈舍严格彻底消毒。但也有看法认为，染上疯牛病的牛，即使经过焚化处理，其灰烬仍然会有疯牛病病毒，把灰烬倒在堆田区，病毒就可能会因此而散播。目前，对于这种病毒究竟通过何种方式在牲畜中传播，又是通过何种途径传染给人类，研究得还不清楚。

由于异常型普利昂蛋白主要集中在大脑、脊髓、眼睛、小肠末端等部位，根据国际畜疫事务局（OIE）制订的安全指南，必须尽量避免食用这些部位的牛肉制品。

九、犊牛流行性感冒

6 月龄内犊牛免疫机能尚不健全，抗病力差，在遇到气候突变等情况时，容易感染流行性感冒，并快速传播全群，影响犊牛生长和牛生产。

（一）诊断要点

1. 发病情况

犊牛流行性感冒是由牛流行性感冒病毒引起的一种急性、热性传染病，多发于气候寒冷的冬季或晚秋、早春等气候多变的季节。由于气候寒冷、昼夜温差大、气温高低多变，牛舍保温效果差，不注意加强对犊牛保健、保温护理，一旦遇到冷风、雨雪侵袭，体质较差的犊牛就会染上流行性感冒，并快速地在牛群中感染、传播，造成牛场犊牛流行性感冒的暴发和流行。

2. 临床症状

发病初期，病犊牛仅表现精神稍萎靡，常卧地不喜运动；清晨偶有轻微咳嗽；随病情发展，见精神不振，弓背、乍毛；鼻镜干燥无汗、鼻流清涕，流泪，时有咳嗽；病重犊牛体温升高到40℃以上，不吃奶，粪少而干；卧地不起，咳嗽、气喘，有时腹泻，较少死亡。

（二）治疗

发现病犊牛，立即隔离治疗。板蓝根注射液0.10~0.20毫升/千克体重，肌内注射，1次/天，连用3~5天，或柴胡注射液0.05毫升/千克体重，肌内注射，1次/天，连用3~5天。高烧不退的病犊，每头6月龄内患病犊牛可用30%安乃近10毫升或复方氨基比林15毫升，肌内注射，2次/天，连用3~5天；咳喘严重者，可增加肌内注射5%地塞米松磷酸钠注射液2毫升；为防止继发感染，可同时使用盐酸林可霉素注射液0.05~0.10毫升/千克体重，肌内注射，1次/天，连用3~5天；或适当进行补液，用10%葡萄糖注射液500毫升、20%维生素C 20毫升，青霉素320万~400万国际单位静脉注射，1次/天，连用3~5天。

中药可用金银花20克、野菊花20克、一枝黄花10克、紫苏10克、薄荷10克、陈皮10克。加水800毫升，煎煮到300毫升，候温给病犊牛分2~3次灌服，每天1剂，连用3~5剂。

寒冷季节来临前，修缮牛舍，增设挡风板，用切碎的柔软秸秆铺设牛床，使其能保温防寒，不吹贼风。加强犊牛饲养管理，初生犊牛及早吃上并吃足初乳；保证充足的干净、清洁饮水。

患病犊牛遵循早发现、早治疗的原则，及时、有效治疗。牛舍要经常清扫并消毒，用0.2%~0.5%过氧乙酸每天带牛消毒，对运动场、牛床、走道等地方，要用3%氢氧化钠每周1~2次彻底消毒。

十、牛支气管炎

牛支气管炎是因受寒、伤风等原因引起的牛支气管黏膜表层或深层的炎症，各年龄牛均可发生，但幼龄和老龄牛更多见。尤其在冬春季节，气候寒冷，奶牛容易发生上呼吸道感染，引发咳嗽病症，继发支气管炎，牧场应做好该病的预防和治疗工作。

（一）诊断要点

1. 发病情况

冬春气候寒冷，牛舍气温差，寒风攻击、雨雪浸淋、气温骤变，或出汗后受凉，贼风吹袭等原因，容易引起牛上呼吸道感染；牛感染了某些病毒、细菌引发传染病，如流行性感冒、口蹄疫、恶性卡他热、肺丝虫病等疾病，可继发该病。牛舍垫料潮湿，发酵产气，或空气中有烟尘、有毒气体（氨、氯、毒气等）；或牛舍干燥，粗饲料质量差，尘埃多；饮水或吃草、经口投服药物时，异物误咽入气管内，可引发该病。饲养管理粗放，如牛舍卫生条件差、通风不良、湿冷以及全混合日粮（TMR）饲料营养不平衡等，导致牛机体抵抗力下降，可诱发该病。

2. 临床症状

（1）急性支气管炎 ① 初期。病牛初期主要表现为干、短和带有疼痛的咳嗽，咳嗽声高朗，气粗。随病情发展，蛋清样鼻液增多，变为湿而长的咳嗽，咳出灰白色或黄色黏液或脓性痰液，疼痛逐渐减轻。鼻流浆液性、黏液性或脓性鼻液。胸部听诊肺泡呼吸音增强或有断续性呼吸音以及干性、湿性啰音（多为大中水泡音），体温正常或稍高。

② 中期。可引起细支气管炎。病牛全身症状加剧，呼吸迫促。结膜发绀，有弱痛性咳嗽，但很少有痰咳出。听诊，肺泡呼吸音增强，有干性、湿性啰音（小水泡音）。

③ 后期。后期可引起腐败性支气管炎。病牛全身症状加剧，呼出气体有腐败性恶臭，两侧鼻孔有污秽不洁或还有腐败臭味的鼻液流出。X 线检查肺部有较粗纹理的支气管阴影。

（2）慢性支气管炎 受寒感冒，长期顽固性干咳，采食霉变饲料等原因导致。病牛精神萎靡，食欲不振，被毛逆立；咳嗽，喘息，鼻液少而黏稠，病情时轻时重，以剧烈运动后、采食间以及夜间和早晚气温较低时更甚；胸部听诊，肺泡呼吸音增强，长期有啰音；并发肺气肿时，叩诊肺界后移并呈过清音，表现呼吸困难；全身症状不明显。X 线检查肺部，支气管阴影加重，肺部纹理增多、增粗，阴影变浓。

（3）腐败性支气管炎 病牛呼吸困难，呼出气体有腐败性恶臭，两侧鼻孔流出污秽不洁和有腐败臭味的鼻液。肺部听诊，有空瓮性呼吸音。

（二）治疗

将病牛单独喂养在温暖通风但无贼风、透光好的舍内，给予优质青干草、青贮饲料，保持舍内空气清新，清洁卫生，湿度适宜，无尘埃，无刺激性气味，自由饮水。而后，根据情况，推荐使用下列处方治疗。

1. 西医治疗

处方 1：① 氯化铵 20 克、人工盐 100 克、复方樟脑酊 50 毫升（病牛用药量按 500 千克体重计），混合，一次灌服。痰液黏稠且不易咳出时，效果好。复方樟脑酊 50 毫升也可用远志酊 20 克替代。② 5%葡萄糖盐水 1 000 毫升，25%葡萄糖注射液 500 毫升，20%安钠咖注射液 20 毫升。混合一次静脉注射，每天 1 次，连用 3~5 天。

处方 2：① 青霉素 1.5 万单位/千克体重，链霉素 1 万单位/千克体重。一次肌内注射，每天 2 次，连用 3~5 天。② 10%磺胺嘧啶钠 0.1 克/千克体重。静脉注射，每天 2 次。③ 四环素 5 毫克/千克体重，5%葡萄糖注射液 500 毫升。静脉注射，每天 2 次。体温恢复正常后，不要立即停药，继续用药 3 天，以巩固疗效。

处方 3：① 硫酸卡那霉素 1 万单位/千克体重，鱼腥草注射液 0.1 毫升/千克体重。1 次肌内注射，1 次/天，连用 2 天。② 咳喘定 0.1 毫升/千克体重。1 次肌内注射，每天 1 次，连用 3 天。

2. 中医治疗

中医治疗该病时，应以止咳化痰，疏风解表为主要治则。推荐处方如下。

处方 1：炒杏仁 45 克、炙麻黄 30 克、荆芥 60 克、前胡 60 克、紫苏 60 克、五味子 45 克、桔梗 45 克、甘草 45 克。共研细末，开水冲调，候温灌服。每天 1 剂，连用 3~5 剂。本方祛风散寒、宣肺化痰，主治咳嗽，痰白而稀薄，舌苔薄白之风寒束肺。

处方 2：桑叶 60 克、前胡 60 克、连翘 60 克、黄芩 60 克、杏仁 50 克、牛蒡子 50 克、桔梗 45 克、芦根 45 克、薄荷 25 克。水煎灌服，每天 1 剂，连用 3~5 剂。或炙麻黄 25 克、炒杏仁 25 克、半夏 25 克、陈皮 30 克、茯苓 25 克、炙紫苑 30 克、炙百部 30 克、前胡 30 克、桔梗 25 克、知母 30 克、黄芩 35 克、苏子 30 克、五味子 20 克、甘草 20 克。水煎灌服，每天 1 剂，连用 3~5 剂。也可用沙参 60 克，麦冬、半夏、杏仁各 45 克，白芍、丹皮、贝母、陈皮、茯苓、甘草各 30 克。共研细末，开水冲调，待凉后加入氯化铵 10 克，一次灌服。以上三方宣肺解表、止咳泄热，主治证见病牛干咳少痰，不易咳出或咳痰黄黏，舌尖红，舌苔薄白之风热袭肺。

处方 3：半夏 60 克、杏仁 60 克、茯苓 60 克、苍术 60 克、白术 60 克、紫苑 45 克、白前 45 克、陈皮 40 克、枳壳 30 克、白芥子 30 克、甘草 30 克。水煎灌服，每天 1 剂，连用 3~5 剂。本方燥湿化痰，主治咳嗽，痰多色白而黏之痰湿翻飞。

处方 4：百合 100 克、熟地 50 克、山药 60 克、黄芪 60 克、玄参 55 克、麦冬 45 克、白术 55 克、茯苓 40 克、陈皮 50 克、半夏 45 克、白芍 40 克、甘草 40 克。共研细末，开水冲调，候温分次灌服。每天 1 剂，连用 3~5 剂。本方补肾健脾、润肺止咳，主治证见病牛咳嗽喘息，痰多色白，或稀或稠，咳喘缠绵不愈，遇寒即发，脾肾两虚。

处方 5：阿胶 50 克、党参 50 克、百合 50 克、贝母 50 克、紫苑 50 克、杏仁 50 克、黄芩 50 克、桔梗 50 克、当归 50 克、知母 50 克、五味子 50 克、麦冬 50 克、甘草 25 克。共研为末，开水冲服。本方是固肺散加减，可补肺理气，润肺止咳，主治内伤型支气管炎患牛。因饲喂失调，或久咳不息，患病时间过长，长期无力咳嗽，体质虚弱，呼吸短促，口色淡白，脉象细沉，可用此方。

处方 6：桑叶 40 克、菊花 40 克、金银花 40 克、连翘 40 克、川贝 40 克、蝉蜕 40 克、牛蒡子 40 克、苦杏仁 30 克、僵蚕 30 克、荆芥 30 克、薄荷 30 克、淡豆豉 25 克、桔梗 25 克、淡竹叶 25 克、芦根 25 克、滑石 40 克、绿豆 200 克、甘草 40 克。共研为末，开水冲服。本方辛凉透表，宣肺止咳，清热解毒，急性支气管炎病轻时可用。

处方 7：款冬花 30 克、知母 30 克、桑叶（焙）30 克、制半夏 60 克、麻黄（去根、节）60 克、阿胶 60 克、炒杏仁 60 克、贝母（去心，麸炒）60 克、炙甘草 60 克。共为细末，开水冲服。本方辛凉透表，宣肺止咳，清热解毒，急性支气管炎病重时可用。

处方 8：百合 45 克、白芍 25 克、当归 25 克、桔梗 25 克、玄参 30 克、川贝 30 克、生地 30 克、熟地 30 克、麦冬 30 克、甘草 20 克。加水共煎 2 次，混合后候温灌服，可用于各种慢性支气管炎，缓解各种呼吸道疾病引起的呼吸道症状。

第三节　常见寄生虫病的防治

一、泰勒焦虫病

（一）诊断要点

1. 发病特点

寄生于反刍动物的巨噬细胞、淋巴细胞和红细胞内。环形泰勒虫传播者残缘璃眼蜱生活在牛圈内，故环形泰勒虫病在舍饲条件下发生于 6—8 月，7 月为高峰；瑟氏泰勒虫传播者长角血蜱生活在山野或农区，故瑟氏泰勒虫病在放牧条件下发生于 5—10 月，6—7 月为高峰。

2. 临床症状与病理变化

体温 40℃以上，结膜和全身可视黏膜贫血、黄染及有粟粒到高粱粒大的出血点，异食癖，尤以体表淋巴结肿胀为本病特征。

剖检可见血液稀薄，全身性出血，脾、肝、肾肿大；全身淋巴结肿大，切面多汁，有暗红色病灶和灰白色结节；真胃黏膜充血、肿胀，有帽针头至黄豆大、黄白色或暗红色的结节，结节部上皮细胞坏死后形成糜烂或溃疡，具有诊断意义。

（二）防治

1. 预防

根据环形泰勒虫传播者残缘璃眼蜱的生活习性，12 月至翌年 1 月用杀虫剂消灭在牛体越冬的若蜱，4—5 月用泥土堵塞牛圈墙缝，闷死在其中蜕皮的饱血若蜱，6—7 月用杀虫剂消灭寄生在牛体的成蜱，8—9 月可再用堵塞墙洞的方法消灭在其中产卵的雌蜱和新孵出的幼蜱。瑟氏泰勒虫传播者长角血蜱生长于山地农区，可参阅牛巴贝斯虫病防治措施。

环形泰勒虫病可应用环形泰勒虫裂殖体胶冻细胞苗，接种后20天即产生免疫力，但该虫苗对瑟氏泰勒虫病无交叉免疫保护作用。瑟氏泰勒虫病在发病季节可应用三氮脒进行药物预防，每千克体重3毫克，配成7%溶液深部肌内注射；也可应用咪唑苯脲，每千克体重2毫克，肌内注射。

2. 治疗

可用磷酸伯氨喹啉，按每千克体重3毫克，口服，1次/天，连续给药3次为1疗程。对重危病例应根据临床症状给以强心、补液、止血、补血、健胃、缓泻、舒肝、利胆等对症治疗。

二、牛皮蝇蛆病

（一）诊断要点

幼虫出现于背部皮下时易于确诊。最初可在背部摸到长圆形的硬结，过一段时间后可以摸到瘤状肿，瘤状肿中间有1小孔，可挤压出幼虫。此外，剖检时在食道浆膜下、皮下和脊椎管内可发现第一、第二期幼虫。

（二）防治

1. 预防

消灭寄生于牛体的幼虫，尤其是一、二期幼虫，在防治牛皮蝇蛆病上具有极重要的作用。为此，必须了解和掌握皮蝇生物学特性，例如成蝇的产卵和活动季节、各期幼虫的寄生部位和寄生时间等，在此基础上有计划地采取大面积的防治措施，才能取得较好的效果。

2. 治疗

可选用下述药物杀虫。

（1）倍硫磷　每千克体重5~7毫克，肌内注射，以11~12月用药为好（对一二期幼虫杀虫率为95%以上，注射2次可达100%），或按每千克体重4~10毫克泼背（自肩后至尾根，沿脊背倾泼于皮肤上）。

（2）伊维菌素　每千克体重200微克，皮下注射。

（3）皮蝇磷　每千克体重100毫克，制成丸剂内服。

（4）乐果　用酒精配成50%溶液，成年牛4~5毫升，育成牛2~3毫升，犊牛1~2毫升，在2~3月肌内注射，对二三期幼虫有良好的杀灭作用。

（5）敌百虫　用温水（20℃）配成20%溶液，在牛背穿孔处涂擦，300毫升/头。涂擦前应剪毛露出穿孔处。一般从3月中旬至5月底，每隔30天处理1次，共处理2~3次。

（6）亚胺硫磷乳油　每千克体重 30 毫克，泼洒或滴于病牛背部皮肤，杀虫效果比敌百虫好。

三、肝片吸虫病

（一）诊断要点

1. 发病情况

寄生于牛、羊、鹿、骆驼等的肝脏和胆管。其发生与中间宿主——椎实螺密切相关，多发于低洼地、湖浸草滩、沼泽地带。干旱年份流行轻，多雨年份流行重，夏季为主要感染季节。

2. 临床症状

轻度感染往往不显症状，而幼畜即使寄生很少虫体也能呈现有害作用。急性型多见于羊，多发生于夏末和秋季，由于幼小虫体大量集中侵入而引起腹膜炎和创伤性肝炎，精神沉郁，体温升高，食欲减退，偶有腹泻现象，有时突然死亡。慢性型最多见，此时虫体已寄居于胆管内，临床上表现为贫血和水肿，食欲不振，体态消瘦，衰弱，步行缓慢，产乳量显著减少，孕畜流产，严重时极度消瘦而死亡。

3. 病理变化

病理剖检，急性病例肝肿大、质软，包膜有纤维素沉积，有 2～5 毫米长的暗红色虫道，虫道有凝固的血液和很小的童虫；腹腔中有血色的液体，有腹膜炎病变。慢性病例肝实质萎缩、褪色、变硬，胆管肥厚、扩张呈绳索样突出于肝表面，胆管内壁粗糙，内含大量血性黏液和虫体及黑褐色或黄褐色磷酸盐结石。

4. 实验室检查

生前诊断常采用水洗沉淀法检查虫卵。也可采用皮内变态反应、间接血凝试验或酶联免疫吸附试验等方法诊断。

（二）防治

1. 预防

疫区每年春、秋各驱虫 1 次，常用药品有：碘醚柳胺（重碘柳胺），对肝片形吸虫 6 周龄以上的童虫和成虫有较好效果，每千克体重 7.5 毫克，灌服；三氯苯唑，对肝片形吸虫 1 周龄童虫和成虫有效，牛每千克体重 12 毫克，羊每千克体重 10 毫克，灌服；溴酚磷每千克体重 12 毫克，1 次口服，对肝片形吸虫童虫及成虫均有效；5% 氯氰碘柳胺钠注射液，牛每千克体重 2.5～5 毫克，羊每千克体重 5～10 毫克，皮下或肌内注射；5% 氯氰碘柳胺钠悬浮液，牛 5 毫克，羊每千克体重 10 毫克，口服；双乙酰胺苯氧醚，黄牛每千克体重 75～100 毫克，绵羊每千克体重 80～120 毫克，1 次口服，对童虫效果较好，伴随虫龄的增长，药效降低；硝氯酚，牛每千克体重 5～8 毫克，羊每千克体重 4～6 毫克，1 次口服，对成虫有效；丙硫苯咪唑每千克体重 20 毫克，口服，对成虫有效。

粪便发酵处理，杀死虫卵，对驱虫后排出的粪便尤应严格处理。

2. 治疗

（1）中药治疗　贯仲 12 克、槟榔 30 克、龙胆 12 克、泽泻 12 克，共研末，用水冲服。

（2）西药治疗　口服硫双二氯酚（别丁），按每千克体重 40~60 毫克；或口服硝氯酚（拜耳 9015），每千克体重 5~8 毫克；或口服血防 846，每千克体重 125 毫克；或口服六氯乙烷，每千克体重 200~400 毫克；或口服丙硫咪唑，剂量为每千克体重 20 毫克。

四、牛蛔虫病

（一）诊断要点

1. 发病情况

主要寄生于肠道内，流行于我国南方各省、自治区，主要危害 2~5 月龄犊牛。

2. 临床症状

出生后 2 周的犊牛症状严重，表现精神沉郁、嗜睡，吮乳无力或停止吮乳，腹胀，排稀糊样、灰白色腥臭粪便，有时腹痛、血便，口腔发出刺鼻的酸味。

3. 实验室检查

采用饱和盐水浮集法，可检出粪便中的犊牛弓首蛔虫卵。

（二）防治

1. 预防

在本病疫区，对出生 10 天的犊牛全部进行 1 次预防性驱虫；对 6 月龄以内的犊牛，全部进行普查，粪检发现蛔虫卵的犊牛全部进行 1 次驱虫。

搞好环境卫生，及时清除粪便并堆肥发酵。

2. 治疗

左咪唑每千克体重 8 毫克，混入饲料或饮水中给药；或丙硫苯咪唑每千克体重 5~10 毫克，混入饲料或配成混悬液给药。

五、犊牛隐孢子虫病

（一）诊断要点

1. 发病情况

主要寄生于犊牛的回肠，其次是十二指肠和大肠。

2. 临床症状

大量感染时可引起犊牛腹泻，食欲缺乏，精神委顿，虚弱无力，体重下降，一般病程为 6~14 天，有的可复发。本病常可合并感染其他肠道病原体，使病情趋于复杂化。

3. 实验室检查

采用饱和盐水或食糖溶液浮集法收集粪便中的卵囊，由于卵囊极小，多采用涂片染色在 1 000 倍显微镜下检查。常用的染色方法为抗酸染色法或沙黄-美蓝染色法。

（二）防治

目前尚无特效药物，螺旋霉素、盐霉素、多黏菌素、呋喃西林对犊牛隐孢子虫病有一定疗效。5%氨水及 10%福尔马林有杀灭卵囊的作用，可用于牛舍消毒。

六、牛球虫病

（一）诊断要点

1. 发病情况

牛球虫病是由艾美耳属的几种球虫寄生于牛肠道引起的以急性肠炎、血痢等为特征的寄生虫病。牛球虫病多发生于犊牛。

2. 临床症状

主要寄生于小肠、盲肠和结肠内。临床多取急性经过，病初主要表现为沉郁，减食，粪便表面附有数量不等的鲜红血液和血凝块，在肛门周围还残留有新鲜血液。约 1 周后表现消瘦，食欲废绝，反刍停止，排恶臭带血稀便，其中混有纤维素性薄膜样物。末期高度贫血，粪便黑色，几乎全为血液，最后因高度衰弱死亡。慢性型一般在发病后 3~5 天逐渐好转，下痢和贫血症状可能持续数月，粪便中常带少量血液，如饲养管理不良，可逐渐衰弱死亡。

3. 病理变化

剖检可见小肠和大肠广泛性卡他性炎症，小肠后段、盲肠和结肠内充满半流动性的血样内容物，肠黏膜肥厚，有广泛性出血性炎症，淋巴滤泡肿大突出，有白色和灰白色的小病灶，同时常常可见直径 4~15 毫米的溃疡，其表面覆有凝乳样薄膜。直肠内容物呈褐色，恶臭，有纤维素性薄膜和黏膜碎片。

4. 实验室检查

在病变部刮取物中发现有大量裂殖体、裂殖子或卵囊具有诊断意义。仅根据粪便检查有无卵囊做出判断是不确切的。急性球虫病一般发生在球虫的无性繁殖阶段，此时尚无卵囊形成，反之粪便中存在少量卵囊常常是隐性感染带虫者的特征。

（二）防治

1. 预防

圈舍应保持干燥、通风，消除积水，勤于打扫，定期消毒。饲料和饮水应保持清洁，严防粪便污染。及时发现、隔离、治疗病牛。犊牛应与成年牛分开饲养，哺乳母牛的乳房要经常擦洗。

2. 治疗

可内服磺胺二甲嘧啶，犊牛每天每千克体重 100 毫克，连用 2 天，也可配合使用酞酰磺胺噻唑；或氨丙啉内服，每天每千克体重 25 毫克，连用 19 天，预防量每天每千克体重 5 毫克，连用 21 天；林古霉素，每头犊牛每天 1 克饮水，连用 21 天。

七、牛绦虫病

（一）诊断要点

绦虫寄生于肉牛小肠中引起，对犊牛危害较大。由于绦虫体很长，常结成团块阻塞肠道。虫体生长很快，能大量吸取牛的营养并产生毒素，所以，患病肉牛变瘦、贫血、下痢等，粪便中常见到白色米粒状或面条状的虫体节片。

（二）防治

1. 预防

绦虫病为牛羊共患病，生产上应防止羊对牛的感染。

2. 治疗

一次口服 1% 硫酸铜溶液 120~150 毫克；或口服砷酸铅 0.5~1 克，用后给予蓖麻油 500~800 毫升；或口服灭绦灵，每千克体重 60~70 毫克；或口服硫双二氯酚，每千克体重 40~60 毫克。

八、多头蚴病（脑包虫病）

（一）诊断要点

多头蚴病（脑包虫病）由寄生于狗肠道的多头绦虫的幼虫，转寄生在牛的脑组织中引起。病牛除消瘦、沉郁、减食外，还有神经症状。常卧地不起，反应迟钝，一侧眼睛失明或视力减退，将头转向一侧，并做旋转运动，步伐不稳，或垂头走路，直到碰到物体时止。脑包虫寄生部位头骨变软。

（二）防治

主要预防措施是给狗口服 3~6 克槟榔驱除绦虫；或捕杀野狗，以防止此病的传染。牛发病后，主要措施是进行头颅手术，将脑包虫囊体从大脑中取出。

九、肺丝虫病

（一）诊断要点

肺丝虫病由牛肺中寄生的网尾线虫引起。患牛抵抗力弱时，出现咳嗽，呼吸困难，消瘦，贫血，食欲减退，肺部有啰音等症状。化验粪便，可见到肺线虫的幼虫。

（二）防治

1. 预防

加强饲养管理，增强牛的抵抗力，要定期驱虫。

2. 治疗

病牛可口服驱虫净，按每千克体重 15 毫克；或口服氰乙酰肼，每千克体重 17 毫克；也可按每千克体重 15 毫克，配成溶液皮下注射，每日 1 次，连用 3~5 天；或口服海群生，每千克体重 0.2 克。

十、蜱病

（一）诊断要点

蜱，又称扁虱、草爬子，常在草地、墙缝中隐藏而在牛体外寄生。体形为扁平的椭圆形，呈红褐色，腹部有四对足。小的如虱子般大小，雌体吸血后似蓖麻子大小。蜱对肉牛的主要危害是吸血和分泌毒素，同时还能引起疫病传播，使肉牛不安、贫血、清瘦。

（二）防治

牛体寄生数量少时，可人工捉除并消灭；如数量较多，可喷洒敌百虫溶液杀灭。对厩舍内躲藏的蜱，可用敌百虫溶液喷洒并堵塞墙缝。

十一、螨病

（一）诊断要点

螨病是由螨寄生在肉牛体表引起的皮肤病，也称癣或癞。肉牛疥螨病多发生在眼眶、咬肌部及颈部等部位。发病部位为不规则的小秃斑，表面为灰白色，奇痒。后期有痂块，皮肤变厚。病变也可发展到胸腹部位，使牛不安，在物体上擦身。取患部皮屑镜检可见到虫体。

（二）防治

发现病牛，应及时与健康牛隔离分群，彻底清扫厩舍。治疗时，可将患部被毛剪去，用肥皂水洗净皮肤，然后用 0.5% 敌百虫溶液洗擦患部，洗的范围要大一些，隔2~3天洗1次，连续2~3次。也可在1 000毫升水中加入特敌克（双甲脒乳化剂）药液4毫升，涂擦患部。用烟叶或烟梗1份，加水20份，浸泡1天后煮1小时，取煎煮液清洗患部，每天2~3次，也有较好的疗效。

十二、皮肤真菌病

（一）诊断要点

皮肤真菌病由真菌引起。真菌多发生在头部，特别是眼的周围、颈部等部位，不久就遍及全身。病初被毛成片脱落，区域如小硬币大小，有时保留一些残毛，随着病情的发展，脱毛显著，脱毛部位出现无毛圆斑，皮肤则隆起、变厚，似灰褐色的石棉状，病初不痒，逐渐开始出现发痒表现，常靠近墙壁、树木、栏杆、草垛摩擦脱毛部位。

（二）防治

1. 预防

健康牛只饮用添加灰黄霉素原粉的水，每头每次4克，每天2次；适量饲喂优质青贮饲料和多汁饲料，每天中午12：00至下午4：00进行日光浴；平时注意牛舍消毒。

2. 治疗

隔离病牛，对所有牛只逐头保定检查，有临床症状的牛只全部转群集中在同一牛舍内，病、健牛只固定专人饲养，饲养员禁止串舍。严格消毒，牛舍每天清扫两次，清扫后用喷水冲洗，用来苏尔、百毒杀更替消毒，用具、器械、场地每天进行一次清洗和消毒，饲养员进出牛舍都要消毒，从病牛身擦掉的痂皮要集中清理后烧掉，保定牛只用具、场地消毒处理。

药物治疗，内部用药可选用灰黄霉素原粉饮水，每头5克/次，每天2次，7天为1个疗程，连用3个疗程；外部用药可选用达克宁，先用经温热来苏尔溶液浸泡过的毛巾浸润患部，然后用牙刷擦掉患部痂皮，再用5%~10%碘酊涂擦患部，最后涂抹达克宁。

参考文献

陈幼春,1999.现代肉牛生产[M].北京:中国农业出版社.

蒋洪茂,1999.优质牛肉生产技术[M].北京:中国农业出版社.

兰俊宝,王中华,2002.牛的生产与经营[M].北京:高等教育出版社.

李宏全,2013.门诊兽医手册[M].北京:中国农业出版社.

刘强,闫益波,等,2013.肉牛标准化规模养殖技术[M].北京:中国农业科学技术出版社.

孙颖士,钟鸣久,2005.牛羊病防治[M].北京:高等教育出版社.